Implementierung von Beyond Budgeting

Bjarte Bogsnes blickt auf eine lange internationale Karriere sowohl im Finanz- als auch im Personalwesen zurück. Er setzt sich seit mehr als 20 Jahren für Beyond Budgeting ein und leitete die Umsetzung bei zwei großen europäischen Unternehmen, Statoil und Borealis. Bjarte ist Vorsitzender des Beyond Budgeting Roundtable (BBRT) und ein international gefragter Speaker. Er ist Preisträger des Harvard Business Review/McKinsey Management Innovation Award.

Über das Übersetzerteam

Sohrab Salimi ist Gründer & CEO der Scrum Academy GmbH und seit fast zehn Jahren Certified Scrum Trainer® sowie Certified Agile Leadership Educator der Scrum Alliance, wo er bis Ende 2020 Mitglied des Board of Directors war. Sein Hintergrund als Unternehmensberater bei Bain & Company, die spätere Tätigkeit als Chief Innovation Officer bei SE-Consulting oder Chairman of the Board bei Venture Agile sowie sein abgeschlossenes Medizinstudium geben Sohrab eine ganzheitliche Perspektive auf Menschen und Organisationen bei der agilen Transformation.

Helen Schrader ist zertifizierter Certified Scrum Product Owner (CSPO) und Certified Agile Leader (CAL). Sie hat jahrelange Erfahrung als Product Owner und Performance Manager bei Unternehmen wie der Galeria Kaufhof GmbH und bei der OBI Digital GmbH. Bei der Scrum Academy war sie für das Performance Marketing sowie als Product Owner für die Agile Insights zuständig.

Bjarte Bogsnes

Implementierung von Beyond Budgeting

Mehr Business-Agilität durch innovative Führungsprinzipien und Managementprozesse

Mit einem Geleitwort von Robert S. Kaplan

Übersetzung der 2. englischen Ausgabe von Sohrab Salimi und Helen Schrader

Bjarte Bogsnes
bjarte@bogsnesadvisory.com

Lektorat: Christa Preisendanz
Lektoratsassistenz: Julia Griebel
Übersetzung: Sohrab Salimi, *sohrab@scrum-academy.com*, Helen Schrader
Copy-Editing: Ursula Zimpfer, Herrenberg
Satz & Layout: Birgit Bäuerlein
Herstellung: Stefanie Weidner
Umschlaggestaltung: Helmut Kraus, *www.exclam.de*
Druck und Bindung: mediaprint solutions GmbH, 33100 Paderborn

Bibliografische Information der Deutschen Nationalbibliothek
Die Deutsche Nationalbibliothek verzeichnet diese Publikation in der Deutschen Nationalbibliografie; detaillierte bibliografische Daten sind im Internet über *http://dnb.d-nb.de* abrufbar.

ISBN:
Print 978-3-86490-943-6
PDF 978-3-98890-064-7
ePub 978-3-98890-065-4
mobi 978-3-98890-066-1

1. Auflage 2023

dpunkt.verlag GmbH
Wieblinger Weg 17· 69123 Heidelberg

Autorisierte Übersetzung der englischen Originalausgabe mit dem Titel
»Implementing Beyond Budgeting: Unlocking the Performance Potential«, 2nd edition
von Bjarte Bogsnes. ISBN 978-1-119-15247-7, published by John Wiley & Sons, Inc., Hoboken, New Jersey

Hinweis:
Dieses Buch wurde mit mineralölfreien Farben auf PEFC-zertifiziertem Papier aus nachhaltiger Waldwirtschaft gedruckt. Der Umwelt zuliebe verzichten wir zusätzlich auf die Einschweißfolie.
Hergestellt in Deutschland.

Schreiben Sie uns:
Falls Sie Anregungen, Wünsche und Kommentare haben, lassen Sie es uns wissen: *hallo@dpunkt.de*.

5 4 3 2 1 0

Für Jeremy und Peter

Geleitwort von Robert S. Kaplan

Bjarte Bogsnes' Buch ist ein wichtiger Beitrag zum Wandel der Finanzabteilung von einer Controlling- und Erbsenzählerei-Abteilung hin zum wertschöpfenden Bereich eines Unternehmens. Bogsnes beschreibt, wie die historische Rolle der Finanzabteilung als Ex-post-Berichterstattung und Controlling-Instrument in eine neue Rolle transformiert werden kann, die das Unternehmen in Richtung einer nachhaltigen Wertschöpfung führt. Diese Umwandlung erfordert eine erneute Überprüfung und wahrscheinlich auch die Abschaffung einiger Überbleibsel der früheren Managementkontrollinstrumente der Finanzabteilung. Mittlerweile haben einige Unternehmen in Europa und Nordamerika die Verwendung von jährlichen Budgets infrage gestellt, einem Managementinstrument, das bei General Motors vor fast einem Jahrhundert unter CEO Alfred Sloan und CFO Donaldson Brown eingeführt wurde. Obwohl das Betriebsbudget damals eine große Innovation war, hat das heutige dynamische und hoch volatile Umfeld (Stichwort VUCA-Welt[1]) einen jährlichen festen Betriebsplan zu einem Anachronismus gemacht. Als Gegenreaktion auf den hohen Zeit- und Kostenaufwand für die Erstellung des Jahresbudgets und die Unflexibilität angesichts der sich rasch ändernden äußeren Umstände und internen Möglichkeiten wurde die »Beyond Budgeting«-Bewegung ins Leben gerufen. Mehrere Wissenschaftler und Berater haben Artikel und Bücher darüber geschrieben und Arbeitsgruppen von Unternehmen geleitet, die sich mit der Abschaffung des festen Jahresbudgets befassen.

Das vorliegende Buch leistet einen wichtigen Beitrag zu dieser Bewegung. Im Gegensatz zu den früheren Autoren hat Bjarte Bogsnes die Sache nicht nur selbst erlebt, sondern auch umgesetzt. Und das nicht nur einmal. Bogsnes war die intellektuelle Führungspersönlichkeit und der Projektleiter bei zwei Transformationsprojekten in großen Unternehmen, Borealis und Statoil. Das Buch stützt sich auf diese reichen Erfahrungen, um praktische Ratschläge für die Einführung neuer Planungs- und Performance-Management-Systeme zu geben, die sowohl Managerinnen und Manager als auch Angestellte zu bahnbrechenden Leistungen inspirieren. Dieses Buch ist eine unverzichtbare Lektüre für alle, die mit dem Budgetie-

1. *Anm. d. Übers.:* VUCA = Volatility, Uncertainty, Complexity, Ambiguity., deutsch: Volatilität, Ungewissheit, Komplexität und Ambiguität.

rungsprozess ihres Unternehmens unzufrieden sind und mit neuen Systemen, die besser, schneller, billiger und flexibler funktionieren, den beabsichtigten Nutzen aus dem Budget erzielen wollen. Bogsnes hebt Beyond Budgeting auf eine neue Ebene, indem er detailliert das Managementsystem »Ambition to Action« (»Ehrgeiz zum Handeln«) beschreibt, das er mit eingeführt hat, um das Budgetsystem zu ersetzen. Dabei schildert er anhand anschaulicher Beispiele den Implementierungsprozess in den beiden großen Unternehmen, der es ihnen ermöglichte, ein stark verankertes Managementsystem aufzugeben und zu ersetzen.

Bogsnes hat eine Ausbildung im Finanzwesen absolviert und war viele Jahre in verschiedenen Finanzorganisationen tätig. Er betrachtet das Finanzwesen jedoch nicht nur durch die für die linke Gehirnhälfte typische analytische Linse. Vielmehr verdeutlicht er, wie wichtig die Einbeziehung von Konzepten der rechten Gehirnhälfte wie Vertrauen, Befähigung, Führung, Transparenz und Kommunikation bei der Entwicklung und Umsetzung eines neuen Managementsystems ist, insbesondere im Hinblick auf die heutige Belegschaft und das Wettbewerbsumfeld. Das Buch *Beyond Budgeting* ist eine erfrischende Zusammenführung von analytischen Konzepten der linken Gehirnhälfte, einschließlich Prozesskostenrechnung, Balanced Scorecards und Leistungszielen, mit wichtigen Sensibilitäten der rechten Gehirnhälfte in Bezug auf Motivation und Führung organisatorischer Veränderungen.

Ich habe Bjarte bei vielen Gelegenheiten sprechen hören. Der Enthusiasmus, die Leidenschaft und die Überzeugungskraft, die er persönlich ausstrahlt, kommen auch in seinen Schriften zum Ausdruck. Managerinnen und Manager, die nach neuen Wegen suchen, ihre Angestellten zu motivieren und zu bewerten, werden ihn inspirierend, erfrischend, praktisch und sogar unterhaltsam finden – Begriffe, die normalerweise nicht auf Autoren von Büchern über Managementkontrolle angewandt werden.

Robert S. Kaplan
Harvard Business School
Boston, Massachusetts

Einführung

»Ich bin vielleicht nicht dorthin gegangen, wo ich hinwollte, aber ich glaube, ich bin dort gelandet, wo ich sein musste.«

Douglas Adams

Viele Jahre sind vergangen, seit ich mich in meiner Berghütte in Norwegen hingesetzt und begonnen habe, über Beyond Budgeting zu schreiben. Das Buch, das dabei herauskam, entstand in der Kälte und Dunkelheit des Winters, aber es wurde mit einem brennenden Glauben an einen neuen und besseren Weg geschrieben. Es erfüllt mich mit Demut und Stolz, dass das Buch seinen Weg in die akademische Lehre gefunden hat und dass Wirtschaftshochschulen auf der ganzen Welt die Fallstudien von Borealis und Statoil in ihren Vorlesungen behandeln, die im Buch vorgestellt wurden.

Viele haben mich ermutigt, ein zweites Buch zu schreiben. Und ich wusste, ich würde es tun. Beyond Budgeting hat so viele Fortschritte gemacht und ich selbst habe so viel gelernt, mehr als ich mir je hätte träumen lassen, als ich Mitte der 1990er-Jahre meine Reise begann.

Diese Fülle an neuen Erkenntnissen und Erfahrungen lässt sich jedoch nur schwer isoliert wiedergeben, ohne eine Verbindung zu dem Ort herzustellen, an dem alles bei Borealis begann und später bei Statoil fortgesetzt wurde. Ich war daher unsicher, ob ich die erste Auflage aktualisieren oder ein völlig neues Buch schreiben sollte. Mein Verleger und viele andere empfahlen zunächst eine Überarbeitung. Am Ende habe ich etwas dazwischen gefunden. Ich hoffe, dass Leser der ersten Auflage es eher als ein neues Buch empfinden werden denn als Überarbeitung.

Mein Schreiben wurde von unzähligen Stunden großartiger Musik begleitet. Ein großes Dankeschön an Neil Young, Bob Dylan, Van Morrison, Elvis Costello, Tom Waits, Warren Zevon (ich muss hier aufhören) und so viele andere tolle Künstler, die den Soundtrack zu diesen Worten geliefert haben. Viele Musiker sagen über ihre besten Alben (ja, ich benutze dieses Wort immer noch; ich bin ein Vinyl-Typ!), dass sie diese Songs zuerst auf der Straße aufgenommen haben, bevor sie ins Studio gingen. Daran kann ich anknüpfen. Alle Präsentationen und Workshops, die ich seit dem Erscheinen meines ersten »Albums« gegeben habe, haben alte Songs, die Sie vielleicht schon gehört haben, verfeinert und verbessert, aber auch eine Reihe von neuen inspiriert. Ich freue mich sehr darauf, mein neues Set mit Ihnen zu teilen!

Als ich zum ersten Mal darüber nachdachte, ein Buch über meine Reise zu Beyond Budgeting zu schreiben, war meine erste Reaktion »Nein«. Wie könnte ich 300 Seiten oder mehr über etwas schreiben, das eigentlich nichts als gesunder Menschenverstand sein sollte? Bitte haben Sie also Nachsicht mit mir, dass dieses Buch immer noch kein »dicker Ziegelstein« ist. Vielleicht macht es Ihnen nichts aus. Vielleicht gibt es ja schon genug Ziegelsteine da draußen. Aber ich danke Ihnen, dass Sie sich ein paar Stunden Zeit genommen haben für etwas, das weniger eine Geschichte über Budgets ist als vielmehr eine Geschichte über Führung und darüber, was Menschen und Organisationen leistungsfähig macht und sie zu herausragenden Leistungen bringt. Das Hauptziel ist nicht die Abschaffung von Budgets. Das Budget ist nur ein *Hindernis*, das beseitigt werden muss, und sicherlich nicht das einzige. Das Hauptziel ist die *Befreiung* von Diktatur, Mikromanagement, Zahlenverehrung, Bürokratie, Kalenderfristen, Geheimniskrämerei, Zuckerbrot und Peitsche und all den anderen Managementmythen, die angeben, was am besten geeignet ist, um in Teams und Organisationen große Leistungen zu erzielen. Dies ist das alte Regime, das wir überwinden müssen, um die Businesswelt zu einem besseren Ort zu machen. Willkommen bei der Revolution!

Ich hoffe, ich habe Sie mit diesem leicht emotionalen Ausbruch nicht verloren. Bitte bleiben Sie dran. Ich verspreche Ihnen, dass ich die Argumente mit nüchternen Beweisen und vielen praktischen Beispielen belegen werde. Viele davon werden Ihnen unangenehm vertraut sein.

Ich bin von Haus aus Finanzfachmann. Mein erster Job war in der Finanzabteilung von Statoil. Glauben Sie mir, ich kenne das Budgetspiel von innen – nicht nur von diesem Job, sondern auch von vielen späteren Aufgaben als Finanzmanager. Ich habe mein Lehrgeld bezahlt, indem ich in der Hektik der Budgetfestlegung fast in meinem Büro kampierte.

Wenn ich zurückblicke, habe ich in den ersten Tagen meiner Karriere einige unglaublich dumme Dinge getan! Hoffentlich macht das meine Kritik nicht nur glaubwürdig, sondern auch nützlich.

Ich bin immer noch bei Statoil, und zwar in der Funktion Vice President of Performance Management Development. Ich weiß, das ist ein seltsamer Titel, aber uns fiel nichts Besseres ein, als wir 2007 in aller Eile ein Organigramm erstellen mussten. Wie auch immer, es ist ein toller Job!

Für jemanden, der es gewohnt ist, alle drei Jahre den Arbeitsplatz zu wechseln (und oft auch das Land), ist es ein überraschender Segen, nun schon seit mehr als zehn Jahren am selben Arbeitsplatz und am selben Ort zu sein. Meine Frau würde angesichts meiner Reisetätigkeit wahrscheinlich nicht von »demselben Ort« sprechen. Zum Glück kann sie mich manchmal begleiten. Sie könnte wahrscheinlich jederzeit und überall für mich einspringen und sprechen!

Ich engagiere mich immer noch aktiv im Beyond Budgeting Roundtable: Später mehr über die erstaunliche Entwicklung dieses Netzwerks, das Ende der Neunzigerjahre entstand und heute stärker denn je ist.

Bei Beyond Budgeting geht es vor allem um Führung. Ich habe fast 20 Jahre lang Führungsaufgaben wahrgenommen, die meiste Zeit davon in internationalen Teams außerhalb meines Heimatlandes. Ich habe die Führungsrolle aufrichtig genossen. Es ist die anspruchsvollste und erfüllendste Aufgabe, die es nach der ultimativen Führungsrolle gibt, dem Elternsein.

Ich habe auch in der norwegischen Armee etwas über Führung gelernt, wo ich ein Jahr an einer Offiziersschule verbrachte, bevor ich in einem zweiten Jahr alles in die Praxis umsetzen konnte. Hier habe ich vor allem gelernt, wie man *nicht* führt, sodass ich meine Pläne einer militärischen Laufbahn aufgab und stattdessen ein Wirtschaftsstudium absolvierte. Die Armee hat sich glücklicherweise verändert, seit ich in den 1970er-Jahren eine Überdosis an »Command & Control«[1] erhalten habe.

Ich gehöre zu der eher kleinen Gruppe von Finanzleuten, die auch im Personalwesen gearbeitet haben. Ich habe vier Jahre lang eine HR-Funktion innegehabt. In keinem anderen Job habe ich mehr gelernt. Diese Zeit hat mir unschätzbare Einblicke und Inspirationen für den nächsten Teil meiner Reise gegeben. Zunächst wurde mir etwas klar, das eigentlich selbstverständlich sein sollte, es aber leider für die meisten Finanz- und Personalverantwortlichen nicht ist: Performance Management[2] ist ein Querschnittsthema beider Funktionen und keine von ihnen kann ohne die andere erfolgreich sein. Zweitens, die Führungsrolle wird bei Beyond Budgeting um ein Vielfaches komplexer.

Ich habe mittlerweile praktische Erfahrung mit der Leitung von zwei Beyond Budgeting-Implementierungen. Borealis war damals das größte petrochemische Unternehmen Europas, während das Energieunternehmen Statoil das größte Unternehmen Skandinaviens ist. Meine Erfahrungen aus diesen beiden Unternehmen konnte ich auf Tausenden von Konferenzen und Workshops in aller Welt weitergeben, habe zahllose Manager und Fachleute getroffen und mit ihnen diskutiert. Dabei erfuhr ich überwältigende und herzerwärmende Unterstützung, aber es gab auch Zögern, Irritation und manchmal sogar offene Meinungsverschiedenheiten.

Ich war schon immer neugierig darauf, was sich hinter dem verbirgt, was wir alle an der Oberfläche beobachten und habe viel von guten Büchern über Führung und Management gelernt. In diesem Buch geht es vor allem um den Unterschied zwischen Führung und Management. Aber ich bin auch ein Praktiker. Für mich ist die Schnittstelle zwischen Theorie und Praxis der richtige Ort, um anzufangen. Als ich an der Norwegian School of Economics (NHH) studierte, fiel es mir schwer, mich mit der Organisationstheorie auseinanderzusetzen, und das nicht nur, weil ich vielleicht nicht zu den häufigsten Besuchern des Hörsaals ge-

1. *Anm. d. Übers.:* deutsch etwa Weisung und Kontrolle.
2. *Anm. d. Übers.:* deutsch »Leistungsmanagement«.

hörte. Ich brauchte die schmerzhafte, aber lohnende Erfahrung, alles in der Praxis auszuprobieren, wo die Theorie auf die Gräben des wirklichen Lebens trifft. Dieses Buch ist eine Geschichte aus eben diesen tiefen Gräben, denn zu oft hat die Theorie versagt.

Als ich 1983 mein Studium abschloss und bei Statoil anfing, war das Unternehmen wesentlich kleiner als heute. Die meisten kleinen Unternehmen wollen jedoch wachsen. Bei der Planung dieser Wachstumsentwicklung schauen viele auf diejenigen, die bereits erfolgreich und groß geworden sind. Wie managen diese Unternehmen sich selbst? Die Entdeckung ihrer beeindruckenden Auswahl an fortschrittlichen Managementprozessen kann eine entmutigende Erfahrung sein: Szenarioplanung, Strategieentwicklung, Balanced Scorecards, Budgets, Risikomanagement, Anreizsysteme, Compliance, Audits und Kontrollen und so weiter. Die Liste ist lang. Manchmal werden Unternehmensberater zuhilfe gerufen. Das macht die Liste selten kürzer! Dann beginnt das Unternehmen, zu wachsen und die Liste abzuarbeiten. Neue Managementprozesse werden eingeführt, einer nach dem anderen.

Einigen gelingt es, nicht nur zu wachsen, sondern auch alles auf der Liste umzusetzen. Vielleicht sind sie sogar zu einem der Maßstäbe geworden, auf die kleine Unternehmen heute mit Ehrfurcht und Bewunderung blicken. Viele werden jedoch feststellen, dass sie nicht nur groß geworden sind. Sie sind auch bürokratisch, starr, unflexibel und langsam geworden, und manchmal sind sie auch ziemlich traurige Arbeitsstätten. Sie haben die Beweglichkeit und den Pioniergeist verloren, das, was sie noch hatten, als sie klein waren.

Der Wachstumsprozess von Organisationen weist viele Ähnlichkeiten mit dem Alterungsprozess von Menschen auf. Wenn wir älter werden, verlieren wir immer mehr von dem, was wir in unseren jüngeren Tagen für selbstverständlich hielten: die Beweglichkeit und Flexibilität der Jugend. Ich fange an, hier persönliche Erfahrungen zu sammeln! Wenn das Alter seinen Tribut fordert, werden manche auch lebensmüde und verlieren ihren Elan und das Funkeln in den Augen. Diese Entwicklung des menschlichen Körpers und Geistes ist unvermeidlich und unumkehrbar, zumindest was den physischen Teil betrifft. Sie kann durch eine gesunde Lebensweise hinausgezögert werden, aber am Ende holt das Alter uns alle ein. Wir haben keine Wahl als Menschen.

Organisationen haben jedoch eine Wahl. Sie sind nicht dazu bestimmt, langsam und traurig zu werden, weil sie wachsen und älter werden. Wenn dies der Fall ist, ist es meistens selbstverschuldet und kann nicht dem Schicksal oder dem Alter angelastet werden. Glücklicherweise ist der Schaden reversibel, obwohl es immer viel schwieriger sein wird, das, was in der Wachstumsphase eingeführt wurde, wieder rückgängig zu machen, als es von vornherein zu vermeiden.

Die große Frage für große Organisationen sollte daher lauten: »Wie können wir zu der Beweglichkeit und Menschlichkeit zurückfinden, die wir hatten, als wir klein waren? Wie können wir gleichzeitig groß *und* klein sein, alt *und* jung, weise *und* mutig?« Für kleine Organisationen, die wachsen wollen, sollte die Frage lauten: »Wie können wir vermeiden, am selben Ort zu enden wie die großen Organisationen – sprich vermeiden, unsere Beweglichkeit zu verlieren?« Die meisten Organisationen entstehen eigentlich jenseits der Budgetierung (daher der Name Beyond Budgeting). Sie werden zu etwas anderem, weil sie glauben, dass sie es müssen, um erwachsen zu werden. Natürlich kann man eine große Organisation nicht in der Art führen wie die kleine Organisation, die sie früher war. Aber könnte es Alternativen geben? Könnte es andere Wege geben, die die Vorteile des Großseins, die natürlich sowohl real als auch wichtig sind, besser mit den Vorteilen des Kleinseins in Einklang bringen?

Für Menschen bedeutet älter sein normalerweise auch weiser sein. Bei Organisationen ist dies nicht unbedingt der Fall, denn viele haben Mühe, aus der Menge an kollektiver Weisheit und Erfahrung, den sie auf ihrem Wachstumspfad erworben haben, Kapital zu schlagen. Die Lösung ist oft ein weiterer neuer Prozess: »Wissensmanagement«. Viele Mitarbeiter erleben stattdessen eher einen Trend hin zu »Dumbing-down«[3], da sie beobachten, dass immer seltsamere Entscheidungen immer weiter von der eigenen Realität entfernt getroffen werden. Viele der in diesem Buch aufgeworfenen Fragen wurden bereits in der einen oder anderen Form diskutiert. Douglas McGregor zum Beispiel behandelte viele der Beyond Budgeting-Führungsfragen in seinem klassischen Buch *The Human Side of Enterprise* aus dem Jahr 1960. Seine »Theorie X und Y« ist genau richtig. Was sind Ihre grundlegenden Überzeugungen in Bezug auf Menschen? Sind Sie mit Theorie X einverstanden? Glauben Sie, dass Menschen im Allgemeinen Arbeit und Verantwortung nicht mögen, geringe Ambitionen haben und es vorziehen, gelenkt und kontrolliert zu werden? Oder glauben Sie eher an Theorie Y, dass Menschen sich engagieren, Verantwortung übernehmen, sich weiterentwickeln, Leistung erbringen und etwas Positives bewirken wollen? McGregors Buch ist eine zeitlose Lektüre und sehr zu empfehlen.

Das Problem ist nicht ein Mangel an Theorien. Es gibt Tausende von anderen Büchern und Artikeln, die als Quelle dienen können. Das Wissen ist dort draußen. Was wir brauchen, ist, dass all diese Theorien in die Praxis umgesetzt werden. Wir müssen all jenen Managerinnen und Managern, die glauben, ihre Ausbildung mit dem Universitätsabschluss beendet zu haben, klarmachen, dass sie Gefahr laufen, mehr fertig als ausgebildet zu sein. Wir brauchen einen radikalen Wandel in den Millionen von Organisationen und Teams, in denen tagtäglich altmodisches Management praktiziert wird. Theorie X ist so gegenwärtig, dass man denken könnte, es hätte sich in den letzten 50 Jahren nichts verändert.

Eine Bezeichnung für das, worum es in diesem Buch geht, könnte »Performance Management« sein. Ich mag diesen Begriff eigentlich nicht, obwohl er in meiner Jobbezeichnung vorkommt. »Performance« ist großartig; es ist die Kombination mit »Management«, mit der ich mich schwertue. Wie fühlen Sie sich, wenn Ihnen jemand sagt, dass er Ihre Leistung »managen« wird? Ich weiß, wie ich reagiere.

3. *Anm. d. Übers.:* deutsch etwa »Verdummung«.

Mein Abwehrsystem geht sofort in Alarmbereitschaft. Niemand wird und soll an mir herumschrauben! Niemand wird an meinen Fäden ziehen, als ob ich eine Art tanzende Marionette wäre! In der Tat glaube ich nicht, dass Leistung überhaupt »gemanagt« werden kann, zumindest nicht auf die traditionelle Art und Weise, die uns so viele Managementtheorien glauben machen wollen. Menschen sind keine Roboter, Organisationen sind keine Maschinen, und die Zukunft ist unberechenbarer denn je. Das Management kann nicht einfach im Kontrollraum sitzen, an den Fäden ziehen, Knöpfe drücken und die Leistung »managen«. Man kann eine Blume nicht zum Wachsen bringen, indem man an ihr zieht.

Was wir jedoch tun können, ist, die für Wachstum und Leistung erforderlichen *Bedingungen* zu schaffen. Wir können ein Umfeld des Vertrauens und der Transparenz, der positiven Herausforderung und Anstrengung, der Fürsorge und Unterstützung schaffen, in dem die Menschen Leistung erbringen, weil sie es wollen, und nicht, weil es ihnen gesagt wird. Aber das ist alles, was wir tun können. Menschen sind keine Marionetten. Sie können wählen, wie sie auf diese Bedingungen reagieren wollen, aber sie können nicht gezwungen werden; sie können nicht »gemanagt« werden. Viele fühlen sich »*over-managed*« und »*under-led*«[4]. Sie sehnen sich nach guter Führung: Orientierung, Inspiration und Unterstützung. Gute Führungspersönlichkeiten schaffen *Klarheit*, vermitteln *Fähigkeiten* und fordern *Verbindlichkeit* ein: Sie geben die Richtung vor, in die es geht, und fördern die Fähigkeit und den Willen, das Ziel zu erreichen. Das ist Führung auf den Punkt gebracht, und das ist auch genau das, worum es bei *Beyond Budgeting* geht. Es geht uns nicht so sehr um die Budgets. Es geht vielmehr um die *Denkweise* und die Mythen und Überzeugungen des traditionellen Managements, die es zu bekämpfen gilt. Es ist naiv, zu glauben, dass wir, wenn wir die Zukunft nur mit genügend Nachkommastellen beschreiben, wissen, was passieren wird, um dann sicher in See stechen können. Es ist der blinde Glaube, dass es bei guter Leistung nur darum geht, die Budgetzahlen zu erreichen, und wir alles im Griff haben, solange wir bis ins kleinste Detail erklären können, warum wir uns wieder einmal geirrt haben. Es ist der Mythos, dass es nur einen Weg gibt, Menschen zu motivieren, indem man sie mit Geld belohnt. Es ist wieder die Theorie X: Wenn Menschen nicht an der kurzen Leine gehalten und streng kontrolliert werden, werden sie alle betrügen und die Situation ausnutzen.

Sie werden mich gelegentlich immer noch dabei erwischen, wie ich den Begriff »Performance Management« verwende, denn ich habe noch keinen besseren gefunden. »Organisatorisches Verhalten« könnte eine Alternative sein. Leider schalten jedoch viele von denen, die wir mit der Botschaft »Beyond Budgeting« erreichen müssen, sofort ab, wenn sie solch sanfte und nicht finanzielle Worte hören. Bis wir eine bessere Bezeichnung gefunden haben, muss leider »Performance Management« herhalten. Bitte lassen Sie mich wissen, wenn Sie einen besseren Vorschlag haben!

4. *Anm. d. Übers.*: deutsch etwa: »zu sehr gemanagt« und »nicht ausreichend angeleitet«.

Es würde keine Reise geben, über die ich schreiben könnte, wenn es nicht Svein Rennemo gäbe, die vielleicht beste Führungspersönlichkeit, für die ich, neben vielen anderen großartigen Führungskräften, je gearbeitet habe. Ich war Svein unterstellt, als ich Mitte der 1990er-Jahre bei dem neu gegründeten Unternehmen Borealis die Abteilung Corporate Control (*das* ist ein schrecklicher Name, und ich habe ihn selbst gewählt!) leitete. Svein war der CFO und später der CEO.

»Was erwartest du von uns?« Das war die Frage, die ich ihm 1995 stellte, als Borealis ein umfassendes »Business Process Reengineering« durchführte, was in der Sprache der Berater so viel bedeutet wie »keinen Stein auf dem anderen lassen und nach einem besseren Weg suchen«. Ich wurde gebeten, den Teil dieses Projekts zu leiten, der sich »Management-Effektivität« nannte, und ich war mir ziemlich unsicher, welche Inhalte sich hinter einem solch ausgefallenen Etikett verbergen sollten. Also fragte ich Svein, was er wirklich von uns erwartete. Seine Antwort werde ich nie vergessen. Er schaute mich mit einem gütigen und freundlichen Blick an, von dem ich wusste, dass man ihn nicht mit mangelndem Willen oder Entschlossenheit verwechseln durfte: »Bjarte, ich erwarte das Unerwartete.« Das war alles. So viel Herausforderung und so viel Vertrauen in so wenigen Worten.

Ausgelöst durch diese Botschaft, hatten wir einige Monate später beschlossen, die Budgetierung bei Borealis abzuschaffen. Für mich waren diese Worte jener großen Führungspersönlichkeit der Beginn einer langen Reise. Sie werden noch viel mehr darüber erfahren, was wir getan haben und wie wir den Sprung ins Ungewisse gewagt haben, ohne zu dem Zeitpunkt zu wissen, ob andere uns das gleichtun würden.

Bevor wir zu dieser Geschichte kommen, müssen wir allerdings mit all den Problemen, die das traditionelle Management verursacht, und den Gründen für den Wandel beginnen. Dies wird in Kapitel 1 geschehen, in dem erörtert wird, wie das traditionelle Management eher ein Hindernis als eine Unterstützung für große Leistungen geworden ist. Das Budget ist eines der Probleme, aber sicher nicht das einzige. Es werden ernsthafte und oft übersehene Probleme im Zusammenhang mit Vertrauen, Kostenmanagement, Rhythmus, Zielsetzung, Leistungsbewertung, Bonus, Qualität und Effizienz diskutiert. Alle Abschnitte sind gegenüber der Darstellung dieser Probleme in der ersten Auflage des Buches überarbeitet und erweitert worden. Dadurch sind sie aber nicht kleiner geworden. Ganz im Gegenteil! Ich habe auch einen neuen Abschnitt über »Kontrolle« hinzugefügt, in dem ich einige der Illusionen hinsichtlich Kontrolle in Organisationen, an die leider so viele glauben, entlarve.

Kapitel 2 bildet den Übergang zu »Beyond Budgeting«. Zunächst erhalten Sie einen Überblick über die Philosophie und die jüngste Aktualisierung der 12 Grundsätze, bevor der »Beyond Budgeting Roundtable« vorgestellt wird. Das Kapitel wurde mit allem, was seit 2009 passiert ist, auf den neuesten Stand gebracht – und das ist eine ganze Menge. Es hat bedeutende Fortschritte gegeben, aber auch traurige und ernsthafte Rückschläge.

Anschließend wird das Konzept durch einen Blick auf das bekannte Fallbeispiel der »Handelsbanken« veranschaulicht. Diese schwedische Bank hat bereits 1970 radikale Änderungen an ihrem Managementmodell vorgenommen und ist nach wie vor eine hervorragende Referenz und Inspirationsquelle. Ich habe die Geschichte über diesen faszinierenden Pionier des Beyond Budgeting mit neuen Erkenntnissen aktualisiert.

Wir werden uns auch zwei neue Fallbeispiele ansehen. Miles ist ein erstaunliches IT-Unternehmen, ein Meister der Servant Leadership[5], das ohne Budgets und Ziele auskommt. Die Reitan Group ist eines der größten norwegischen Unternehmen mit der Vision, »die am stärksten werteorientierte Organisation« zu sein. Freuen Sie sich also auf zwei wunderbare Geschichten!

Die Kapitel 3 und 4 befassen sich dann mit Borealis und Statoil. Bei Borealis handelt es sich um eine Geschichte aus den 1990er-Jahren. Wenn Sie die erste Auflage des Buches gelesen haben, können Sie dieses Kapitel überspringen, da es relativ unverändert ist. Vielleicht kann ich Sie aber auch zu den großen Fragen und entscheidenden Momenten zurückführen, die sich als so unglaublich wichtig erwiesen haben? Nehmen Sie diese einfache, aber wichtige Frage eines sehr müden Controllers bei Borealis, als wir gerade zwei Budgets in einem Jahr während einer extrem geschäftigen Unternehmensgründung 1994 fertiggestellt hatten: »Was wäre, wenn wir gar kein Budget aufstellen?« Oder die Erleichterung, als wir schließlich mit einer weiteren einfachen Frage alles geknackt haben: »*Warum* budgetieren wir – was ist eigentlich der *Zweck* dieser *Zahlen*?« Das waren noch Zeiten!

Das Statoil-Fallbeispiel ist ein Erfahrungsbericht von einer Reise, die auch während des Schreibens dieser Zeilen noch andauert und die immer wieder großartige Erkenntnisse liefert. Ein Großteil des Kapitels wurde neu geschrieben und auch erweitert, da sich seit der Veröffentlichung der ersten Auflage im Jahr 2009 bei Statoil so viel getan hat. Das Buch wurde anfänglich in einer aufregenden Zeit geschrieben, als Statoil mit dem Öl- und Gasgeschäft des Mitbewerbers Hydro fusionierte. Diese zweite Auflage habe ich ebenfalls unter besonderen Umständen geschrieben. Der Ölpreis brach wieder einmal ein. Diesmal hat die gesamte Branche, einschließlich Statoil, tiefgreifende und grundlegende Veränderungen eingeleitet, und zwar nicht nur in Bezug auf das Aktivitätsniveau, sondern auch auf die Betriebsmodelle. Der Preisverfall, der erneut alle überraschte, zeigte deutlich die Notwendigkeit einer flexiblen Beyond Budgeting-Strategie, setzte aber auch das Modell unter Druck, da einige (zu Unrecht!) davon ausgegangen waren, dass die Kosten nicht wichtig seien. Die Skeptiker kamen aus ihrem Versteck hervor und witterten eine Gelegenheit, zu den einfacheren Tagen des traditionellen Managements zurückzukehren. Ich verspreche, dass ich darauf zurückkommen werde, wie sich das abspielte.

5. *Anm. d. Übers.:* deutsch etwa »dienende Führung«.

Kapitel 5, »Beyond Budgeting und Agile«, ist neu. Die Agile Community zu entdecken war eine wunderbare Erfahrung, und das nicht nur, weil beide Ansätze so viele Gemeinsamkeiten haben. Es gibt so viele herzliche und kluge Menschen in dieser erstaunlich lebendigen Gemeinschaft. Leider haben die meisten Organisationen, in denen die IT keine Kernfunktion besitzt, noch nicht entdeckt und erfahren, wie agile Vorgehensweisen die Art und Weise, wie großartige Software entwickelt wird, revolutioniert hat und dies auch andere Bereiche revolutionieren kann.

Kapitel 6, das sich mit der Implementierung befasst, wurde deutlich erweitert und um neue Erkenntnisse, sowohl von innerhalb als auch außerhalb von Statoil, ergänzt. Heute gibt es so viele Unternehmen, die sich auf der Beyond Budgeting-Reise befinden und dabei immer wieder neue Wege und Routen entdecken. Sie werden jedoch bereits in den Kapiteln über Borealis und Statoil eine Fülle von Einblicken in die Implementierung finden.

Außerdem gibt es eine Reihe neuer Illustrationen, insbesondere im Kapitel über Statoil.

Bevor wir fortfahren, muss ich eine Warnung aussprechen. In diesem Buch werden Sie mich oft schimpfen hören. Wahrscheinlich werden Sie das Gefühl haben, dass ich die Dinge gelegentlich ziemlich schwarz-weiß darstelle, wenn ich zum Beispiel das Budget und die damit verbundenen Schäden kritisiere. Ich tue das absichtlich und ohne schlechtes Gewissen, weil ich davon überzeugt bin, dass an dieser Herangehensweise etwas grundlegend falsch ist. Dieser Ausgangspunkt ist nicht verhandelbar. Ich möchte nur sicherstellen, dass zumindest einige meiner Sorgen und Warnungen bezüglich des traditionelle Managements durchkommen. Wenn es mir gelingt, möchte ich auch Unterstützung und einen Ausweg aus der Misere anbieten. Zumindest möchte ich Sie mit dem Gefühl zurücklassen, dass vielleicht doch etwas dran ist. Ich habe allerdings große Hoffnungen. Ich glaube, die überwiegende Mehrzahl von Ihnen wird dem zustimmen, was ich zu sagen habe, denn es ist nichts anderes als gesunder Menschenverstand.

Wenn Sie bereits die erste Auflage des Buches gelesen haben, heiße ich Sie herzlich willkommen. Schön, Sie wiederzusehen! Wenn Sie sich neu mit der Thematik beschäftigen, heiße ich Sie ebenso herzlich willkommen in der faszinierenden Welt von Beyond Budgeting!

Danksagungen

Es heißt, wenn du schnell reisen willst, reise allein. Wenn du weit reisen willst, reise gemeinsam. Ich möchte allen meinen Mitreisenden auf dieser Reise danken.

Bei Statoil geht ein besonderes Dankeschön an:

Eldar Sætre, der den Grundstein gelegt hat, grünes Licht gab und seitdem felsenfest dahintersteht. Torgrim Reitan, für all das Vertrauen und die Unterstützung.

Arvid Hollevik, Stian Flørenæs, Jone Solberg und Toralf Rugland, für all unsere großartigen Diskussionen und dafür, dass sie alles mit einem wunderbaren System unterstützt haben.

Meine anderen Kollegen aus dem Finanzbereich und Ihnen allen, die Sie draußen im Tagesgeschäft sind und diese Aufgabe in Ihren Bereichen übernommen haben. Ich wage es nicht, Namen zu nennen, weil es so viele von Ihnen gibt. Sie wissen, wer Sie sind!

Meine Kollegen aus der Personalabteilung. Gemeinsam sind wir so viel stärker! Ein besonderes Dankeschön an die weise und wunderbare Siri Bentsen.

Meine neuen Freunde in der IT. Agile und Beyond Budgeting passen perfekt zusammen.

Ich bin all meinen Freunden vom Beyond Budgeting Roundtable zu großem Dank verpflichtet: Jeremy Hope (RIP), Peter Bunce (RIP), Robin Fraser, Steve Player, Steve Morlidge, Franz Röösli, Anders Olesen und Dag Larsson.

Vielen Dank an Thomas Boesen bei Borealis für seine großartige Arbeit im Finanzbereich, nachdem ich in die Personalabteilung gewechselt war, und an alle anderen im Finanzteam, insbesondere Gunnar Nielsen, Asbjørn Holte und Anders Frøberg.

Ich bin auch sehr dankbar für die Unterstützung und Geduld meiner Kollegen aus der Personalabteilung.

Ein besonderes Dankeschön geht an Bob Kaplan für das Geleitwort und für all die Unterstützung, seit wir uns vor fast 20 Jahren zum ersten Mal getroffen haben.

Ein großes Lob verdienen Katarina Kaarbøe und Trond Bjørnenak von der Norwegian School of Economics, NHH, und ihre Kollegen für die Einführung von Beyond Budgeting im akademischen Bereich. Andere werden folgen, aber sie waren früh dran!

Und zu guter Letzt, aber auch als Erstes ist Svein Rennemo zu nennen: Vielen Dank für die Herausforderung und für all dein Vertrauen und deine Unterstützung. Nicht jeder wagt es, nach dem Unerwarteten zu fragen. Du hast es getan.

Bjarte Bogsnes

Vorwort des Übersetzerteams

Die heutige Zeit verlangt von Individuen und Unternehmen eine schnelle Anpassung. Wie Bjarte Bogsnes in seinem Buch eindrucksvoll darlegt, erfordert eine Welt voller Unsicherheit und Komplexität neue Wege, um mit diesen beiden Faktoren umzugehen.

Bjarte ist ein geschätzter Kollege und Gesprächspartner für uns, und die Diskussionen mit ihm haben uns viele Einblicke in die praktische Anwendung von Beyond Budgeting sowie in die Anwendung agiler Methoden in Unternehmensbereichen außerhalb der IT gegeben. Die unkonventionelle, aber zugängliche Art von Bjarte, seine Fähigkeit, komplexe Sachverhalte einfach darzustellen, sowie seine langjährige Erfahrung und sein Wissen als einer der Begründer von Beyond Budgeting haben uns schließlich dazu bewogen, sein Buch »Beyond Budgeting« ins Deutsche zu übersetzen, um es einer neuen Leserschaft vorzustellen.

Besonders gefreut hat uns bei der Übersetzung das für die deutsche Ausgabe aktualisierte und erweiterte Kapitel 5, in dem Bjarte die Verbindung zwischen Agile und Beyond Budgeting hervorhebt. Wir hoffen, dass Agile und Beyond Budgeting in weiteren Unternehmen Anwendung finden.

Gemeinsam mit dem dpunkt.verlag und unseren Kolleginnen Janet Blume und Tabea Plonski, die uns bei der Übersetzung tatkräftig unterstützt haben, sind wir stolz, dieses wichtige Thema nun in aktualisierter Form dem deutschsprachigen Markt zur Verfügung stellen zu können.

Sohrab Salimi und *Helen Schrader*
Januar 2023

Inhaltsverzeichnis

1 Probleme mit dem traditionellen Management

»Das meiste, was wir als Führung bezeichnen, besteht darin, den Mitarbeitern die Arbeit zu erschweren.«

Peter Drucker

1.1 Einleitung

In diesem Kapitel befassen wir uns näher mit den Problemen des traditionellen Managements, die ich bisher nur angedeutet habe. Hier müssen wir ansetzen. Wenn es keine Probleme gibt, warum sollten wir uns dann die Mühe machen, etwas zu ändern? Warum etwas reparieren, das nicht kaputt ist? Es muss einen Grund für eine Veränderung geben. Einige der Probleme, die wir erörtern werden, stehen in direktem Zusammenhang mit dem Budget und der Budgetierung. Andere hängen eher indirekt damit zusammen, haben aber oft ihre Wurzeln in der Budgetierungsmentalität von »Command & Control«.

Lassen Sie uns mit dem Budget beginnen. Es ist nicht das einzige Problem, aber immer noch ein großes. In den letzten 20 Jahren habe ich Tausende von Managerinnen und Managern auf der ganzen Welt (und auch viele Mitarbeitende) gefragt, was sie vom Budgetierungsprozess halten. Alle haben eine Meinung. Die große Mehrheit denkt sehr kritisch, und viele extrem negativ darüber. Dies sind die Probleme mit dem Budget, die sie normalerweise ansprechen:

- **Schwache Verbindungen zur Strategie**
  Die Strategie und das Budget werden in isolierten Prozessen entwickelt, die von verschiedenen Funktionen ohne gegenseitigen Respekt und Kontakt erstellt werden.
- **Ein sehr zeitaufwendiger Prozess**
  Die Budgetierung verschlingt erschreckend viel Zeit und Energie, sowohl bei der Erstellung als auch bei der Nachbereitung.
- **Stimuliert unethische Verhaltensweisen**
  Spielereien, Unterbietungen und versteckte Absichten, die normalerweise nicht akzeptiert werden würden, werden als normal und unvermeidlich in einem Budgetierungsprozess angesehen.

- **Annahmen sind schnell überholt**
  Viele und manchmal sogar die meisten der Budgetannahmen erweisen sich als falsch.
- **Illusionen über die Kontrolle**
  Die meisten Kontrollen, die das Budget bietet, sind nichts anderes als Illusionen von Kontrolle.
- **Entscheidungen werden zu früh getroffen**
  Entscheidungen über Aktivitäten, Projekte und Ausgaben werden in der Regel zu früh getroffen, ohne dass genügend Informationen vorliegen, um die richtige Entscheidung treffen zu können.
- **Entscheidungen werden zu weit oben getroffen**
  Der Mangel an Autonomie erzwingt Entscheidungen von oben, was sie oft nicht besser, sondern schlechter macht.
- **Verhindert oft, dass die richtigen Dinge getan werden**
  »Ich kann das Offensichtliche nicht tun, weil es nicht in meinem Budget ist!«
- **Führt oft dazu, dass die falschen Dinge getan werden**
  Die Kehrseite ist, dass die Leute tun, was sie nicht tun sollten, weil es im Budget steht: »Gib es aus oder verlier es!«
- **Die Welt endet am 31. Dezember**
  Das Haushaltsjahr schafft Kurzsichtigkeit und einen aus betriebswirtschaftlicher Sicht oft künstlichen Start-Stopp-Rhythmus.
- **Ein für die Leistungsbewertung ungeeignetes Vokabular**
  Das »Im-Budget-Bleiben« ist eine eng gefasste und oft nichtssagende Art, Leistung zu definieren.

Das ist eine ziemlich lange Liste von Problemen, die ein hohes Maß an Frustration darstellt. Was ich jedoch ebenso problematisch finde, ist, dass die große Mehrheit der Organisationen Jahr für Jahr mit der Budgetierung fortfährt, während sich so viele beschweren. Wenn so viele kritisch sind, warum haben nicht mehr etwas dagegen unternommen? Wo bleibt die Revolution, wenn doch so viel Unzufriedenheit unter den Menschen brodelt?

Ich habe lange und intensiv darüber nachgedacht und komme nur auf zwei mögliche Gründe. Vielleicht sieht das Management keine Alternative: »Was sollen wir denn stattdessen tun?« Sie haben noch nie etwas von Beyond Budgeting gehört. Glücklicherweise wird diese Gruppe kleiner, da Beyond Budgeting endlich Eingang in das globale Managementvokabular gefunden hat.

Diejenigen, die schon von Beyond Budgeting gehört haben, halten diese Probleme vielleicht nicht für groß genug, um den langen und harten Weg der Veränderung zu rechtfertigen, der erforderlich ist. Sie werden eher als lästigen Juckreiz denn als Symptome einer ernsthaften Krankheit angesehen.

Damit liegen sie aber völlig falsch. Diese Probleme sind viel mehr als nur ein lästiges Jucken. Sie sind Symptome für etwas viel Umfassenderes und Elementares.

Die Managementtechnologie »Budgetierung« wurde vor hundert Jahren mit den besten Absichten erfunden, um Organisationen zu besseren Leistungen zu verhelfen. Wahrscheinlich hat es damals gut funktioniert, vielleicht sogar noch vor 50 Jahren. Heute leben wir jedoch in ganz anderen Zeiten. Unser Geschäftsumfeld ist nicht nur viel dynamischer und unvorhersehbarer geworden, sondern es geht auch immer mehr um Menschen: die Geburt des Wissensarbeiters sowie der Niedergang von Organisationen als gehorsame Maschinen. In diesem Umfeld ist die Budgetierung eher ein *Hindernis* als eine Unterstützung für großartige Leistungen geworden. Etwas, das *verhindert*, dass Organisationen ihr volles Potenzial ausschöpfen können.

Dieses schwerwiegende Problem wird nicht dadurch behoben, indem man sich nur mit der Budgetierung befasst. Das Ziel von Beyond Budgeting besteht daher nicht nur oder nicht unbedingt darin, die Budgets abzuschaffen. Es geht vielmehr darum, Organisationen zu schaffen, die *beweglicher* und *menschlicher* sind, denn das ist gut und notwendig, um heutzutage hervorragende Leistungen zu erbringen. Dies erfordert einen radikalen Wandel im traditionellen Management. Im Zentrum dieser Art von Management stehen der Budgetierungsprozess und die Budgetierungsmentalität, die nur selten unangetastet und unverändert bleiben können.

Sie werden vielleicht zögern, sich an diesem massiven Angriff auf das traditionelle Management und die Budgets ohne entsprechende Beweise zu beteiligen. Wenn Sie skeptisch sind, hoffe ich, dass wir uns zumindest darauf einigen können, dass jeder Prozess von Zeit zu Zeit überprüft und auf Herz und Nieren getestet werden sollte. Es gibt immer einen besseren Weg. Wenn Sie also jetzt wachsam sind, bitte ich Sie nur darum, sich auf die nächsten Seiten einzulassen, auf denen genauer untersucht wird, ob ein Problem vorliegt. Ich verspreche handfeste Beweise zu liefern. Vielleicht werden Sie nicht überzeugt sein. Nun gut. Aber bitte geben Sie mir eine Chance!

1.2 Welchen Weg geht man in einem neuen Geschäftsumfeld?

Was treibt Unternehmen wirklich zu Höchstleistungen an? Was bringt Menschen dazu, morgens aufzustehen, zur Arbeit zu gehen und ihr Bestes zu geben? Wie können wir Kreativität und Innovation freisetzen? Wie können wir schneller als die Konkurrenz Dinge erkennen und darauf reagieren? Warum sollten Menschen für uns, unser Unternehmen arbeiten und nicht für jemand anderen?

Diese Fragen werden wahrscheinlich schon seit den Anfängen von *Organisationen* und *Führung* gestellt. Die *Fragen* sind dieselben geblieben. Es sind die *Antworten*, die sich geändert haben. Die alten Antworten waren recht simpel und beinhalteten eine starke Dosis an hierarchischer Führung und Kontrolle. Vieles davon hat in der Vergangenheit wahrscheinlich gut funktioniert. Heute gibt es so viel mehr VUCA in der Welt: Volatilität, Ungewissheit, Komplexität und Ambiguität. Darüber hinaus sind auch die Erwartungen von Beschäftigten, Kunden, Aktionären und der Gesellschaft dramatisch gestiegen. Und auch die Transparenz im Geschäftsleben hat zugenommen. Es gibt nur noch wenige Orte, an denen man sich verstecken kann.

Es ist fast so, als hätten wir eine »globale Erwärmung« des gesamten Geschäftsklimas erlebt. Die »Klimaveränderungen« sind schneller, unvorhersehbarer und heftiger als in den verlässlichen Sommern und Wintern, an die wir uns vielleicht noch aus unserer Kindheit erinnern. Sehen Sie sich nur die Volatilität der Ölpreise an. Für viele Unternehmen, nicht nur für Ölgesellschaften, ist der Ölpreis eine Schlüsselvariable für ihre Geschäftsentwicklung. Sie versuchen, kurz- und langfristige Prognosen zu erstellen, und scheitern immer wieder kläglich, wie der Kurssturz 2014 wieder einmal gezeigt hat. Sehen Sie sich das Tempo der technologischen Innovation an. Die Erstellung eines Fünf-Jahres-Businessplans für eine Plattenfirma muss heute ein Alptraum sein, verglichen mit den Tagen vor digitalen Formaten, Downloads und Streaming. Und warum sollte es hier aufhören?

Die tatsächliche globale Erwärmung hat immer noch ihre Skeptiker, aber niemand scheint dieses Thema zu bestreiten. Die Beweise für den Wandel sind überall zu finden. Wir werden von der Ungewissheit fast erdrückt. Nur eines ist *sicherer* geworden, nämlich dass unsere Vorhersagen über das, was vor uns liegt, höchstwahrscheinlich falsch sind. »Die Zukunft ist nicht mehr das, was sie einmal war«, wie es der amerikanische Baseballspieler Yogi Berra einmal ausdrückte.

Gleichzeitig hat sich auch das Leben *innerhalb* von Unternehmen dramatisch verändert. Der massive Unterschied zwischen Markt- und Buchwert der meisten Unternehmen ist ein greifbarer Beweis dafür, dass sich etwas getan hat. Der Wert des Humankapitals – Innovation, Kreativität, Leidenschaft und der Wunsch der Menschen, einen Beitrag zu leisten und etwas zu bewirken – ist oft der einzige Wert, der existiert, und er kann jeden Tag buchstäblich aus der Tür hinaus spazieren. Dies passiert auch genau genommen jeden Nachmittag und wird oft noch wertvoller, weil viele dann zusätzliche Talente mobilisieren und zum Vorschein bringen.

Die Beschäftigten sehen sich selbst nicht als »Arbeiter« in diesen Organisationen, und sie können auch nicht als »Arbeiter« geführt werden. Sie haben andere und höhere Erwartungen als frühere Generationen. Traditionelles Management hat es schwer, wenn Menschen Führung als etwas betrachten, das man sich verdienen muss und nicht durch Sterne und Streifen zugewiesen bekommt. Diese Lektion habe ich während meiner kurzen Militärkarriere auf die harte Tour gelernt.

Die Unternehmen sind nicht taub und blind. Die meisten reagieren darauf, aber auf sehr unterschiedliche Weise. Einige glauben, die Antwort liege in »noch mehr von dem, was wir bereits tun«. Sie reagieren darauf, indem sie die vorhandenen Managementhebel härter und stärker anziehen. Sie entscheiden sich für längere Budgetprozesse, mehr Analysen, mehr Zahlen, strengere Ziele, strengere Nachverfolgung und höhere Boni. Die Strategie ist einfach: mehr von den alten Antworten, um wieder die »Kontrolle« zu erlangen, die sie in der Vergangenheit hatten oder zu haben glaubten.

Dies ist eine verlockende Strategie. Sie stellt aber auch ein großes Paradoxon dar. Je mehr VUCA da draußen ist und je dringender die Notwendigkeit besteht, mit der Vergangenheit zu brechen und radikale Managementinnovationen anzustreben, desto größer ist die Angst, loszulassen und das zu verlassen, was als sicherer und ruhiger Hafen in stürmischem Wetter wahrgenommen wird, nämlich die vertrauten und bewährten Managementpraktiken, einschließlich des guten alten Budgets.

Einige erkennen, dass es Probleme mit dem alten Weg gibt, aber es fehlt ihnen die Einsicht oder der Mut dazu, dies anzugehen. Sie entscheiden sich nur für eine symbolische Veränderung. Das bedeutet in der Regel keine wirkliche Veränderung, sondern nur ein bisschen Singen und Tanzen; die Beauftragung von Beratern, um die neueste Musik in den Charts einzuführen; die Vereinfachung des Budgetprozesses, indem man etwas weniger verlangt als im letzten Jahr; oder vielleicht die Einführung einer rollierenden Prognose zusätzlich zu der unvermeidlichen Umgestaltung des Organigramms.

Aber nicht jeder reagiert auf diese Weise. Eine wachsende Zahl von Organisationen erkennt, dass die Antwort weder in der Erhöhung der Dosis der aktuellen Medikamente noch in symbolischen Veränderungen liegt. Sie erkennen, dass die Krankheit ernst und potenziell tödlich ist und einen radikal anderen Lebensstil erfordert. Sie glauben, dass die Menschen in diesem neuen Geschäftsklima mehr und nicht weniger Bewegungsspielraum brauchen. Sie verstehen die Notwendigkeit einer breiteren und intelligenteren Leistungsbewertung. Sie sind sich darüber bewusst, dass nicht alle Weisheit sich an der Spitze befindet. Sie erkennen, dass das Geschäft kontinuierlich abläuft, mit individuellen Rhythmen, die nur selten mit dem Kalenderjahr übereinstimmen. Diese Unternehmen verstehen, dass ihre Führungs- und Managementmodelle auf und nicht *gegen* die menschliche Natur ausgerichtet sein müssen.

In den folgenden Abschnitten werde ich Ihnen mitteilen, welche tieferen Probleme diese Unternehmen erkannt und verstanden haben und warum sie rebellieren. Viele dieser Probleme gehen weit über die Budgetierungsprobleme hinaus, die wir bereits erörtert haben, da sie das viel umfassendere Problem des traditionellen Managements ansprechen. Bei diesen Problemen geht es um:

- Vertrauen und Transparenz
- Kostenmanagement
- Kontrolle
- Zielsetzung
- Leistungsbewertung
- Bonus
- Rhythmus
- Qualität
- Effizienz

1.3 Das Problem von Vertrauen und Transparenz

Unternehmen, die in diese entgegengesetzte Richtung gehen, haben allesamt *Vertrauen* als Schlüsselelement in ihrer Führungsphilosophie und ihren Managementprozessen. Vertrauen ist vielleicht das wichtigste Wort im Vokabular von Beyond Budgeting. Niemand sollte in Erwägung ziehen, bestehende Praktiken aufzugeben, bevor er sich nicht darüber im Klaren ist, wo er hier steht. Wo stehen Sie?

Glauben Sie, dass die Organisation ohne strenge Kontrollen und kurze Zügel, ohne detaillierte Budgets und scharfe Anweisungen in die Anarchie abdriftet, in der die Mitarbeiterinnen und Mitarbeiter alle möglichen unsinnigen Dinge tun und Geld ausgeben wie betrunkene Matrosen? Wenn Sie das glauben, dann haben Sie ein sehr ernstes Problem, aber wahrscheinlich nicht mit Ihrer Organisation. Wenn Sie kaum jemandem vertrauen und glauben, dass Sie die einzige verantwortungsvolle Person sind, dann liegt Ihr Problem vielleicht eher bei Ihnen selbst als bei anderen. Übrigens, wer hat eigentlich all diese Leute eingestellt, denen man nicht trauen kann? Da muss jemand bei der Einstellung ziemlich schlechte Arbeit geleistet haben! Wenn sie andererseits erst nach ihrem Eintritt in das Unternehmen so unzuverlässig wurden, dann ist das auch etwas, worüber man nachdenken sollte.

Nur wenige würden zugeben, so zu denken. Tatsächlich glaube ich, dass die meisten Managerinnen und Manager den meisten ihrer Mitarbeitenden vertrauen. Der Ausgangspunkt mag also der richtige sein und auch der einzige, den Sie haben können. Aber es nützt nichts, Führungsvisionen nach Theorie Y zu haben, wenn es Managementprozesse nach Theorie X gibt. All die schönen Worte klingen hohl, wenn die Managementprozesse genau das Gegenteil aussagen und so eine gefährliche Kluft zwischen dem, was gesagt wird, und dem, was getan wird, entsteht. Es genügt nicht, wenn man davon spricht, dass fantastische Personen das Rückgrat der Organisation sind: »Ihr seid alle so großartig und wir vertrauen euch sehr« (aber nicht so sehr) oder: »Natürlich brauchen wir detaillierte Reisebudgets, wenn nicht …«

Leider gibt es solche Kluften in den meisten Organisationen. Ein Grund dafür ist die mangelnde Kommunikation und Zusammenarbeit zwischen Finanz- und Personalabteilung. Die Personalabteilung predigt vielleicht Theorie Y als Führungsansatz, während die Finanzabteilung Theorie X des Managements vorantreibt. Die beiden sind sich dieser Unstimmigkeit selten bewusst, da sie wenig miteinander sprechen, obwohl sie viel übereinander reden. Ich weiß das, denn ich habe in beiden Bereichen gearbeitet! Draußen in der Organisation sind diese Diskrepanzen jedoch sichtbarer, da die Teams an der Basis immer wieder mit widersprüchlichen Botschaften konfrontiert werden.

Ähnlich interessante Diskrepanzen gibt es auch zwischen Gesellschaft und Wirtschaft, zwischen dem Selbstverständnis der Menschen als Bürger oder Politiker in einer freien Gesellschaft im Vergleich zu dem, woran sie als Angestellte oder Manager glauben.

Die meisten von uns würden die Demokratie als den besten Weg loben, eine Gesellschaft gerecht und effektiv zu organisieren und zu führen. Wir halten es für selbstverständlich, dass wir unsere eigenen Politiker wählen, dass alle eine Stimme haben, dass uns unterschiedliche Ansichten voranbringen, dass Informationen offen und frei geäußert werden können, dass wichtige Entscheidungen in Volksabstimmungen getroffen werden und dass es bei öffentlichen Ausgaben und Finanzen volle Transparenz geben sollte. Wir lächeln über die hoffnungslose sozialistische Idee, zentralisierte und detaillierte Fünfjahrespläne zu erstellen, anstatt die Dinge vom Markt regeln zu lassen. Es liegt auf der Hand, dass es kein Monopol geben darf, sondern eine Auswahl an Kapitalquellen, die das ganze Jahr über verfügbar sind, um neue Ideen und Unternehmensgründungen zu finanzieren. Das ist es, was wir als Mitglieder einer freien und marktwirtschaftlichen Gesellschaft predigen und praktizieren.

Wenn wir jedoch zur Arbeit gehen, wird all dies plötzlich undenkbar. Jetzt scheinen unsere Überzeugungen und Inspirationen von ganz anderen Richtungen zu kommen, von ganz entgegengesetzten Ideologien. Das traditionelle Management hat mehr mit der Art und Weise gemein, wie die Sowjetunion geführt wurde, als mit den Prinzipien und Überzeugungen einer echten Demokratie.

Was ist mit unserem Privatleben? Hier stehen die meisten von uns im Laufe der Jahre vor einer Reihe von wichtigen Entscheidungen, die zu treffen sind. Welche Ausbildung? Für wen sollen wir arbeiten? Wen sollen wir heiraten? Ein Haus kaufen? Eine Familie gründen? Wir wollen und erwarten nicht, dass jemand anderes diese Entscheidungen trifft und uns diese Verantwortung abnimmt.

Aber was passiert, wenn wir diesen anderen Hut aufsetzen? Wenn wir zu Führungspersonen oder Angestellten werden, scheint das alles nicht mehr selbstverständlich zu sein. Im Gegenteil, wir scheinen alle unsere Überzeugungen und Werte als Bürger hinter uns zu lassen oder an der Pforte des Unternehmens aufzugeben, und zwar ganz freiwillig.

Warum ist das so? Warum geben wir das, was wir als Bürger und in unserem Privatleben für selbstverständlich halten, so leicht auf? Viele scheinen auf Autopilot zu sein, festgefahren in denselben traditionellen Managementmustern wie ihre Manager. Einigen gefällt das nicht, aber sie akzeptieren es als unvermeidlich. In vielen Gesellschaften hat die Demokratie eine kurze Geschichte. In den alten Regimen war dieses Paradoxon vielleicht weniger ausgeprägt, denn die Situation war auf beiden Seiten der Unternehmenstore weitgehend gleich.

Das alles ändert sich, und zwar nicht nur in den politischen Systemen auf der ganzen Welt. Junge Menschen, die den alten Weg infrage stellen, stimmen jetzt mit den Füßen ab, denn sie fühlen sich zu Unternehmen hingezogen, die es wagen, die Vergangenheit zu hinterfragen, die die Mauer zwischen der Art und Weise, wie Gesellschaft und Wirtschaft geführt werden, niederreißen wollen.

Was ist mit Führungspersönlichkeiten? Viele von ihnen sind ebenfalls in Traditionen und alten Gewohnheiten verhaftet. Einige haben vielleicht sogar ihre

Karriere auf der Beherrschung des traditionellen Managements aufgebaut. Sie werden in ihren Überzeugungen auch durch das Verhalten *einiger* Personen im Unternehmen bestärkt. Es gibt immer Menschen, die entweder zu klug oder zu töricht sind, um Vertrauen und Autonomie zu verdienen oder damit umzugehen. Die gibt es auch in Ihrer Organisation. Ich bin sicher, Sie können sogar einige nennen. Obwohl wir wissen, dass es in der Regel nur wenige sind, und selbst wenn wir der großen Mehrheit vertrauen, lassen wir uns viel zu oft von dieser kleinen Minderheit bei der Gestaltung unserer Managementmodelle leiten. Die Strategie scheint die präventive Kontrolle für alle zu sein anstatt die Schadensbegrenzung für einige wenige.

So kann es nicht bleiben. Wenn wir den meisten unserer Mitarbeiterinnen und Mitarbeiter vertrauen, muss diese große Mehrheit die Gestaltung unserer Managementmodelle bestimmen und nicht die kleine Minderheit. Gleichzeitig dürfen wir aber nicht naiv sein. Die Minderheit ist eine Realität, der man sich stellen muss und die man nicht ignorieren darf. Wir müssen uns über unsere Werte und Leistungsstandards im Klaren sein und wir müssen entschlossen handeln, wenn Vertrauen ausgenutzt wird. Und ich meine *wenn*, nicht *falls*, denn es wird passieren.

Unsere Reaktion darf jedoch *kein* Rückzug auf den alten Weg sein, weil »Vertrauen nicht funktioniert«. Der Druck wird von den Befürwortern der Theorie X kommen, die sich nach den einfacheren Tagen von Command & Control sehnen: »Wir haben Sie gewarnt! Diese Vertrauenssache funktioniert nicht!« Lassen Sie sich von ihnen nicht unter Druck setzen. Gehen Sie entschlossen und zügig mit Zwischenfällen um, aber lassen Sie sich nicht zurückdrängen.

Ausnahmen dürfen nicht verallgemeinert werden. In einer Demokratie verhaften wir nicht jeden als potenziellen Kriminellen, nur weil jemand etwas falsch gemacht hat. Innerhalb bestimmter Grenzen sind wir alle freie Bürger, aber das Überschreiten dieser Grenze hat Konsequenzen.

Wenn das gesamte Managementmodell nach Misstrauen und Kontrollmechanismen riecht, könnte das Ergebnis tatsächlich mehr und nicht weniger von dem sein, was wir zu verhindern versuchen. Je stärker Menschen als Kriminelle behandelt werden, desto größer ist die Gefahr, dass sie sich auch so verhalten.

Diejenigen, die immer noch auf den auf Misstrauen basierenden Kontrollansatz beharren, begeben sich in eine Auseinandersetzung ohne Ende. Die Menschen werden immer wieder Wege finden, zu betrügen, wenn sie es wirklich wollen. Jedes Kontrollsystem kann ausgetrickst werden. Die Menschen sind schlau. Ihre Motivation, dies zu tun, wird durch neue Kontrollen angeheizt. Es ist ein Teufelskreis und ein Spiel, bei dem man nur verlieren kann.

Über welche Art von Menschen reden wir? Bei Statoil sind es zum Beispiel Menschen, denen wir den Bau oder die Arbeit an Millionen- und Milliarden-Dollar-Maschinen anvertrauen: Offshore-Plattformen, Ölraffinerien und Pipelines. Es sind Menschen, denen wir jeden Tag den Handel mit Rohöl oder den Umgang mit Währungsrisiken in Millionenhöhe anvertrauen. Warum sollten wir ihnen nicht auch zutrauen, ihre eigenen Reisekosten zu verwalten?

Ein guter Freund von mir ist Pilot und Kapitän bei einer bekannten internationalen Fluggesellschaft. Trotz der enormen Verantwortung, die ihm anvertraut ist, sowohl für das Leben von Menschen als auch für teure Flugzeuge, braucht er immer noch eine schriftliche Genehmigung, wenn er sein Uniformhemd häufiger wechseln will, als in der Uniformvorschrift festgelegt ist. Für diejenigen, die weiter hinten in der Kabine arbeiten, reichte früher ein »Daumen hoch«, wenn die Aufgaben erledigt waren. Jetzt ist eine Unterschrift erforderlich. Als Passagier bin ich mir nicht sicher, ob ich mich dadurch sicherer fühle.

Wenn wir diesen Leuten schon bei den kleinen Dingen nicht trauen können, wie können wir ihnen dann bei den großen Dingen vertrauen? Könnte es sein, dass wir uns mehr Sorgen um das machen, was wir verstehen (wie z.B. Reisekosten oder Hemdenreinigung), als um das, was die meisten von uns viel weniger verstehen (wie z.B. den Bau oder den Betrieb von Offshore-Plattformen oder das Fliegen von Flugzeugen)?

Manche Managerinnen und Manager scheinen nicht einmal sich selbst und ihren eigenen Fähigkeiten zu trauen. Viele können keine Entscheidungen treffen, ohne Heerscharen von Unternehmensberatern heranzuziehen, weil sie sich nicht auf ihr eigenes Urteilsvermögen verlassen. Sie überhäufen ihr Vokabular und die Kommunikation mit Schlagwörtern und dem neuesten Managementjargon, weil sie der Kraft ihrer eigenen einfachen Muttersprache nicht trauen. Versuchen Sie »Bullshit-Bingo«, wenn Sie das nächste Mal einen von ihnen reden hören!

Fehlendes Vertrauen geht oft Hand in Hand mit mangelnder Transparenz. Wenn Sie Menschen nicht vertrauen, ist es logisch, dass Sie auch die Informationen einschränken, zu denen sie Zugang haben. »Was sie wissen sollen«, wird von oben definiert und meistens als mehr als genug angesehen. Das traditionelle Management bietet viele effektive Möglichkeiten, Informationen und somit Transparenz einzuschränken. Ein Favorit ist die Organisationshierarchie – je tiefer, desto besser – und noch besser ist es, wenn es keine horizontalen Lecks zu benachbarten Bereichen gibt, da ausgewählte Informationen die Befehlskette hinunter gereicht und auf jeder Ebene nach Bedarf vom Management gefiltert werden können. Wichtig ist nicht, was Sie selbst wissen, sondern dass Sie etwas wissen, was andere nicht wissen.

Und dann gibt es noch unsere Managementinformationssysteme, die manchmal mit mehr Filtern ausgestattet sind, als Regierungen für die Sperrung des Internets zur Verfügung haben. Anstatt alles offen zu lassen und nur bei Bedarf zu sperren, ist es oftmals genau umgekehrt. Auch ein großer Teil der internen Kommunikation würde hinsichtlich der Vertrauenswürdigkeit und auch Nützlichkeit davon profitieren, wenn die einseitigen »Sind wir nicht toll«-Botschaften etwas zurückgedrängt würden. Das Ergebnis ist oft das Gegenteil – zynische Beschäftigte, die über all diese geschliffenen Unternehmensbotschaften lachen. Stattdessen brauchen wir viel mehr von den Mitarbeitenden gesteuerte Diskussionen und Informationsaustausch. Warum gibt es z.B. so wenige interne Unternehmensblogs, wenn die externe Welt voll davon ist? Wir brauchen mehr horizontale Kommunikation:

Austausch, Herausforderung und Lernen. Aber es scheint eine Angst davor zu geben, dass Menschen diese Foren nutzen, um ihre Meinung zu sagen und kritische Standpunkte zu äußern, die schlecht zu dem Bild passen könnten, das die Unternehmen von sich selbst zu zeichnen versuchen. Auch hier ist wieder die Parallele zu totalitären Regimen beunruhigend. Das ist »Pilzmanagement«: Man lässt sie im Dunkeln und füttert sie mit Mist.

Es ist übrigens interessant zu beobachten, wie die meisten Anbieter von Unternehmensverwaltungssoftware die Transparenz, die ihre Systeme bieten, hauptsächlich als »Drill-down« bezeichnen. Sie rühmen sich damit, dass Führungskräfte bis in jedes erdenkliche Detail vordringen können: Wie viele Kundenbesuche wurden bei der italienischen Vertriebsgesellschaft gemacht? Wie viel Benzin wurde verbraucht? Wie viele Mittagessen wurden veranstaltet? Aber warum um alles in der Welt braucht jemand im Unternehmen solche Informationen? Was wir stattdessen brauchen, ist viel mehr »Drill-across« – Menschen, die voneinander lernen – und »Drill-up« – Menschen, die das große Ganze sehen.

Es gibt hier tatsächlich ein großes Paradoxon. Das traditionelle Management fürchtet die Transparenz, weil sie die Kontrolle bedroht. Aber wie es Jeremy Hope, Mitbegründer des Beyond Budgeting Roundtable, ausdrückt: »Transparenz ist das neue Kontrollsystem.« Es gibt einen Grund, warum Diebe und Gauner bevorzugt nachts operieren (obwohl es in einigen Unternehmen auch tagsüber zu passieren scheint). Das Schweizer Pharmaunternehmen Roche hat ein interessantes Experiment zum Thema Transparenz durchgeführt. In einem Pilotprojekt haben sie das Reisebudget und die meisten anderen Reiseregeln und -vorschriften abgeschafft. Stattdessen führten sie volle Transparenz bei den Reisekosten ein. Bis auf wenige Ausnahmen konnte jeder alles sehen. Wohin sind Sie gereist? Sind Sie billig oder teuer geflogen, haben Sie billig oder teuer übernachtet und gegessen? Alles war für die Kollegen einsehbar – und umgekehrt. Raten Sie mal, was mit den Reisekosten im Pilotprojekt passierte? Sie sind gesunken, obwohl (oder weil) Roche Seiten im Regelwerk entfernt hat, anstatt neue hinzuzufügen. Dies ist ein großartiges Beispiel für Transparenz als selbstregulierender Kontrollmechanismus.

Es ist einfacher, über Vertrauen zu reden, als es zu praktizieren. Einige von Ihnen möchten vielleicht nicht einmal in die Nähe dessen kommen, was hier empfohlen wird, weil die Auswirkungen zu unangenehm erscheinen oder sie einfach nicht damit einverstanden sind. Aber gibt es denn überhaupt eine Wahl? Denken Sie an VUCA, die »globale Erwärmung« des Geschäftsumfelds, und die Geschwindigkeit des Wandels. Der erleuchtete Kaiser, der alle Entscheidungen im Namen des gemeinen Volkes im Dunkeln trifft, ist nicht nur ein altmodisches Denken, sondern schlichtweg nicht mehr möglich. Ob Sie wollen oder nicht, Sie müssen in immer mehr Bereichen loslassen, in denen Sie früher der König der Straße waren. Sie müssen sich öfter zurücknehmen, stattdessen auf der Rückbank Platz nehmen und die Leute vorne fahren lassen. Diese sollen die Karten lesen, den schnellsten Weg finden und das Wenden, Beschleunigen und Bremsen übernehmen. Aber keine Sorge, es gibt noch mehr als genug für Sie auf dem Rücksitz zu tun: die Richtung vorgeben, coachen, motivieren und bei Bedarf assistieren. Versuchen Sie bloß nicht vom Rücksitz aus zu fahren!

In der Generation meiner Eltern gab es nur selten mehr als einen Führerschein in der Familie. Autofahren war Männersache. Es wäre meinem Vater (oder jedem anderen Mann dieser Generation) nicht leichtgefallen, zu akzeptieren, wenn meine Mutter ebenfalls einen Führerschein gemacht hätte. Ich glaube auch nicht, dass er sich bei den wenigen Malen, die ich gefahren bin, besonders wohlgefühlt hat, auch wenn er das nie gesagt hat. Aber das waren andere Zeiten. Heute kann fast jeder Auto fahren. Sie müssen nicht mehr immer selbst das Steuer übernehmen. Lehnen Sie sich zurück, vertrauen Sie dem Fahrer und *führen* Sie stattdessen!

1.4 Das Problem des Kostenmanagements

Laut meinen Freunden in Frankreich hat das Wort *Budget* französische Ursprünge. Sie erzählten mir, dass *bouge* ein altes, wahrscheinlich keltisches Wort für Beutel ist und *bougette* eine Verkleinerungsform davon.[1] Das war der kleine, mit Goldmünzen gefüllte Geldbeutel, den die Schiffseigner den Kapitänen gaben, bevor sie sie in den Fernen Osten schickten, um Gewürze und andere Waren zu kaufen und nach Europa zu bringen. Das war eine sehr physische Einschränkung der verfügbaren Ressourcen. Schade, wenn sich unerwartet große Kaufgelegenheiten boten. Wenn der Beutel leer war, war er leer. Das Wort fand später seinen Weg ins Englische, umgewandelt in *Budget*. Im Jahr 1922 führte James O. McKinsey die Budgetierung als Managementtechnik ein: »Die Budgetkontrolle wird dringend als Grundlage für die zentralisierte Kontrolle der Geschäftsleitung benötigt.«

Bei *Bougette* denke ich an ein Unternehmen, in dem die Finanzabteilung die Budgets der einzelnen Abteilungen buchstäblich auf Bankkonten einzahlt. Auch hier gilt: Leer heißt leer! Vor einigen Jahren haben wir in Kuala Lumpur einen Workshop mit einem großen malaysischen Unternehmen durchgeführt. Ihr weiser CEO eröffnete den Workshop. Er beschrieb das Kostenbudget als »... diesen Käfig, den wir bauen. Wir wissen, dass er uns einschränken wird. Wenn wir fertig sind, quetschen wir uns hinein, schließen ihn ab und werfen den Schlüssel weg. Das geschieht alles freiwillig, niemand zwingt uns.«

Einer der hartnäckigsten Mythen des traditionellen Managements besagt, dass die einzige Möglichkeit, Kosten zu verwalten, darin besteht, detaillierte jährliche Kostenbudgets aufzustellen, die streng überwacht werden, um sicherzustellen, dass nicht mehr ausgegeben wird, als geplant wurde. Die vielen Probleme, die diese Praxis mit sich bringt, gehören nicht unbedingt zu den schwerwiegendsten, aber ich habe mich entschlossen, sie frühzeitig anzusprechen, denn die Folgen der Abschaffung des Kostenbudgets sind definitiv das, was dem Management am meisten Sorgen bereitet, wenn Beyond Budgeting in Betracht gezogen wird. Dies ist auch der Punkt, an dem wir die beiden häufigsten Missverständnisse über Beyond Bud-

1. *Anm. d. Übers.*: siehe *https://en.wiktionary.org/wiki/bougette* (Wiktionary).

geting finden. Erstens glauben viele, dass es bei dem Konzept nur um eine andere Art des Kostenmanagements geht. Das stimmt, aber es geht noch um viel mehr, wie in Kapitel 2 noch erläutert wird. Zweitens denken viele: »Kein Budget bedeutet, dass die Kosten nicht wichtig sind und ich ausgeben kann, was ich will.« Nein! Kosten sind nach wie vor wichtig, wir brauchen lediglich intelligentere und effektivere Möglichkeiten der Verwaltung, als sie die herkömmliche Budgetierung bieten kann.

»Aber wir können die Dinge doch nicht völlig aus der Hand geben!«, würden besorgte Manager äußern. »Vielleicht hat das Kostenbudget seine Probleme, aber ist das nicht der Preis, den wir zahlen müssen, um die Kosten unter Kontrolle zu halten? Unsere Leute sind nicht reif genug dafür!« Hier ist wieder das Problem des Vertrauens. Aber abgesehen von der *Vertrauens*frage gibt es noch eine Reihe anderer Gründe, warum traditionelle Budgets nicht mehr die effektivste Methode sind, um eine effiziente und optimale Nutzung der knappen Ressourcen zu gewährleisten. Werfen wir einen Blick darauf.

Ein Kostenbudget ist eine *Obergrenze*, die wir für die Kosten festlegen: »So viel können Sie ausgeben und nicht mehr.« Als Obergrenze funktioniert es definitiv. Es ist einfach zu kommunizieren und leicht zu verfolgen. Eine strenge Nachverfolgung in Verbindung mit einer erstaunlich hohen Budgettreue führt in der Regel dazu, dass die tatsächlichen Kosten Jahr für Jahr genau im oder nahe am Budget liegen. Tolle Leistung! Wo liegt das Problem? Es funktioniert; die Manager haben nicht mehr ausgegeben, als ihnen zugestanden wurde. Wir haben die Kosten unter Kontrolle, richtig?

Leider ist das nur die halbe Wahrheit. Diese Obergrenze funktioniert genauso gut und oft sogar besser als eine *Untergrenze* für dieselben Kosten. Kostenbudgets werden in der Regel ausgegeben, selbst wenn sich die ursprünglichen Budgetannahmen geändert haben (was fast immer der Fall ist). Managerinnen und Manager verhalten sich nicht unbedingt so, um zu betrügen; sie tun es, weil das System sie dazu ermutigt. Das ist einfach rationales Managementverhalten in einem Umfeld von Budgetregelungen. Manager sehen Budgets als *Ansprüche* an, d.h. als »mein Geld«. Niemand wird gefeuert, wenn er sein Budget ausgibt. Zu viel auszugeben ist natürlich schlecht, aber zu wenig auszugeben ist auch nicht gut: »Warum haben Sie um mehr Geld gebeten, als Sie wirklich brauchen?« Das ist nicht sehr klug, wenn Sie das Budget für das nächste Jahr schützen wollen.

Aber die Finanzabteilung ist glücklich. Die Führungskräfte sind zufrieden. Der Vorstand ist zufrieden. Alle halten sich genau an das Budget! Sind wir nicht großartig! Was für eine fantastische Kontrolle wir haben! Stimmt das wirklich? Das *Einzige*, was wir wissen, ist, dass alle ihr Budget ausgegeben haben, und zwar jeden einzelnen Cent. Dies ist jedoch keine Garantie dafür, dass die knappen Ressourcen optimal eingesetzt wurden. Annahmen hätten sich ändern können, Bedrohungen und Chancen hätten sich ergeben können. Manche hätten vielleicht weniger und manche mehr ausgeben sollen. Ich kann mir kaum eine größere Illusion von Kontrolle vorstellen.

Wenn der Beutel mit den Haushaltsmitteln jeden Herbst ausgegeben wird, wird eine künstliche Grenze für alle Sorgen geschaffen. Solange wir uns im Rahmen des Budgets bewegen, können wir »unser« Geld mit gutem Gewissen und wenigen Bedenken ausgeben. Warum sollten wir es nicht tun? Wir haben diesen Beutel von jemandem bekommen, der eigentlich ein kluger und kompetenter Mensch sein sollte, nämlich von unserem Manager, nicht wahr?

Wenn wir gegen Ende des folgenden Jahres den Boden des Beutels sehen, beginnen wir uns Sorgen zu machen. Jetzt fangen wir endlich an, uns selbst zu fragen: »Sollten wir das wirklich tun? Ist das eine sinnvolle Verwendung des Geldes? Können wir es billiger machen?« Diese Fragen, die man im Januar und Februar, wenn der Geldbeutel voll ist, nur selten hört, sind viel zu wichtig, um sie nur im November und Dezember zu stellen. Wir sollten uns die ganze Zeit über jeden einzelnen ausgegebenen Cent Gedanken machen.

Das Problem wird noch größer, weil nicht nur ein Beutel ausgegeben wird, sondern darin befinden sich viele kleinere Beutel: »Natürlich können wir Ihnen nicht nur einen großen Beutel mit Geld geben!« Wir sprechen von einem riesigen Berg von Beuteln, die mit *Gehalt*, *Überstunden*, *Reisen*, *Beratern* und so weiter beschriftet sind und oft in noch kleinere monatliche Beutel aufgeteilt werden. Es ist tatsächlich ein gewisses Maß an Vertrauen im Spiel, denn manchmal darf die Organisation die monatliche Budgetverteilung selbst vornehmen.

Am Ende erhalten wir ein Budget, das der Detailstufe der Buchhaltung nahe kommt oder manchmal sogar ihr entspricht (dieselben Kostenpositionen, Kostenstellen, Perioden usw.). Selbst in kleineren Unternehmen mit ein paar Hundert Kostenstellen und »nur« 30 bis 40 budgetierten Kostenpositionen werden jedes Jahr Tausende von Beuteln ausgegeben. In größeren Unternehmen geht die Zahl schnell in die Millionen. Zum Glück ist keine physische Verpackung erforderlich!

Es gibt jedoch Managerinnen und Manager, die es lieben, detaillierte Budgets zu erhalten, je detaillierter, desto besser: nämlich diejenigen, die nicht gerne Entscheidungen treffen (ja, die gibt es!). Irgendjemand hat dann all diese Entscheidungen für sie getroffen. Sie haben sogar jemanden, dem sie die Schuld geben können, wenn es sich um unpopuläre Entscheidungen handelt!

Es ist jede Menge Arbeit, die richtige Größe all dieser Beutel auszuhandeln, zumal es oft zu Verhaltensweisen führt, die ans Unmoralische grenzen. Für die das Budget bewilligende Person ist dies ein Spiel, das Sie zwangsläufig verlieren werden. Sie werden immer weniger Informationen über den tatsächlichen Bedarf an Ressourcen, den Status laufender Aktivitäten und Projekte sowie die Qualität neuer Projekte haben als Ihre Beschäftigten. Es besteht eine erhebliche Informationsasymmetrie, und zwar nicht zu Ihren Gunsten. »Aber ich bin der Chef«, werden Sie vielleicht sagen. »Ich kann den Mist einfach weglassen und entscheiden.« Ja, das können Sie. Aber woher wissen *Sie* bei all der Ungewissheit und mit weniger Wissen über das Geschäft als Ihre Angestellten, was die richtige Zahl ist? Sie können einfach einen Prozentsatz für die Inflation hinzurechnen, sagen Sie? Ja, das können Sie, und Ihre Sekretärin kann das auch.

Das Budget mag zu detailliert sein und den Leuten Hände und Füße binden, aber zumindest hilft es uns, den Kostendruck zu bewältigen, der in der Organisation existiert, nicht wahr? Stimmt das? Was passiert bei den Budgetverhandlungen im Herbst? Als die das Budget bewilligende Person wird Ihnen eine lange Liste toller neuer Aktivitäten und Projekte vorgelegt. Alle scheinen so großartig zu sein, dass Sie ein schlechtes Gewissen bekommen, sobald Sie anfangen zu fordern und zu kürzen. Was Sie jedoch nicht bekommen, ist die andere Liste, die der abgeschlossenen Aktivitäten und Projekte, die den Ressourcenbedarf in die entgegengesetzte Richtung gezogen hätten. Und dann gibt es noch die Inflation, das Unvorhergesehene und vieles mehr.

Aber wenn es keine Überraschungen, keine neuen Möglichkeiten und keine Änderung der Annahmen für die Zukunft gibt, hätte das Problem hier aufhören können. Aber das tut es nicht. Kombinieren Sie die detaillierte Vorabzuteilung von Ressourcen mit der »globalen Erwärmung« und all der Ungewissheit darüber, was hinter der nächsten Ecke lauert. Woher wissen wir bis zu anderthalb Jahre im Voraus genau das richtige und optimale Gesamtkostenniveau und auch genau, wie viel wir in jeden dieser Beutel stecken müssen? Was für einen göttlichen Einblick in die Zukunft glauben wir denn zu haben?

»Aber ich kann doch einfach umschichten, wenn etwas passiert«, werden Sie vielleicht sagen. Nun, damit haben Sie zur Hälfte Recht. Sie können den Menschen mehr Geld geben, aber versuchen Sie einmal, das Gegenteil zu tun; versuchen Sie einmal, das Budget für jemanden im Laufe des Jahres zu kürzen. Sie werden tausend Argumente hören, warum das nicht geht und was für Katastrophen passieren werden, wenn Sie es versuchen. Es ist wieder dieses Anspruchsdenken: »Es ist mein Geld!«

Wenn das Jahr beginnt, dauert es nicht lange, bis die ersten Anträge auf zusätzliche Mittel eingehen, die mit überzeugenden Argumenten und überzeugenden Business Cases untermauert sind. Aber erleben wir jemals das Gegenteil – Manager, die an die Tür klopfen und Geld zurückgeben wollen, weil sie zu viel bekommen haben? Müsste sich die Zahl solcher Budgetanpassungen nicht im Allgemeinen die Waage halten? In der Praxis ist es eine einseitige Übung.

Um sicherzustellen, dass das Geld aus dem richtigen Beutel ausgegeben wird, gibt es auch die detaillierte monatliche Nachverfolgung der tatsächlichen Kosten im Vergleich zum Budget für das laufende Jahr (das uns zugetraut wurde, selbst zu erstellen). Abweichungen werden mit buchhalterischer Genauigkeit aufgespürt. Dabei spielt es keine Rolle, dass unser monatlicher Bezugspunkt im Laufe der Monate immer veralteter und irrelevanter wird, da sich die Annahmen ändern und die reale Welt sich weiterentwickelt. Wir berechnen und analysieren, und dann setzt eine weitere Illusion von Kontrolle ein. Wir können es erklären. Wir wissen, wo die Abweichungen liegen und warum. Je detaillierter die Finanzleute das Budget erstellen, desto mehr Vergleiche können gezogen werden und desto mehr können sie die Führungskräfte mit ihren detaillierten Varianzanalysen beeindrucken. Der Controller hat die Kontrolle.

Früher war ich ziemlich gut in der Varianzanalyse. Aber wenn diese rückwärtsgewandte, auf Erklärungen und Entschuldigungen ausgerichtete Arbeit erledigt war, blieb selten Zeit, um sich umzudrehen und sich mit viel wichtigeren und zukunftsorientierten Fragen zu befassen: Wohin bewegen wir uns und was tun wir, wenn uns nicht gefällt, was wir sehen?

Das Wort Kosten ist an sich schon interessant. »Kosten« ist ein buchhalterischer Begriff dafür, wie eine finanzielle Transaktion klassifiziert und behandelt werden soll. Kosten sind etwas Negatives; sie sind etwas, was wir von den Einnahmen abziehen müssen und was den Gewinn schmälert. Wir sollten jedoch zwischen zwei Arten von Kosten unterscheiden: wertschaffende Kosten und nicht wertschaffende Kosten. Wertschaffende Kosten sind eigentlich Investitionen, auch wenn die Rechnungslegungsvorschriften von uns verlangen, sie als Ausgaben zu klassifizieren. Sie geben zwar Geld aus, aber Sie werden mehr dafür zurückbekommen. Solange wir die finanziellen Möglichkeiten haben, wollen wir mehr von den »guten» Kosten, denn sie schaffen Wert. Die nicht wertschaffenden oder »schlechten« Kosten wollen wir loswerden, denn sie sind weniger zielführend; sie vernichten Wert. Die Teams an der Basis kennen den Unterschied zwischen beiden normalerweise viel besser als die Unternehmensleitung.

Die Dominanz des Kostenbudgets führt oft zu einer kurzsichtigen Art des Managements. Nehmen Sie die variablen Produktionskosten. Was ist wichtiger – wie viel wir insgesamt ausgeben oder wie viel wir pro Einheit ausgeben? Ist es schlecht, mehr auszugeben, wenn wir mehr produzieren? Würden wir nicht weniger Kosten erwarten, wenn wir weniger produzieren? Die Stückkosten sagen viel mehr über Effizienz und Leistung aus, weil sie beide Seiten der Gleichung berücksichtigen, sowohl den Input als auch den Output.

Ein weiteres Mantra sind niedrige Kosten. Die Kosten sollten so niedrig wie möglich sein, und eine Kürzung des Budgets ist ein wirksames Mittel, um dies zu erreichen. Was wir wollen, ist jedoch nicht unbedingt das niedrigstmögliche Kostenniveau. Was wir wollen, ist das optimale Niveau, das die Wertschöpfung maximiert. Woher wissen wir, welches Niveau das ist? Das ist natürlich schwierig zu wissen. Aber drehen Sie es um. Woher wissen wir, was das richtige niedrigste Kostenniveau ist? Es kann kaum bei null liegen. Es ist genauso schwierig, das richtige niedrigste Kostenniveau zu finden wie das richtige optimale Kostenniveau. Aber wir sollten uns zumindest darauf einigen, dass wir das optimale Niveau anstreben und dass wir die schlechten Kosten loswerden wollen.

Lassen Sie uns zu einem anderen Thema übergehen, nämlich den Ressourcen. Unsere Planungs- und Zuteilungsprozesse beruhen auf der Annahme, dass die finanziellen Ressourcen immer die Hauptbeschränkung darstellen. Wir haben ein gemeinsames und gut verständliches Vokabular für die Berichterstattung über und die Verwaltung dieser knappen Ressource eingeführt. Wir sind in der Lage, die tatsächlichen oder geplanten Ausgaben bis auf den letzten Cent zu klassifizieren. Wenn neue Projekte evaluiert werden, können wir detailliert beschreiben, wie wir glauben, dass diese zunächst unsere *finanziellen Ressourcen* in Anspruch nehmen und später zu ihnen beitragen werden.

In einer wachsenden Zahl von Unternehmen ist diese Ressource jedoch nicht mehr die wichtigste Einschränkung, zumindest nicht immer. Stattdessen übernimmt oft das Humankapital[2] diese Rolle. Unsere Prozesse haben mit dieser Verschiebung zu kämpfen. Die Finanzabteilung hat Jahrzehnte damit verbracht, ein Finanzvokabular und Finanzprozesse zu entwickeln und zu perfektionieren: gemeinsame Kontenpläne, internationale Rechnungslegungsstandards und verschiedene Systeme für die Datenerfassung, Berichterstattung und Prüfung. Die Personalabteilung steht jedoch noch ganz am Anfang, wenn es darum geht, etwas Ähnliches für die Belange der Beschäftigten zu erreichen. Es gibt kein gemeinsames Vokabular und kaum Prozesse und Systeme zur Erfassung solcher Informationen. Unsere Unterlagen sagen uns vielleicht, wie viele Beschäftigte wir haben, ihr Alter, ihre Ausbildung und ihren beruflichen Werdegang. Aber das ist ein ziemlich dünnes Vokabular für die Beschreibung dessen, was wir oft als unsere wertvollste Ressource bezeichnen. Was wissen wir wirklich über die Kompetenzen der Menschen, über ihre Fähigkeiten, ihr Wissen und ihr Potenzial? Wie können wir über das Schließen von Kompetenzlücken sprechen, wenn wir kaum wissen, über welche Kompetenzen wir verfügen, und uns schwertun, zu beschreiben, welche wir brauchen? In den Budgets und Geschäftsplänen wird das Ganze oft nur auf die Anzahl der Beschäftigten reduziert, und häufig haben wir sogar Schwierigkeiten, diese Anzahl richtig zu erfassen.

Einige Organisationen versuchen, gemeinsame Bezeichnungen der Kompetenz für die eigene Belegschaft zu entwickeln. Die Absicht ist gut, aber das Ergebnis ist oft eine Reihe von funktionalen Formulierungen, mit begrenzten Möglichkeiten für eine sinnvolle Kommunikation intern oder mit externen Interessengruppen. Stellen Sie sich vor, der Finanzmarkt hätte es mit Unternehmen zu tun, die ihre finanzielle Situation in unterschiedlichen, intern entwickelten Ausdrücken beschreiben, ohne dass es eine gemeinsame, vereinbarte und geprüfte Art des Informationsaustauschs gibt. Dies ist ein Bereich, in dem die Finanzabteilung helfen kann. Das Ziel darf nicht sein, die Kompetenzabbildung auf eine detaillierte und mechanische Buchführung zu reduzieren, aber eine gewisse Struktur könnte nützlich sein.

Lassen Sie uns abschließend eine Frage ansprechen, die bei vielen von Ihnen während des Lesens dieser Seiten wahrscheinlich aufgewühlt hat: »Was ist, wenn Sie in einem Unternehmen tätig sind, in dem die Gewinnspannen hauchdünn sind? Was ist, wenn die finanzielle Situation so schlecht ist, dass ein straffes Kostenmanagement eine Frage von Überleben oder Untergang ist?«

Borealis war keineswegs ein »reiches« Unternehmen. Rote Zahlen waren uns nicht fremd, und knappe und ständig sinkende Margen waren das Gebot der Stunde. Dennoch waren alle Probleme, die wir mit traditionellen Kostenbudgets erörtert haben, bei dieser Art von Geschäft genauso relevant. Das Kostenbudget

2. *Anm. d. Übers.:* Als Humankapital werden in den Wirtschaftswissenschaften Wissen und Fähigkeiten einzelner Individuen bezeichnet, die dadurch im Besitz eines Leistungspotenzials sind, welches sie Unternehmen zur Verfügung stellen können. Diese Leistungspotenziale können sowohl auf natürliche als auch durch Ausbildung erworbene Fähigkeiten und Kenntnisse zurückzuführen sein. (Quelle: *https://www.bwl-lexikon.de/wiki/humankapital/*)

war ebenso eine Untergrenze wie eine Obergrenze. Die Fragen zu den Bedenken wurden zu spät im Jahr gestellt. Wir haben viel zu viel Zeit damit verbracht, erst zu verhandeln und später nachzufassen und zu erklären. All diese Probleme waren eigentlich noch gravierender, weil wir mit so geringen Margen lebten. Die Abschaffung der Kostenbudgets bedeutete nicht, dass wir uns weniger auf die Kosten konzentrierten und weniger Kostendiskussionen führten. Im Gegenteil, wir hatten viel mehr Gespräche darüber, und diese brachten uns mehr als die herkömmlichen Budgetdiskussionen. Sie fanden auch ständig statt und nicht nur einmal im Jahr. Die Kosten sind nicht explodiert, als das Budget abgeschafft wurde, sie sind sogar gesunken. Das hat sogar mich überrascht, wie in Kapitel 3 noch genauer nachzulesen ist.

Aber was ist, wenn die Situation noch ernster ist? Nun, wenn ich ein Unternehmen leiten würde, das kurz vor dem Konkurs steht und bei dem Sie jeden Tag jeden Cent umdrehen müssen, wäre das Letzte, was ich tun würde, meine Ausgaben für die nächsten 12 Monate in einem festen und detaillierten Kostenbudget festzulegen. In einer solchen Situation ist Flexibilität mehr denn je gefragt!

Auch hier geht es bei Beyond Budgeting nicht darum, die Notwendigkeit eines guten Kostenmanagements zu ignorieren. Im Gegenteil, es geht um ein besseres Kostenmanagement, eine bessere Optimierung der knappen Ressourcen, als es das traditionelle Budget bietet. In den Beispielen von Borealis und Statoil finden Sie praktische und praxisnahe Ratschläge, wie Sie Kosten ohne herkömmliche Budgets verwalten können.

1.5 Das Problem der Kontrolle

Kontrolle ist ein wichtiges Wort im Vokabular des Managements. Manche Finanzleute werden sogar als Controller bezeichnet. Ich erinnere mich an das erste Mal, als ich diesen Jobtitel erhielt. Ich habe mich dabei ziemlich gut gefühlt!

Wenn man Managerinnen und Manager nach ihrer größten Sorge bei der Abkehr von traditionellen Managementpraktiken, einschließlich Budgetierung, fragt, lautet die Antwort ausnahmslos »Kontrollverlust«. Wenn man sie bittet, etwas konkreter zu werden, antworten sie alle mit »Verlust der Kostenkontrolle«. Auf die Frage, was sie sonst noch meinen, sind sich alle einig, dass die Liste viel länger ist, aber die meisten tun sich schwer damit, konkrete Beispiele für die Kontrollen zu nennen, die sie verlieren würden. Einige sprechen von »Vermeidung von Abweichungen«; sie mögen es nicht, wenn die reale Welt einen anderen Weg nimmt als geplant. Einige erwähnen, dass sie Menschen aus dem Weg gehen und zu viele Entscheidungen allein treffen. Andere sagen vielleicht »verstehen, was passiert«, was durchaus Sinn macht. Aber im Allgemeinen tun sie sich schwer. Sie alle betonen, dass die Kontrolle weit über die Kostenkontrolle hinausgeht, aber nur wenige können auf Anhieb genau benennen, wie sich das auswirkt, auch wenn es das ist, was sie am meisten zu verlieren fürchten! Ich finde das ziemlich faszinierend.

Vielleicht fällt es Ihnen auch schwer, das nachzuvollziehen, also lassen Sie es uns gleich klären. Es gibt eine Kontrolle, die wir behalten wollen, und eine, die wir loswerden wollen. Wir wollen immer noch verstehen, an welchem Punkt wir uns befanden und jetzt stehen, und zwar durch eine qualitativ hochwertige Buchführung und Berichterstattung. Wir brauchen immer noch effektive Prozesse ohne Verschwendung und mit Anordnung im Haus. Wir müssen immer noch verstehen, wann wir gut abschneiden und wann nicht, und was vor uns liegen könnte, wenn es möglich und sinnvoll ist, dies vorherzusagen. Diese Art der Kontrolle hat nichts von Beyond Budgeting zu befürchten, im Gegenteil, sie ist nützlich. Transparenz ist, wie bereits erwähnt, ein gutes Beispiel für einen guten Kontrollmechanismus. Das Gleiche gilt für eine starke, auf Werten basierende Kultur.

Es gibt jedoch zwei andere Arten der Kontrolle, die wir viel weniger wollen. Die erste ist eine zu starke Kontrolle darüber, was die Beschäftigten tun und lassen sollen, und zwar durch detaillierte Budgets, strenge Vorgaben, detaillierte Stellenbeschreibungen, starre Organisationsstrukturen, ausgeklügelte Bonussysteme und alle anderen Kontrollmechanismen, die auf Theorie X basieren. Einige dieser Kontrollen mögen real und effektiv erscheinen, sie sind aber oft nichts anderes als Illusionen von Kontrolle. Menschen sind schlau, und jedes System lässt sich austricksen, wenn die Menschen es wollen.

Die zweite Art der Kontrolle, von der wir weniger brauchen, ist vielleicht eine noch größere Illusion. Es ist die gefühlte Kontrolle über die Zukunft, die wir zu haben glauben, wenn nur genug Details in unseren Plänen und Prognosen enthalten sind. Wir versuchen, mit zunehmender Komplexität und Unsicherheit fertig zu werden, indem wir immer mehr hinzufügen. Wenn wir den Ordner mit dem umfangreichen, auf ein eindeutiges Ergebnis ausgerichteten Zahlenwerk vor uns liegen haben, erscheint alles weniger beängstigend, geordneter und überschaubarer. Diese gefühlte Kontrolle über die Zukunft tragen wir mit uns, wenn das Morgen zum Heute wird. Wenn wir die Zahlen erreichen, haben wir das Gefühl, alles unter Kontrolle zu haben, auch wenn dies keine Garantie dafür ist, dass wir die bestmögliche Leistung erbracht haben. Wenn wir dagegen die Zahlen nicht erreicht haben, weil wir wieder einmal falsch lagen, haben wir wenigstens das Gefühl, einigermaßen die Kontrolle zu haben, weil wir zumindest im Detail das Wo und Warum erklären können!

Es gibt kein Problem mit Details, wenn wir die Vergangenheit beschreiben: wo wir gestanden haben und jetzt stehen. Im Gegenteil, hier werden diese Details gebraucht und sind notwendig, um zu verstehen, wie wir vorankommen: Ergebnisse, Wert- und Kostentreiber sowie Produkt- und Kundenrentabilität. Das Problem beginnt, wenn wir den gleichen oder fast den gleichen Detaillierungsgrad für die Zukunft verwenden. Der große Unterschied zwischen der Vergangenheit und der Zukunft ist die Ungewissheit. In der Vergangenheit gibt es keine, in der Zukunft sehr viel. Je weiter wir in die Zukunft blicken, desto größer ist die Ungewissheit, mit offensichtlichen Folgen für den jeweiligen Detailgrad. Aber der Mythos ist stark: Mehr Details bedeuten mehr Qualität. Es sieht nicht sehr professionell oder vertrauenswürdig aus, wenn jemand die erwarteten Umsatz- oder Kostenentwicklungen als Bandbreiten mit nur ein paar Zahlen und einer einfachen Was-wäre-wenn-Analyse darstellt, obwohl dies oft »richtiger« und sicherlich ehrlicher wäre. Ist es nicht verdächtig, wenn jemand nur ein paar gerundete Zahlen vorlegt? Raten diese Leute nur? Haben sie ihre Hausaufgaben nicht gemacht?

Es ist erstaunlich, wie blind wir für die Unsinnigkeit einer Feinabstimmung werden können, wenn wir z.B. den erwarteten USD-Wechselkurs für 10 oder 20 Jahre in die Zukunft prognostizieren, während wir nicht wissen können, was für eine Supermacht die Vereinigten Staaten bis dahin sein werden. Irgendwie scheint uns die Arbeit an diesen Details abzuschirmen und all die großen und beängstigenden Ungewissheiten verschwinden zu lassen. William Gilmore Simms war ein wenig nachsichtiger: »Ich glaube, dass Ökonomen Dezimalstellen in ihre Prognosen setzen, um zu zeigen, dass sie einen Sinn für Humor haben.«

Die Analyse der Budgetabweichung ist ein weiteres klassisches Beispiel für eine Kontrollillusion. Detaillierte Erklärungen der Differenz zwischen Ist- und Planzahlen können das beruhigende Gefühl vermitteln, dass die Vergangenheit sowohl verstanden als auch gut erklärt ist. Die Vergangenheit lässt sich normalerweise viel besser verstehen, wenn alternative Methoden zur Analyse der historischen Daten und Zeitreihen verwendet werden. Eine hervorragende Methode ist ein Kontrolldiagramm, das wichtige Signale in all dem Datenrauschen aufdeckt, die durch willkürliche Schwankungen entstehen.

Es gibt noch mehr Illusionen: »Wenn wir die Leistung nicht managen, wird es keine Leistung geben. Wenn wir die Menschen nicht entwickeln, wird es keine Entwicklung geben.« Viele Finanz- und Personalfunktionen scheinen auf solchen Annahmen zu beruhen. Sich einzugestehen, dass es sich nur um Illusionen handelt, fällt natürlich schwer. Der berühmte norwegische Dramatiker Henrik Ibsen beschrieb es so: »Nehmen Sie einem Durchschnittsmenschen die Lebenslüge, und Sie nehmen ihm zu gleicher Zeit das Glück.«[3] Diese Illusionen sind jedoch mehr als nur schmerzhaft, wenn sie enttarnt werden. Sie können auch gefährlich sein, da sie zu falschen und sogar unklugen Verhaltensweisen und Entscheidungen führen können. Die meisten von uns haben schon einmal eine oder mehrere dieser Situationen erlebt.

Ein Teil der Angst, die Kontrolle zu verlieren, kommt wahrscheinlich von dem Begriff Beyond Budgeting selbst. Die Überschrift ist immer schneller zu lesen als der Rest der Geschichte. Als eigenständiges Etikett glauben viele, der Begriff stehe für Anarchie und unbegrenzte Ausgaben. Die meisten beruhigen sich in der Regel, wenn sie das vollständige Bild sehen. Wenn sie verstehen, warum wir Budgets und andere veraltete Managementpraktiken abschaffen und was wir stattdessen anbieten, stimmt die Mehrzahl zu, dass dies wahrscheinlich sinnvoll ist, auch wenn viele noch Fragen und Bedenken haben. Die meisten Menschen entspannen sich auch ein wenig, wenn sie verstehen, dass wir weiterhin die Dinge tun werden, die durch ein Budget erreicht werden sollen, wobei dies aber so kläglich scheitert. Wir werden

---

3. *Anm. d. Übers.:* Quelle: Ibsen: *Die Wildente* (Vildanden), 1884. Fünfter Akt, Relling.

weiterhin Ziele setzen, Prognosen erstellen und Ressourcen zuweisen. Wir werden all dies sogar auf eine viel bessere Weise tun. Das hört sich doch nicht nach Kontrollverlust an, oder? Der Verlust an Kontrollen bedeutet nicht »Kontrollverlust«, wenn es sich um unnütze Kontrollen handelt, über die wir sprechen. Im Gegenteil, das Ergebnis ist eine bessere Kontrolle (mehr dazu in Abschnitt 1.10, »Das Qualitätsproblem«).

1.6 Das Zielsetzungsproblem

Ein Ziel ist nicht unbedingt »das Ziel«. Was wir wirklich wollen und anstreben, ist die bestmögliche Leistung unter den gegebenen Umständen. Die Festlegung von Zielen ist eine Möglichkeit, dies zu erreichen, aber nicht die einzige und nicht immer die beste. Es ist ein Leistungsmechanismus, der mit einer Reihe von Herausforderungen und negativen Nebenwirkungen verbunden ist.

Es ist schwer, gute Ziele zu setzen. Wir versuchen dabei zu beschreiben, wie eine gute Leistung zu einem bestimmten Zeitpunkt aussieht, zum Beispiel am Ende des nächsten Jahres. Wenn die Zielvorgaben mit großer Unsicherheit behaftet sind, kann das ziemlich schwierig sein. Wir müssen oft eine Reihe von Annahmen treffen: Wie wird sich der Markt entwickeln? Welche Bedrohungen und Chancen können sich ergeben? Wie wird sich der Ölpreis entwickeln? Und die Wechselkurse? Wenn wir von den Makro- zu den Mikro- und individuellen Zielen übergehen, ist das nicht einfacher. Wenn Managerinnen und Manager Ziele für ihre Beschäftigten festlegen, ist es sinnvoll, deren volles Leistungspotenzial zu kennen. Ich glaube nicht, dass ich meines jemals kennen werde.

Zur Festlegung von Zielen werden häufig Leistungsindikatoren (Key Performance Indicators oder kurz KPIs) verwendet. Wie später noch besprochen wird, ist es wichtig, sich daran zu erinnern, wofür das I (Indikator) steht. KPIs versuchen anzuzeigen, ob wir uns in Richtung unserer Ziele bewegen, aber sie sind nicht immer in der Lage, die ganze Wahrheit zu enthüllen. Sie werden nicht KPTs genannt, Key Performance Truths!

Wenn Sie sich mithilfe von KPIs Ziele setzen, müssen diese immer im Zusammenhang mit den größeren und längerfristigen Zielen gesehen werden, mit denen wir versuchen, den Fortschritt zu messen. Das sind die eigentlichen Ziele, die wir zu erreichen versuchen. KPIs und KPI-Ziele sind nur dazu da, uns zu helfen.

Sie haben wahrscheinlich schon vom SMART-Prinzip gehört. Ziele sollten spezifisch (specific), messbar (measurable), erreichbar (achievable), relevant (relevant) und zeitlich begrenzt (time-bound) sein. Das ist ein angemessener Test, aber seien Sie vorsichtig damit, sie zu intelligent zu machen. Nehmen wir das Beispiel des Qualitätsziels »First time right«. Sollten wir es als »95,2 Prozent« oder als »erstes Quartil« im Vergleich zur Konkurrenz festlegen? Wenn Sie SMART anwenden, scheint die Antwort klar zu sein. Es besteht kein Zweifel, dass »95,2« ein spezifischeres und präziseres Ziel ist. Aber welche Angabe sagt mehr über die Leistung aus? Sind

96 Prozent eine großartige Leistung, wenn alle Mitbewerber 97 Prozent oder mehr erreicht haben? Präzision ist nicht immer gleichbedeutend mit Relevanz. Je buchhalterischer wir in unserem Leistungsdenken sind, desto mehr neigen wir dazu, Präzision zu betonen und Relevanz zu opfern. Ich werde in den Kapiteln über Borealis und Statoil noch einmal auf das mächtige Konzept der relativen Ziele zurückkommen.

Bei Zielen geht es sehr oft um Zahlen. Wir sollten die Macht der Worte nicht vergessen. Ein gut formuliertes Ziel oder eine Zielsetzung kann oft viel besser motivieren und die Leistung steigern als Zahlen allein. Viele Menschen lassen sich von ansprechenden Botschaften über die Richtung und die Ambitionen viel eher inspirieren als von harten Zahlen, mich eingeschlossen. Es geht hier wieder um Relevanz gegenüber Präzision. Auch hier müssen wir mit dem Detailgrad vorsichtig sein. Sehr spezifische und zu handlungsorientierte Ziele können leicht zu einer Zwangsjacke werden, ebenso wie ein detailliertes numerisches Ziel.

Ich kann die Reaktion einiger meiner Finanzkollegen fast hören: »Wie um alles in der Welt können wir uns an so etwas messen? Das sind doch nur Worte!« Nun, wenn es das ist, was Menschen dazu anspornt, ihr Bestes zu geben, was ist dann wichtiger – gute Leistung oder etwas, an dem man sich messen kann? Lassen Sie uns nicht aus den Augen verlieren, worum es beim Performance Management eigentlich geht. Erinnern Sie sich an Albert Einsteins weise Worte: »Nicht alles, was zählt, kann gezählt werden, und nicht alles, was gezählt werden kann, zählt.«

Ich empfehle, die SMART-Prinzipien mit Bedacht anzuwenden. Hier sind einige Ratschläge, um sicherzustellen, dass sie dem eigentlichen Ziel, nämlich der bestmöglichen Leistung unter den gegebenen Umständen, tatsächlich dienen und nicht im Wege stehen:

Spezifisch – aber nicht in einer Zwangsjacke

Messbar – aber vergessen Sie die Worte nicht

Achievable/Erreichbar – aber vergessen Sie Michelangelo nicht (siehe unten)

Relevant – vergessen Sie die Strategie nicht

Time Bound/Zeitlich begrenzt – aber lassen Sie nicht alles bis zum Jahresende liegen

Jemand hat einmal ethisch (**e**thical) und vernünftig (**r**easonable) zu diesem Akronym hinzugefügt, um es SMARTER zu machen. Schön!

Eine Zielvorgabe kann leicht zu der gleichen Situation führen, die wir bei den Kosten besprochen haben. Nachdem das Management verhandelt und die Kosten niedrig angesetzt hat, bemüht es sich vielleicht, seine Ziele zu erreichen, aber es hat nur wenige Gründe, darüber hinauszugehen, insbesondere wenn die Ergebnisse auf das nächste Jahr übertragen werden können. Michelangelo hat es so ausgedrückt: »Die größte Gefahr für die meisten Menschen besteht nicht darin, dass deren Ziel zu hoch gesteckt ist und sie es verfehlen könnten, sondern dass es zu niedrig ist und sie es erreichen.«

Wie bei den Kostenbudgets kann auch bei jedem Zielprozess geschummelt werden, wenn die Leute es wollen und einen Grund dazu haben. Die Lösung besteht nicht darin, zu versuchen, ein weiteres Schlupfloch zu schließen, sondern stattdessen darüber nachzudenken, warum die Leute das System austricksen, und dagegen etwas zu tun. Das Bonussystem ist oft ein guter Ansatzpunkt (aber mehr dazu später).

Es ist auch wichtig, *wie* die Ziele festgelegt werden. Es besteht ein großer Unterschied zwischen den Zielen, die Sie sich selbst setzen, und denen, die für Sie festgelegt werden. Im traditionellen Management scheint man davon auszugehen, dass das Anspruchsniveau immer zu niedrig ist, wenn die Ziele nicht von oben vorgegeben werden. Dies ist nicht unbedingt der Fall. Es gibt Möglichkeiten, diese großartige Kombination zu erreichen, zum Beispiel durch die Verwendung von Benchmarking oder relativen KPIs. Niemand ist gerne ein Nachzügler! Es gibt nichts Besseres als ehrgeizige Ziele, die sich Teams oder Individuen selbst gesetzt haben.

Die meisten Finanzleute glauben, dass sich alle Zielzahlen genau zum Unternehmensziel addieren müssen und dass dies nur durch eine Kaskadierung von oben nach unten erreicht werden kann. Die Tatsache, dass eine solche Kaskadierung oft die Eigenverantwortung, das Engagement und die Motivation zerstört, wird ignoriert: »Das ist HR-Kram, wir arbeiten in der Finanzabteilung.«

Zielvorgaben von oben sind nicht immer diktatorisch. Es kann Raum für Verhandlungen und Nachbesserungen geben, manchmal sogar mit von unten vorgeschlagenen Zielen. Aber welche Verhaltensweisen löst ein solcher Prozess typischerweise aus? Untertreibung, Spielereien und manchmal sogar Betrug und Lügen, um mit möglichst niedrigen Zielen davonzukommen. Das sollte uns nicht überraschen. Auch hier handelt es sich um rationales Managementverhalten. Die Finanzwelt kann bis zum Gehtnichtmehr über die Notwendigkeit ehrgeiziger Zielvorgaben diskutieren. Für eine Managerin oder einen Manager verringert sich dadurch nur die Chance, das Ziel zu erreichen und die Belohnungen zu ernten. Wieder passt das Zitat von Michelangelo.

Müssen wir uns immer Ziele setzen? Könnte es andere Wege geben, um Menschen zu inspirieren und zu motivieren, ihr Bestes zu geben, die bestmögliche Leistung unter den gegebenen Umständen zu erzielen und gleichzeitig die negativen Auswirkungen zu reduzieren oder sogar zu vermeiden? Geht es bei der traditionellen Zielsetzung darum, dass Führungskräfte die einfachere Option wählen, weil es schwieriger ist, zu inspirieren und zu motivieren? Geht es dabei auch darum, die Menschen zu unterschätzen? Verstehen sie die strategische Ausrichtung nicht? Haben sie keinen Ehrgeiz und überhaupt keine Ahnung davon, wie gut aussieht?

Ich will damit nicht sagen, dass wir uns nie Ziele setzen sollten, aber wir sollten nicht den Autopiloten einschalten. Wir müssen kein KPI-Ziel festlegen, nur weil wir die tatsächliche Entwicklung anhand eines KPIs messen. Es gibt eine Reihe von Unternehmen, die entweder keine Ziele mehr setzen oder ihre Vorgehensweise radikal geändert haben. Im weiteren Verlauf des Buches finden Sie einige interessante Beispiele.

In meinem Privatleben habe ich mir nur sehr wenige Ziele gesetzt, wenn überhaupt. Natürlich hatte ich meine Träume und Hoffnungen, und ich weiß sehr wohl, wie das Gute aussieht. Als bei mir vor vielen Jahren Diabetes diagnostiziert wurde, wusste ich, dass ich abnehmen musste. Ich habe mir nie ein Ziel gesetzt, wie viel und bis wann. Aber ich habe meinen Lebensstil geändert und regelmäßig gemessen, sodass sich die Dinge in die richtige Richtung bewegten, sowohl beim Gewicht als auch beim Blutzucker. Sie sind jetzt dort, wo sie sein sollten. Ich behaupte nicht, dass ich das verhindert hätte, wenn ich mir ein Ziel gesetzt hätte. Wäre es hingegen von meiner Frau oder meinem Arzt gekommen, hätte ich wohl immer noch zu kämpfen gehabt.

Was das Messen angeht, so geschieht nichts, nur weil wir messen. Sie nehmen nicht ab, nur weil Sie sich wiegen. Das habe ich auch versucht, aber ohne Erfolg. Ich erinnere mich an die trockene Bemerkung meiner Frau: »Bjarte, vielleicht hast du nicht lange genug auf der Waage gestanden ...«

1.7 Das Problem der Leistungsbewertung

Je besser wir die Zielsetzung hinbekommen, desto einfacher ist die Leistungsbeurteilung. Aber wir können immer noch falsch liegen.

Zunächst sollten Sie sich darüber im Klaren sein, dass die Leistung auch dann bewertet werden kann, wenn keine Ziele festgelegt wurden. Normalerweise wissen wir, was gut ist, wenn wir es sehen, und es gibt immer eine strategische Ausrichtung und Leistungsstandards, auf die wir uns beziehen können. Wie bereits erwähnt, setzen wir uns wahrscheinlich zu viele Ziele.

Eines der Probleme bei der Leistungsbewertung besteht darin, dass der Prozess verschiedenen und widersprüchlichen Zwecken dient, genau wie das Budget (dazu später mehr).

Diese Zwecke sind:

- Feedback und Entwicklung
- Belohnung
- Rechtliche Dokumentation

Zwischen den drei Zwecken gibt es Spannungen, insbesondere zwischen den ersten beiden. Wenn der Schwerpunkt der Bewertung auf Feedback und Entwicklung liegt, dann sollten nicht nur Stärken und Leistungen, sondern auch Herausforderungen und der Entwicklungsbedarf im Mittelpunkt des Beurteilungsdialogs stehen.

Wenn stattdessen der Belohnungszweck dominiert, wird der Dialog leicht in die entgegengesetzte Richtung gelenkt. Der rational denkende Beschäftigte könnte sich stattdessen auf »Ich bin so toll«-Erfolge konzentrieren und alles vermeiden, was das glänzende Leistungsbild, das er oder sie zu zeichnen versucht, trüben könnte. Die Aufgabe des Managements wird es sein, das Bild auszubalancieren, indem es das Gegenteil betont – nicht für alle sehr motivierend.

Auch der Zweck der rechtlichen Dokumentation ist nicht sehr motivierend. Es geht darum, dass der Arbeitgeber den Papierkram braucht für den Fall, dass er drastische Maßnahmen ergreifen muss. Der Zweck ist selten das Gegenteil: eine rechtliche Rechtfertigung, die für ein Lob, eine Beförderung oder eine Gehaltserhöhung benötigt wird.

Von diesen drei Bewertungszwecken ist es wahrscheinlich nur die Belohnung, die eine numerische Bewertung erfordert. Hier könnte man argumentieren, dass auch ohne eine Bewertung am Ende immer eine Zahl steht, wenn Gehaltserhöhungen angekündigt werden. Diese wären jedoch nicht nur leistungsabhängig, sondern spiegeln auch andere Vergütungsaspekte wie Marktniveau und Karrierephase wider.

Für den Zweck der Entwicklung ist überhaupt keine Bewertung erforderlich. Die besten Beurteilungsgespräche, die ich erlebt habe, waren bewertungsfrei. Das Management gab mir offenes, ehrliches und konstruktives Feedback, das sich mehr auf meine Stärken als auf meine Schwächen konzentrierte. Eine Bewertung kann den Dialog tatsächlich »verdummen«, weil die Zahl leicht die viel wichtigeren Worte ersetzt oder verkürzt.

Im Kapitel über Statoil wird erörtert, wie dieses ernste Problem der widersprüchlichen Bewertungszwecke gelöst werden kann. Wie bereits erwähnt, gibt es auffällige Ähnlichkeiten mit einem sehr ähnlichen Budgetproblem, das später in diesem Kapitel untersucht wird.

Leistungsbeurteilung und -bewertung ist etwas, das uns schon in der Schule begegnet. Auch hier sind unterschiedliche Zwecke im Spiel. Viele argumentieren, dass die Benotung für das Lernen und die Entwicklung notwendig ist. Auch das ist höchst umstritten. Die Rechtfertigung dafür kommt vielleicht stärker aus einer Belohnungs- und Rechtsperspektive, wo Noten als Sortiermechanismus für die weitere Ausbildung dienen.

Kommen wir nun zu einem anderen Aspekt der Leistungsbewertung: die Notwendigkeit der Subjektivität und einer ganzheitlichen Bewertung im Gegensatz zu einer mechanischen, metrisch orientierten und scheinbar objektiveren Bewertung.

Zunächst müssen wir uns daran erinnern, dass Leistung nicht dasselbe ist wie Ergebnisse. Ein Ergebnis ist ein gemessenes Resultat. Leistung ist das Verhalten und die Anstrengung dahinter. Wenn ein Läufer einen 100-Meter-Sprint absolviert, gibt es eine gemessene Zeit, aber diese spiegelt nicht unbedingt die Leistung wider. Bei der Leistung geht es darum, wie gut der Läufer den Sprint ausgeführt hat, wie gut er die Bewegungen, die in Tausenden von Trainingsstunden verfeinert wurden, umgesetzt hat. Das Ergebnis dieser Leistung ist eine gemessene Zeit, sowohl in absoluter als auch in relativer Hinsicht – im Vergleich zu den anderen Läufern.

Aufgrund der oben beschriebenen Zielprobleme können wir uns nicht nur auf die Messung stützen – weder absolut noch relativ. Bevor wir zu dem Ergebnis kommen, müssen wir unsere Messbrille abnehmen und uns ansehen, was die Messung nicht erfasst hat. Wir müssen die Erkenntnisse aus der Nachbetrachtung berücksichtigen: signifikante Änderungen der Annahmen, Rücken- oder Gegenwind und andere Informationen, die uns bei der Festlegung der Ziele nicht zur Verfügung standen. Vielleicht sollten auch Werte und Verhalten berücksichtigt werden. Wie wurden diese Ergebnisse erzielt?

Wir brauchen eine umfassendere und intelligentere Bewertung von Leistung als die herkömmliche »innerhalb des Budgets« oder »grüner KPI«. Ist es immer eine gute Leistung, das Budget einzuhalten? Was ist, wenn großartige wertschöpfende Möglichkeiten abgelehnt wurden, weil der Auftrag Nummer eins darin bestand, keine Kosten zu überschreiten? Sollten wir ein Projekt feiern, das unter Einhaltung von Kosten und Zeit abgeschlossen wurde, wenn die Qualität auf der Strecke blieb? Sollten wir nach Champagner rufen, wenn wir unser Marktanteilsziel erreicht haben, weil ein Mitbewerber unerwartet das Geschäft aufgegeben hat?

Einige Führungskräfte halten diese Art der ganzheitlichen Leistungsbewertung für zu weich und auch für schwieriger, weil sie eine Bewertung und nicht nur eine Messung beinhaltet. Sie behaupten, dass dies zu viel Subjektivität enthalte, und ziehen es vor, alles auf das »Erreichen einer Zahl« zu beschränken, was sie als viel objektiver ansehen.

Das ist eine Illusion. Eine Leistungsbewertung kann niemals völlig objektiv sein. Es wird immer Subjektivität geben. Wie bereits angesprochen, geht es bei der Festlegung von Zielen darum, zu beschreiben, wie eine gute Leistung zu einem bestimmten Zeitpunkt aussieht, was im Fall von Jahreszielen 12 Monate später ist. Wir tun dies inmitten einer großen Unsicherheit, die uns zwingt, viele Annahmen zu treffen. Sollte das Ziel bei 80 liegen? Oder 100? Oder vielleicht 120? Wenn wir uns schließlich für 103,5 entscheiden (ein oder zwei Dezimalstellen lassen die ganze Übung gründlicher und wissenschaftlicher aussehen), ist das eine Erleichterung. Bald liegen all die Unsicherheiten und die Subjektivität, die wir gerade angewendet haben, hinter uns und sind vergessen.

Aber wir wurden gerade dazu gezwungen (wir hatten keine Wahl), sehr subjektiv zu sein, und das zu einem Zeitpunkt, an dem es aufgrund der Ungewissheit, die von uns verlangt, all diese Annahmen zu treffen, eigentlich ziemlich schwierig ist. Warum um alles in der Welt sollten wir auf die Möglichkeit verzichten, auch im Nachhinein subjektiv zu sein, wenn aus der Ungewissheit Gewissheit geworden ist und es so viel mehr Informationen und Erkenntnisse darüber gibt, ob es eine großartige Leistung war, 103,5 Punkte zu erreichen?

Wahre Objektivität ist daher Wunschdenken. Es wird immer Subjektivität geben, wenn Ziele gesetzt werden. Es mag einfacher erscheinen, dies nicht noch einmal durchgehen zu müssen. Aber auch hier gilt: Führung soll nicht einfach sein. Wenn sich die Leistungsbeurteilung darauf beschränkt, nur die Anzahl der grünen und roten KPIs zu zählen und allein daraus Schlussfolgerungen zu ziehen, dann ist die einzige Qualifikation, die man braucht, die Fähigkeit zu zählen und nicht farbenblind zu sein. Obwohl ich nur den ersten Test bestehen würde, sollten wir nicht etwas höhere Anforderungen an diese wichtige Aufgabe stellen?

Ich bin kein großer Fan von Leistungsbewertungen, aber wenn die Bewertung auch noch für eine erzwungene Einstufung von Beschäftigten verwendet wird, betreten wir das Reich der unklugen Handlungen. Eine Reihe von Unternehmen verzichtet inzwischen auf diese aussichtslose Managementpraxis. Laut Washington Post haben mittlerweile 10 Prozent der Fortune-500-Unternehmen die traditionelle jährliche Leistungsbeurteilung abgeschafft, darunter Microsoft, Accenture, Deloitte und Expedia. Selbst GE experimentiert mit Alternativen.

Ich bin es übrigens leid, dass die Personalverantwortlichen immer wieder darauf hinweisen, dass Managerinnen und Manager die gesamte Bewertungsskala verwenden müssen, und dass sie sich Sorgen über zu positive Bewertungen machen. Die meisten Menschen sind tatsächlich durchschnittlich! Und was ist eigentlich das Problem damit, wenn Menschen sich etwas besser als der Durchschnitt fühlen und eine etwas höhere Bewertung erhalten, als sie »verdient« haben? Menschen, die sich selbst gut einschätzen, erbringen tatsächlich bessere Leistungen! Wenn es um die Bezahlung geht, gibt es keinen Grund, mehr zu zahlen, auch wenn die durchschnittliche Bewertung höher ist. Belohnung ist etwas sehr Relatives: wie Menschen im Vergleich zu anderen bezahlt werden.

1.8 Das Bonusproblem

Wenn ich in Europa über Beyond Budgeting referiere, lautet die erste Frage, die mir gestellt wird, wie die Kosten ohne Budget verwaltet werden können. In den Vereinigten Staaten lautet die erste Frage in der Regel: »Was treibt den Bonus an, wenn es kein Budget gibt?«

Das kleinste Problem mit Boni ist, dass sie oft an die Einhaltung von Budgetzahlen gebunden sind, was, wie bereits erwähnt, für die Leistungsbewertung ziemlich ungeeignet ist. Ein viel größeres Problem sind die negativen Auswirkungen auf die Motivation und Leistung, um die es in diesem Abschnitt geht.

Ich habe meinen Glauben an individuelle Bonussysteme völlig verloren. Ich bin überzeugt, dass sie viel mehr schaden als nützen. Aber ich muss zugeben, dass ich einmal begeistert davon war. In meiner Laufbahn im Personalwesen war ich sowohl an der Gestaltung als auch an der Umsetzung solcher Systeme beteiligt. Meine Skepsis wuchs mit der Zeit. Immer wieder habe ich beobachtet, dass sie nicht nur nicht hielten, was sie versprachen, sondern auch, wie viel unbeabsichtigten Schaden sie anrichteten. Es gibt nur wenige Bereiche, in denen die Kluft zwischen dem, was die Forschung sagt, und dem, was die Wirtschaft tut, größer ist. Fünfzig Jahre Forschung sprechen sich fast einstimmig gegen individuelle Boni als wirksames Mittel zur Motivation und Leistungssteigerung in Wissensorganisationen aus. Trotzdem sind Boni nach wie vor sehr beliebt. Aber irgendetwas stimmt damit nicht. Die Zufriedenheit mit dem Bonussystem kann nicht der Grund dafür sein, dass die Unternehmen es im Durchschnitt jedes zweite Jahr ändern.

Beachten Sie, dass sich meine Kritik auf den individuellen Bonus bezieht. Ein gemeinsames oder kollektives Bonussystem ist etwas ganz anderes, wie ich später noch erläutern werde. Wie individuell ist Leistung in der komplexen und vernetzten Realität, die wir heute in den meisten Unternehmen vorfinden, wirklich? Ist der einsame Ranger, der mit einer rauchenden Pistole in den Sonnenuntergang reitet, nachdem er die Probleme des Tages ganz allein gelöst hat, nicht wirklich etwas aus der Vergangenheit? Sind die meisten von uns nicht in hohem Maße von anderen abhängig, wenn wir unsere Arbeit erledigen und unsere Ziele erreichen, selbst wenn diese Ziele als individuelle Ziele festgelegt wurden? Es gibt immer jemanden hinter oder neben uns, der direkt oder indirekt zu dem beiträgt, was wir allzu oft als individuellen Erfolg bezeichnen.

Das Problem beginnt mit der Wirtschaftstheorie und den Annahmen über den rationalen, wirtschaftlich denkenden Menschen, von dem man annimmt, dass er ausschließlich von der Optimierung des eigenen Wohlbefindens und Nutzens angetrieben wird, die nur in finanzieller Hinsicht gemessen werden. Die Beziehung zwischen Arbeitgeber und Arbeitnehmer wird auf den »Principal Agent«-Vertrag reduziert, bei dem es für beide Parteien in erster Linie darum geht, den eigenen Gewinn und Nutzen zu maximieren. Mit dieser Brille gesehen besteht ein offensichtlicher Interessenkonflikt zwischen den beiden und die Beziehung wird auf eine kommerzielle Transaktion reduziert, die in einem detaillierten »Leistungsvertrag« geregelt werden muss, bei dem Leistung gegen Geld getauscht wird. Wenn wir davon ausgehen, dass dies der Fall ist, dann sind Theorie X und das traditionelle Management absolut sinnvoll, einschließlich der Bonuspraktiken, die hier infrage gestellt werden.

Ich höre über Boni den gleichen Zynismus wie über Budgets, und zwar nicht nur von Beschäftigten, sondern auch aus dem Management. Die überwiegende Mehrheit scheint nicht zu glauben, dass sie wie beabsichtigt funktionieren. Das Paradoxon wiederholt sich: Wo bleibt bei so viel Unzufriedenheit der Aufruhr, wo bleibt die Revolution, die wir auf der Budgetseite zu sehen beginnen? Ich bin jedoch optimistisch. Ich glaube, dass die Idee des individuellen Bonus eines Tages aus der Welt der Wirtschaft verbannt wird, verhöhnt und offengelegt. Aber wir brauchen mehr Mutige (oder Unternehmensrebellen), die ihre Hand heben und das ausrufen, was jeder in der Menge auch sehen kann: Dieser Kaiser hat keine Kleider an. Lassen Sie mich erklären, warum er ohne Kleider ist.

Die meisten Unternehmen haben ein Bonussystem aus zwei ganz unterschiedlichen und nicht miteinander zusammenhängenden Gründen, die jedoch oft vermischt werden, wenn das System erklärt und legitimiert wird. Der erste Grund hat mit dem Markt zu tun, der zweite mit der Motivation. Im ersten Fall geht es darum, gute Mitarbeiterinnen und Mitarbeiter zu rekrutieren und zu halten. Dem kann ich teilweise zustimmen. Natürlich müssen wir wettbewerbsfähig sein. Aber sind wir eventuell zu schnell dabei, den Bonushebel zu betätigen? Sind wir kreativ genug bei der Suche nach alternativen Möglichkeiten, um wettbewerbsfähig zu sein? Wenn es schon Geld sein muss, muss es dann ein individueller Bonus sein? Warum kann nicht ein kollektives System eine Alternative sein? Oder ein »Signing-Bonus«? Muss es immer Geld sein? Es gibt viele andere Vergünstigungen, mit denen Sie konkurrieren können.

Wir dürfen auch nicht den Wert der Unternehmensmarke unterschätzen (vorausgesetzt, es handelt sich um ein gutes Unternehmen, für das wir arbeiten). Die Kraft der Beschäftigten, die Freunden und Nachbarn mit Stolz erzählen, wie toll es ist, bei uns zu arbeiten, sollte nicht unterschätzt werden. Dies erzeugt eine Anziehungskraft, die kein Bonussystem bieten kann. Es zieht auch diejenigen an, die wir für uns gewinnen wollen, und das sind hoffentlich nicht diejenigen, die nur wegen des Geldes dabei sind. Als das australische Unternehmen Atlassian beschloss, sein Bonussystem aufzugeben, wusste es, dass es einige seiner Vertriebsmitarbeiter verlieren würde. So geschah es, aber diejenigen, die sie wirklich behalten wollten, blieben.

Selbst Unternehmensriesen bewegen sich in diese Richtung. Im Jahr 2013 kündigte das Pharmaunternehmen GSK (GlaxoSmithKline) ein neues Vergütungsprogramm an, mit dem individuelle Ziele im Vertrieb abgeschafft wurden. Stattdessen wurden die Vertriebsmitarbeiter, die direkt mit den verschreibenden Ärzten zusammenarbeiten, bewertet und für »ihr Fachwissen, die Qualität der von ihnen erbrachten Dienstleistungen zur Unterstützung einer verbesserten Patientenversorgung und die Gesamtleistung des Geschäfts von GSK« belohnt. Das Ziel war klar: sicherzustellen, dass die Interessen der Patienten an erster Stelle stehen, genau wie bei den Handelsbanken, die nichts wollen, was zu einem Interessenkonflikt mit ihren Kunden führen könnte. In Kapitel 2 werden Sie erfahren, wie diese Bank in der Lage ist, hervorragende Personen für die Leitung der Filialen in Großbritannien zu gewinnen, obwohl sie keinen individuellen Bonus in einem Markt anbietet, in dem dies undenkbar scheint.

Was ist mit der anderen Rechtfertigung für einen individuellen Bonus: die Motivation? Hier begannen vor vielen Jahren meine Zweifel. Wie konnte ich argumentieren (wie ich es tat), dass ein individueller Bonus ein großartiger Motivator ist, wenn er bei mir nicht funktionierte? Ich glaube nicht, dass ich so besonders bin. Als ich meine Kollegen fragte, sagten fast alle dasselbe: »Ich mag Geld, aber es ist nicht das, was mich antreibt.« Ich habe dann angefangen, über dieses Thema zu lesen und entdeckte 50 Jahre Forschung dazu mit ziemlich einhelligen Schlussfolgerungen. Also los geht's:

Ein individueller Bonus kann ein sehr effektiver Motivationsmechanismus für *einfache Arbeiten* sein, bei denen *wenig Motivation* in der Arbeit selbst liegt, wo die Verbindung zwischen individuellen Anstrengungen und Ergebnissen leicht zu *messen* ist und *Quantität* wichtiger ist als Qualität. Beim Pflücken von Obst und ähnlichen einfachen, sich wiederholenden Arbeiten funktioniert der individuelle Bonus also durchaus.

Wenn man jedoch zu komplexeren Aufgaben übergeht, bei denen mehr kognitive Fähigkeiten und Teamarbeit erforderlich sind, zeigt die Forschung, dass der individuelle Bonus seine Wirkung verliert. Für diese Art von Arbeit sind *Zweck*, Zugehörigkeit, Können und Autonomie die Triebfedern für Motivation und Leistung: das gute Gefühl, gemeinsam Teil von etwas Größerem zu sein, die Freude, etwas Herausforderndes zu meistern und nicht von oben herab gesteuert zu werden. Geld steht zwar auch auf der Liste, aber weiter unten. Interessanterweise glauben Menschen oft, dass für andere Menschen Geld weiter oben auf der Liste steht als für sie selbst.

Die meisten Führungskräfte erkennen diese interne oder *intrinsische* Motivation als stark an. Es mag logisch klingen, dass wir mehr Motivation erhalten, wenn wir der intrinsischen Motivation eine Dosis externer oder *extrinsischer* Motivation hinzufügen, wie zum Beispiel einen individuellen Bonus. Leider kommt die Forschung zum gegenteiligen Ergebnis. Nochmals, bei einfacher Arbeit funktioniert es definitiv. Aber bei komplexeren Aufgaben hat die externe Motivation in der Regel entweder keine oder eine negative Wirkung und verringert die interne Motivation. Dies wird als »Verdrängungseffekt« bezeichnet.

Eine Erklärung liegt in dem Prinzip »Tu dies und du bekommst das«. Durch die Einführung eines Bonus für die Erledigung einer Aufgabe verlagert sich der Schwerpunkt nicht mehr auf die Aufgabe selbst, sondern auf das, was Sie dafür bekommen. Ein Bonus kann das Interesse an der Arbeit selbst *untergraben* und den Wert der Aufgabe, für die er bezahlt wird, mindern, auch wenn die Absicht das Gegenteil ist. Die Botschaft, die wir aussenden, ist, dass wir nicht glauben, dass die Menschen durch die intrinsische Motivation, die von der Aufgabe selbst ausgeht, ausreichend motiviert sind. Zuckerbrot ist gefragt.

In seinem Buch *Punished by Rewards* erzählt der Sozialwissenschaftler Alfie Kohn die Geschichte eines alten Mannes, der ständig von einer Gruppe Jugendlicher angeschrien und beleidigt wird. Eines Tages geht er zu ihnen hin und sagt: »Ich zahle euch einen Dollar für jede Beleidigung, die ihr euch einfallen lasst.« Sofort fallen böse Worte. Der alte Mann zahlt ordnungsgemäß und bittet die Jugendlichen, am nächsten Tag wiederzukommen. »Dann zahle ich euch 25 Cent für die Mühe.« Die Jungen tauchen auf und die Beleidigungen kommen wieder heftig und schnell. Der alte Mann zahlt, was er schuldet, sagt ihnen dann aber, dass er ihnen von nun an nur noch einen Cent pro Beleidigung zahlen wird. »Ein Cent!«, antworten die Jungs. »Vergessen Sie es!« Und sie kamen nie wieder zurück.

Die Geschichte veranschaulicht nicht nur, wie man das Interesse zunichte machen kann, indem man Menschen für etwas belohnt, das sie früher ohne Belohnung getan haben, weil sie dachten, es mache Spaß, sondern erinnert uns auch daran, dass Anreize keine dauerhafte und nachhaltige Verhaltensänderung bewirken, es sei denn, es wird weiter gezahlt. Wir sollten uns auch daran erinnern, dass ein Bonus zwar als positive Verstärkung gedacht ist, aber genauso eine Bestrafung darstellt, weil er auch zurückgehalten werden kann. Das Zuckerbrot ist auch eine Peitsche.

Blut zu spenden ist eine großartige Sache. Experimente haben gezeigt, dass Krankenhäuser, die finanzielle Belohnungen eingeführt haben, um die Menschen zu mehr Blutspenden zu bewegen, oft das Gegenteil bewirkten. Die Spender haben das Gefühl, dass der edle Akt des Blutspendens dadurch auf etwas reduziert wird, das dem »Verkauf von Körperflüssigkeiten« näher kommt.

Hunderte von Studien über individuelle Prämien kommen zu ähnlichen Ergebnissen, und zwar über Grenzen und Kulturen hinweg. Es gibt wohl keinen anderen Bereich, in dem die Kluft zwischen dem, was die Forschung sagt, und dem, was die Wirtschaft tut, größer ist. Woran liegt das? Liegt es an mangelndem Wissen oder reiner Ignoranz? Oder ist es einfach Faulheit? Den Menschen ein finanzielles Zuckerbrot vor die Nase zu halten, ist zweifellos viel einfacher und leichter, als durch gute Führung zu motivieren. Geld ist so viel einfacher. Aber wie gesagt, dieses Handwerk namens Führung auszuüben, ist bestimmt nicht einfach.

Wie sieht es mit anderen Arten von extrinsischer Motivation aus, wie z. B. einem öffentlichen Schulterklopfen oder einer neuen spannenden Aufgabe? Obwohl diese Beispiele in die extrinsische Kategorie fallen, zeigt die Forschung, dass positives Feedback die intrinsische Motivation nicht in der gleichen Weise kannibalisiert wie Geld. Könnte diese Art der Motivation effektiver sein, als wir denken? Schmeißen wir das Geld einfach zum Fenster raus?

Der individuelle Bonus ist ein weiteres Beispiel für die Illusion von Kontrolle. Wenn wir das System richtig gestalten, glauben wir, dass wir die Menschen fast so programmieren können, dass sie tun, was wir von ihnen wollen. Wir geben uns viel Mühe bei der Ausarbeitung der Details des Systems: Welche Fäden müssen wir ziehen und wie stark, um die Marionetten so tanzen zu lassen, wie wir es wollen? Welche Ziele? Welche Gewichtung? Welche Schwellenwerte und Obergrenzen? Welche Auslöser und Finanzierungsmechanismen? Es gibt eine ganze Beratungsbranche, die Ihnen bei diesen Fragen helfen kann. Das Management findet jedoch schnell Wege, das System zu umgehen. Stellen Sie sich vor, die ganze Energie und Kreativität, die dafür aufgewendet wird, könnte stattdessen dazu eingesetzt werden, einfach bessere Leistungen zu erbringen!

Der Journalist und Autor David Sirota sieht das so: »Die wichtigste Frage für das Management ist nicht, wie man motiviert, sondern wie man das Management davon abhalten kann, die Motivation zu mindern oder gar zu zerstören.« Bonussysteme können mit Sicherheit eine Möglichkeit sein, die Motivation zu zerstören, auch wenn es wahrscheinlich Menschen gibt, die Befriedigung und Motivation darin finden, das System zu betrügen. Das ist definitiv nicht die Motivation, die wir fördern wollen, und sind das diejenigen Menschen, die wir wirklich an Bord haben wollen?

Es gibt noch einen weiteren Aspekt der Motivationsdiskussion, der oft vergessen wird. Es scheint die stillschweigende Annahme zu geben, dass es keine negativen Auswirkungen auf diejenigen gibt, die nicht in das Bonussystem einbezogen sind. Ist das wirklich so? Was ist mit denen, die knapp darunter liegen? Wie motivierend ist es, sich für den Bonus Ihres Vorgesetzten abzuarbeiten und selbst nichts zu bekommen? Der Motivationseffekt ist negativ, nicht positiv. Weiter unterhalb der Bonusgrenze ist der negative Effekt wahrscheinlich geringer. Es ist eher ein Ärgernis, über das man sich am Mittagstisch unterhält. Die Leute erzählen sich Geschichten und lachen darüber, wie die leitenden Angestellten so tun, als würden sie sich wegen des Bonusprogramms nicht seltsam verhalten. Der negative Effekt auf jeden Einzelnen am Tisch mag nicht so groß sein, aber die Anzahl derer, die lediglich irritiert sind, ist riesig, denn sie machen den Rest der Organisation aus. Selbst wenn der individuelle Bonus diejenigen motivieren sollte, die mit dem System einverstanden sind, wie viel bleibt dann noch übrig, wenn wir all diese negativen Auswirkungen, sowohl die der sehr Verärgerten als auch die der lediglich Irritierten, unterhalb der Grenzlinie zusammenzählen und von den möglichen positiven Effekten abziehen? Bleibt dann überhaupt etwas übrig? Könnte das Ergebnis negativ sein?

Übrigens, wenn Boni motivieren sollen, wie kommt es dann, dass die größte Dosis auf den höheren Management- und Führungsebenen benötigt wird? Finden wir dort die langweiligsten Jobs? Ich verstehe es einfach nicht!

Selbst Führungskräfte merken, dass etwas nicht stimmt. So sagt John Cryan, Co-CEO der Deutschen Bank: »Ich habe keine Ahnung, warum man mir einen Vertrag mit einem Bonus angeboten hat, denn ich verspreche Ihnen, dass ich in keinem Jahr, an keinem Tag mehr oder weniger hart arbeiten werde, nur weil mir jemand mehr oder weniger zahlt.«

In der Psychologie gibt es jedoch einige Gruppierungen, die die Dinge anders sehen. Die Verhaltenstheorie des amerikanischen Psychologen B. F. Skinner befürwortet stark die extrinsische Motivation. Das einzige kleine Problem ist, dass die meisten von Skinners unterstützenden Studien und Experimenten an Mäusen, Ratten und Tauben durchgeführt wurden. In den Studien ging es um einfache, mechanische und sich wiederholende Aufgaben, bei denen die individuellen Ergebnisse leicht zu messen sind – nicht gerade das, worum es in den heutigen Wissensorganisationen geht.

Alfie Kohn verweist auf mehr als 70 Studien über Menschen und Organisationen, die alle die negativen Auswirkungen auf Motivation und Leistung bestätigen. »Dies ist eine der am gründlichsten reproduzierten Erkenntnisse auf dem Gebiet der Sozialpsychologie«, sagt er. »Keine kontrollierte wissenschaftliche Studie hat jemals eine langfristige Verbesserung der Arbeitsqualität als Ergebnis eines Belohnungssystems festgestellt. Seit fünf Jahren fordere ich die Befürworter von Anreizsystemen auf, ein Gegenbeispiel zu liefern, und ich habe noch von keiner solchen Studie gehört«, schrieb Kohn 1998 in *Compensation & Benefits Review.*

Dennoch scheinen diese Erkenntnisse weder in der Managementtheorie noch in vielen Personalabteilungen angekommen zu sein. Ich finde das besorgniserregend. Ein Grund dafür, dass so viele Manager und Finanzleute nichts davon wissen, könnte daran liegen, dass jegliches Wissen und *jede* Erkenntnis aus der Psychologie mit Misstrauen und Skepsis betrachtet wird: »Wir sind Geschäftsleute, keine Seelenklempner!« Die Personalabteilung hat jedoch keine Ausrede. Das ist doch eigentlich ihr Revier.

Vielleicht sind Sie immer noch nicht überzeugt, deshalb hier mein letztes Argument. Ein Bonussystem ist eine Kombination aus Zielen und Belohnungen, die oft gleichzeitig eingeführt werden. Wenn wir behaupten, dass es funktioniert, welcher Teil funktioniert dann tatsächlich? Könnte die eigentliche Triebkraft hinter den beobachteten Effekten tatsächlich in den Zielen liegen: die verstärkte Anstrengung, die wir in die Kommunikation über Leistung, Ambitionen und Fortschritte stecken? Könnte es tatsächlich die erhöhte Aufmerksamkeit sein, die etwas bewirkt, und nicht das Bonusgeld?

Wie bereits erwähnt, richtet sich meine Kritik an Bonussysteme, die als individuelles Zuckerbrot konzipiert sind. *Team-* oder *Kollektivprämien* sind etwas ganz anderes, denn sie dienen einem anderen Zweck: der nachträglichen Belohnung für gemeinsame Erfolge. Dies ist ein wichtiger Unterschied. Ein individueller Bonus soll *sowohl* im Voraus motivieren *als auch* im Nachhinein Feedback ermöglichen. Kollektive Boni werden oft dafür kritisiert, dass sie diese Vorabmotivation nicht liefern. Aber das sollen sie auch gar nicht. Kollektive Boni sollen ein positives Gefühl dafür schaffen, dass gemeinsame Anstrengungen und gemeinsamer Erfolg auf faire Weise belohnt werden. Die Schaffung solcher *positiven* Schwingungen hat natürlich auch einen positiven *indirekten* Motivationseffekt.

Ein häufig verwendetes Argument gegen kollektive Boni ist der »Trittbrettfahrer«, die Person, die nie etwas beiträgt, aber gerne den Gewinn teilt. Trittbrettfahrer gibt es wirklich. Es gibt sie in jedem Unternehmen und in vielen Teams. Aber sie sind immer noch eine kleine Minderheit. Noch einmal: Wir können unsere Managementprozesse nicht auf der Grundlage von Minderheiten gestalten. Wir müssen andere Mechanismen nutzen, um mit diesen Typen umzugehen.

Es gibt jedoch eine Herausforderung bei den Teamboni, die nicht ignoriert werden sollte. Je mehr Abhängigkeiten es zwischen den Teams gibt, desto vorsichtiger sollten wir sein. Wenn ein Team höher belohnt wird als ein anderes und letzteres das Gefühl hat, dass es mit dafür verantwortlich ist, dass das andere Team gut abgeschnitten hat, haben wir ein Problem. Die positive Motivation im ersten Team wird leicht durch das verärgerte Gefühl im anderen Team zunichtegemacht.

Wir haben über zwei verschiedene Gründe gesprochen, warum Unternehmen Bonussysteme haben – *Markt* und *Motivation.* Es gibt noch einen dritten – die *Bezahlbarkeit.* Es kann eine billigere Art sein, Beschäftigte zu bezahlen, denn der Bonus ist variabel und nicht fix. Könnte es aber sein, dass wir trotzdem *mehr* als nötig zahlen, weil das Geld nicht wirkt? Wäre es billiger gewesen, dieses vergessene Handwerk namens Führung wiederzubeleben? Erinnern Sie sich noch an Zweck, Zugehörigkeit, Können und Autonomie? Das Institute of Leadership & Management (ILM) hat kürzlich eine Studie über den Einsatz von Boni in britischen Unternehmen durchgeführt. Dabei wurde der geschäftliche Nutzen der 37 Milliarden Pfund, die Unternehmen jährlich für Boni ausgeben, ernsthaft infrage gestellt, denn nur 13 % der Befragten gaben an, dass der Bonus sie zu härterer Arbeit veranlasst.

Ein allgemeines Bonussystem wie die Gewinnbeteiligung bietet einen viel präziseren Schutz der Bezahlbarkeit. Es ist auch billiger, weil wir die enormen und versteckten Kosten vermeiden, die durch die oben beschriebenen Probleme mit individuellen Boni entstehen. Apropos Bezahlbarkeit: Es ist interessant, wie Bonusgelder und insbesondere Führungskräfteprogramme in der Regel einer Prüfung entgehen, wenn Unternehmen versuchen, ihre Kosten zu senken. Wie oft ist von »Bonuskürzungen« die Rede, wenn es darum geht, tiefgreifende und radikale Kostensenkungsmaßnahmen vorzuschlagen? Es ist, als ob Bonusgelder eine andere Art von Geld wären, eine ganz andere Währung, die durch Harry Potters Unsichtbarkeitsumhang geschützt ist. Oft ist es genau andersherum. Schwierige Zeiten werden als

Vorwand für die Erhöhung der Boni genutzt, um die Führungskräfte für all die schwierigen Entscheidungen zu motivieren, die vor ihnen liegen. Als ob das nicht ihr Job wäre!

Glücklicherweise gibt es auch hier Innovationen im Management. Unternehmen wie Google, HCL und Zappos experimentieren mit Peer-to-Peer-Boni oder nicht finanziellen Belohnungen. Dahinter steht der Gedanke, dass Menschen, mit denen Sie zusammenarbeiten, oft einen besseren Überblick über Ihre Leistung haben als Ihr Vorgesetzter. Ein Modell kombiniert sogar »gemeinsam« und »individuell«. Jeder erhält einen pauschalen Anteil an einem gemeinsamen Bonuspool, den er an einen oder mehrere Ihrer Kollegen weitergibt. Dies geschieht monatlich oder ereignisbezogen, und in einigen Unternehmen wird die erforderliche Begründung veröffentlicht, damit es für alle sichtbar ist. Es gibt bereits Softwareanbieter, die die komplette Verwaltung eines solchen Prozesses im Programm haben.

Lassen Sie mich mit einer Überlegung darüber schließen, wie der Bonusprozess in Unternehmen normalerweise organisiert ist. Das soll keine Kritik an guten Freunden, die im Bereich der Prämien arbeiten, sein, sondern bezieht sich auf eine Sache, die ich ein wenig seltsam finde. Wo in der Personalabteilung finden wir normalerweise diese Verantwortung? Üblicherweise in dem Bereich, der für Vergütungsmanagement und Sozialleistungen zuständig ist, zusammen mit Renten, Arbeitsverträgen, Gewerkschaftsverhandlungen und ähnlichen Themen. Wir wissen warum: Es geht um Geld. Was liegt da näher, als sie bei denjenigen anzusiedeln, die für alle anderen Vergütungsfragen zuständig sind?

Es gibt jedoch einen wichtigen Unterschied zwischen Boni und anderen Vergütungsfragen. Im kleinsten und einfachsten Teil eines Bonussystems geht es um marktgerechte Auszahlungshöhen. Die Komplexität liegt in der Frage, was für die Auszahlung *ausschlaggebend* sein soll. Dies ist ein ganz anderer Bereich. Wenn das Unternehmen so groß ist, dass die Personalabteilung über einen eigenen Bereich für Vergütungsmanagement und Sozialleistungen verfügt, gibt es normalerweise auch eine Abteilung für Performance Management oder Ähnliches. *Dorthin* gehört ein so wichtiges Thema, denn Motivation ist ein viel komplexeres Thema als Vergütung. Die Rolle des Bereichs Vergütungsmanagement und Sozialleistungen sollte sich auf die Bereitstellung von Daten zum Marktniveau beschränken. Wenn dies in mehr Unternehmen der Fall wäre, dann gäbe es meiner Überzeugung nach viel weniger individuelle Bonussysteme.

Wo auch immer die Verantwortung angesiedelt ist, die große Frage bleibt: Warum sollten wir überhaupt individuelle Boni zahlen? Eine Studie der US-amerikanischen Unternehmensberatung für HR-Management und betriebliche Sozialzulagen William M. Mercer bringt es auf den Punkt, wenn sie zu dem Schluss kommt, dass »die meisten leistungsbezogenen Vergütungspläne zwei Eigenschaften gemeinsam haben: Sie binden Unmengen an Zeit und Ressourcen des Managements und sie machen alle unglücklich«. Kohn empfiehlt einen einfachen Ausweg aus der Misere: »Bezahlen Sie die Leute fair und tun Sie dann, was immer möglich ist, damit sie alles vergessen, was mit Lohn und Geld zu tun hat.«

1.9 Das Rhythmusproblem

Es war einmal ein Finanzmanager, der einen Fischer traf. »Könnten Sie mir bitte etwas über Ihr Leben und Ihre Arbeit erzählen?«, fragt der Manager. »Nun«, antwortet der Fischer, »ich bin fünf Monate auf See, dann bin ich fünf Monate zu Hause.« Der Finanzmanager wird ganz still und überlegt angestrengt, bevor er seine nächste Frage stellt: »Was machen Sie dann in den letzten beiden Monaten?« Irgendetwas stimmt da nicht, fünf plus fünf ist nur zehn! Ja, da stimmt etwas nicht, aber nicht mit dem Arbeitszyklus des Fischers.

Es ist erstaunlich, wie das Kalenderjahr so vielen Aspekten des Geschäfts- und Organisationslebens seinen strengen Rhythmus aufzwingen konnte. Das steuerliche Kalenderjahr ist für die Buchhaltung und für Steuerzwecke sinnvoll. Auch hier haben wir keine andere Wahl. Es schafft nur wenige Probleme, die über eine vierteljährliche Kurzsichtigkeit hinausgehen. Es macht jedoch weniger und oft überhaupt keinen Sinn, alle unsere zukunftsorientierten Managementprozesse im gleichen Rhythmus zu organisieren. Ich habe einmal in der Ölvermarktungs- und Handelsabteilung von Statoil gearbeitet. Alles, was über drei Wochen hinausging, war für viele der Händler ziemlich nebulös. Als ich bei Statoil in den Niederlanden arbeitete, konnte es Jahre dauern, bis uns ein Explorationsgebiet zugesprochen wurde und wir tatsächlich bohrten. Wenn eine Entdeckung gemacht wird, dauert es noch viele Jahre, bis es zu einer Produktion kommt. Warum sollten wir Unternehmen mit einem so unterschiedlichen Pulsschlag in ein und denselben Kalenderrhythmus zwingen?

Stellen Sie sich vor, eine Bank würde ihren Kunden sagen: »Wenn Sie sich Geld für ein neues Auto oder für die Renovierung Ihrer Küche leihen wollen, kommen Sie besser im Oktober zu uns. Den Rest des Jahres haben wir geschlossen.« Das wäre ziemlich töricht, wenn Banken so etwas sagen würden, und natürlich tun sie das auch nicht. Aber ist die traditionelle Budgetierung nach Vorschrift nicht genau so? Während der »Budgetzeit« im Herbst müssen wir alle Aktivitäten und den Ressourcenbedarf für das nächste Jahr ermitteln. Natürlich ist es *möglich*, auch während des restlichen Jahres Geld zu beantragen. Doch ein Blick auf den Antragsprozess genügt, um zu *erkennen*, dass das System Sie nicht dazu ermutigt. Eine meiner alten Kernkompetenzen bestand darin, neben der Erläuterung von Budgetabweichungen solche Anträge zu überprüfen. Wir haben das sowohl geliebt als auch gehasst. Obwohl wir uns sehr wichtig fühlten, wenn uns selbst leitende Angestellte schriftliche Anträge zur Prüfung vorlegen mussten, bedeutete dies auch eine Menge Arbeit. Warum hatten diese Leute nicht schon früher daran gedacht und es einfach ins Budget eingestellt? Das wäre für uns alle so viel einfacher gewesen!

Das Geschäft würde zum Erliegen kommen, wenn wir uns tatsächlich buchstabengetreu an die Budgetplanung halten würden. Zum Glück ist das wirkliche Leben in Unternehmen etwas flexibler. Normalerweise gibt es ein kleines Hintertürchen zur Bank, das für den Rest des Jahres genutzt werden kann.

Wenn die Finanzabteilung die jährliche Herbstzeremonie der Budgetierung inszeniert, scheinen die Ereignisse um uns herum in drei Kategorien zu fallen. Erstens haben wir Ereignisse, die *vor* dem Sommer stattfinden. Diese sind ganz in Ordnung. Wir hätten natürlich lieber Stabilität und so wenig Neues wie möglich, weil das die Planung einfacher macht. Aber wir akzeptieren, dass wir in einer dynamischen Welt leben. Wir haben Zeit, diese Ereignisse in unsere Budgetannahmen einzubeziehen und sie im Budget des nächsten Jahres ordentlich zu berücksichtigen. Wir haben die Kontrolle. So weit, so gut! Dann sind da noch die Ereignisse, die *während* des Budgetierungsverfahrens eintreten. Und davon gibt es viele, da sich dieser Prozess immer länger hinzieht. Wir sind nicht allzu glücklich darüber. Sollen wir sie einbeziehen oder nicht? Vielleicht müssen wir überarbeitete Anweisungen und Annahmen herausgeben. Sie bringen alles durcheinander! Und schließlich sind da noch die Dinge, die wie ein Blitz einschlagen, kurz *nachdem* das Budget genehmigt wurde. Diese Ereignisse hassen wir einfach. Warum konnten sie nicht früher passieren? Jetzt ist unser perfektes Budget fast ruiniert, und bei unseren monatlichen Varianzanalysen im nächsten Jahr werden wir immer wieder erklären müssen, dass »dies nicht im Budget enthalten war«.

Es gibt noch mehr, was wir in der realen Welt nicht mögen. Projekte und Aktivitäten, die über das Jahresende hinausgehen, bringen die Dinge ebenfalls durcheinander. Ein genehmigtes Projekt, das sich über mehrere Jahre erstreckt, muss jeden Herbst neu bewertet werden. Wir brauchen Kontrolle!

Wir sehen die gleichen Probleme in der Personalabteilung. Fast alles ist um den Kalender herum organisiert: Jahresziele, halbjährliche und jährliche Leistungsbeurteilung, Personalbudgets im Herbst, Überprüfung der Zuständigkeiten und Einsatzbereiche im Frühjahr. Gleichzeitig wechseln die Menschen in der realen Welt ständig den Arbeitsplatz, Projekte und Aktivitäten werden je nach Geschäftsbedarf zugewiesen und abgeschlossen, Kompetenz- und Ressourcenlücken treten auf und werden kontinuierlich angegangen. Irgendwie kommen wir damit zurecht, aber eher trotz als wegen des Kalenderzyklus.

Der traditionelle Prognoserhythmus ist ein weiteres Beispiel. Es ist fast so, als würden wir mit einem Auto fahren, bei dem wir das Abblendlicht für den Nahbereich und das Fernlicht für den Fernbereich verwenden. Wir schalten zwischen den beiden in einem festen Muster um, was im realen Verkehr für einiges an Aufmerksamkeit sorgen würde. Während der langen Herbstmonate haben wir das Fernlicht eingeschaltet, nicht weil es eine dunkle Jahreszeit ist, sondern weil es Budget- und Planungszeit ist. Sie leuchten in das nächste Jahr (Budget) und auch weiter in den längerfristigen Planungshorizont hinein. Überall ist Licht. Viel davon ist nötig, um all die Details zu erkennen, die wir sehen wollen. Dann schalten wir das Fernlicht aus und fahren nur mit dem Abblendlicht ins nächste Jahr. Zu Beginn des Jahres leuchten die Lichter alle vier Quartale aus. Während wir weiterfahren und die Quartale vorbeiziehen, wird das Abblendlicht allmählich mit Schlamm bedeckt und immer schwächer, sodass es eine immer kürzere Strecke abdeckt. Aber das macht uns nichts aus, solange wir bis zum Jahresende sehen können. Schließlich leuchten unsere Lichter nur noch ein Quartal aus, das vierte. Dann halten wir an und reinigen die Scheinwerfer, damit wir wieder bis ins nächste Jahr hineinsehen können (wieder Budgetzeit!). Wir schalten auch das Fernlicht für ein paar Monate ein; es ist wieder Zeit für die langfristige Planung. Und das Muster wiederholt sich.

Ist das eine sichere Art, im Dunkeln zu fahren? Warum verwenden fast alle »Geschäftswagen« ihre Lichter auf die gleiche Weise, auch wenn einige auf gut beleuchteten Autobahnen fahren, andere auf dunklen und holprigen Schotterstraßen und einige abseits der Straße in der Wildnis, wo noch nie ein Auto gefahren ist?

Diese Art der Prognose hat einen *Ziehharmonika*-Rhythmus, der davon auszugehen scheint, dass die Welt am 31. Dezember endet. Eine Lösung ist die *rollierende Prognose*. Hier beleuchten wir bei jeder Aktualisierung immer die gleiche Länge im Voraus, zum Beispiel fünf oder sechs Quartale. Das ist auf jeden Fall besser als die traditionellen Prognosen »gegen die Wand«. Wenn es jedoch große Unterschiede in Tempo und Rhythmus zwischen den verschiedenen Geschäftsbereichen gibt, funktionieren andere Lösungen möglicherweise besser, wie wir am Beispiel von Statoil in Kapitel 4 erläutern werden.

Ein Grund dafür, dass wir überall Lichter haben, besteht darin, dass wir *koordinieren* wollen. Wir möchten sicherstellen, dass einmal im Jahr die Projekte nach Prioritäten geordnet und geplant werden, die Ressourcen mit den geplanten Aktivitäten abgestimmt und die Verkäufe und Einkäufe koordiniert und abgeglichen werden. Wir wollen, dass alles perfekt zusammenpasst, zumindest einmal im Jahr. Ich habe vergessen, wie viele Nächte ich damit verbracht habe, die Budgets für interne Dienstleistungen abzugleichen, weil die Leute sich nicht darauf einigen konnten, wie viel der eine verkaufen und der andere einkaufen sollte. Wie viele können in der realen Welt von ihren externen Kunden verlangen, dass sie sich bereits im Herbst zu allen Aufträgen für das gesamte nächste Jahr verpflichten?

Ich muss allerdings zugeben, dass ich diesen wunderbaren Moment vermisse, als alles bis auf den letzten Cent koordiniert und abgestimmt war. Das letzte Mal auf Enter zu drücken, war ein triumphales Erlebnis! Leider war er so extrem kurz. Kaum hatten meine Finger die Tastatur verlassen, passierte irgendwo etwas, und all die wunderbare Koordination und Synchronisation war nun nicht mehr gegeben. Es würde ein weiteres Jahr dauern, bis dieser magische Moment wieder eintreten würde.

Das ergibt doch keinen Sinn. Warum um alles in der Welt sollten sich alle auf *einen* Zyklus abstimmen, der sich für einige wie morgen anfühlt und für andere jenseits jedes vernünftigen Planungshorizonts liegt? Bei der Koordinierung geht es darum, dass die Menschen miteinander reden müssen. Manche müssen jeden Tag über den nächsten Tag sprechen, manche jede Woche über die kommenden Wochen und manche jeden Monat über die kommenden Monate. Für einige mag einmal im Jahr der richtige Zyklus sein, aber das ist wahrscheinlich eine Minderheit. Für andere kann es keinen vordefinierten Zyklus geben, da sie einfach reden müssen, wenn etwas passiert.

Dies ist kein Angriff auf die Koordinierung im Allgemeinen, sondern nur auf den *jährlichen* Koordinierungsrhythmus. Wir brauchen eine *kontinuierliche* und *maßgeschneiderte* Koordinierung, bei der diejenigen, die es brauchen, nach eigenem Ermessen *kommunizieren* sollten, und zwar nach einem Zeitplan und Zeithorizont, der für ihre Geschäftsbeziehung relevant ist.

Es ist nicht einfach, die reale Welt in unsere gut organisierten Prozesse zu zwingen. Wir versuchen, Ordnung in das Chaos eine Ordnung zu bringen. Wir mühen uns ab und scheitern, Jahr für Jahr. Vielleicht ist es an der Zeit, das *Gegenteil* zu tun und stattdessen unsere Prozesse an die reale Welt anzupassen. Stellen Sie sich vor, wir würden bei null anfangen, ohne Ballast oder historisch bedingte Einschränkungen, und einen Prozess entwerfen, der auf Geschäftsrhythmen und -realitäten basiert. Wäre dann alles in Jahre, Quartale und Monate eingeteilt? Würden alle im Unternehmen im gleichen Rhythmus arbeiten? Würden alle Ziele die gleichen Fristen haben? Würden alle Prognosen den gleichen Zeithorizont haben? Ich bezweifle es. Aber wir befinden uns auf Autopilot, stecken in historischen Traditionen fest und sind mit der Gewohnheit zufrieden, die Dinge so zu tun, wie wir sie immer getan haben. »Veränderung ist gut, aber Sie gehen voran.«

Könnte es einen besseren Weg geben? Lassen Sie uns diesen Gedanken festhalten, bis wir zum Kapitel über Statoil kommen.

1.10 Das Qualitätsproblem

»*Warum* budgetieren wir?« Die Antwort auf diese einfache Frage war der Katalysator, der uns sowohl bei Borealis als auch bei Statoil auf die Sprünge half. Die meisten Managerinnen und Manager würden *verschiedene* Gründe für die Durchführung dieses umfangreichen Prozesses anführen. Budgets dienen der Festlegung von Zielen, vor allem finanzieller Art. Gleichzeitig spiegeln diese Budgetzahlen auch eine Erwartung wider, wie das nächste Jahr aussehen könnte. Zum Schluss sind Kosten- und Investitionsbudgets eine Vorabzuweisung der benötigten Ressourcen. Wir verlangen also *drei* verschiedene Dinge von diesem Prozess:

- Gute Ziele
- Zuverlässige Vorhersagen bzw. Prognosen
- Eine effektive Ressourcenzuteilung

Diese drei Ziele sind alle wichtige Elemente eines guten Managementmodells. Was kann effizienter sein, als alles in einem Zug zu erledigen?

Es gibt allerdings einige ernsthafte Probleme, wenn man versucht, genau das zu tun. Diese drei Ziele passen nicht gut zusammen. Tatsächlich stehen sie sehr oft im Widerspruch zueinander. Der Versuch, sie in einen Prozess zu zwingen, der eine einzige Zahl produziert, schadet oft der Qualität aller drei Ziele.

Nehmen wir den Zweck der Prognose. Eine Prognose sollte unsere beste Vermutung über die Zukunft sein, das erwartete Ergebnis, unabhängig davon, ob uns gefällt, was wir sehen, oder nicht. Der Zweck einer Prognose besteht darin, Probleme früh genug auf dem Radarschirm zu haben, um die notwendigen Maßnahmen ergreifen zu können. Es geht nicht unbedingt darum, Recht zu haben, sondern darum, bereit zu sein. Ich habe die Erfahrung gemacht, dass die Menschen, wenn es relevant und möglich ist, Prognosen zu erstellen (was oft nicht der Fall ist), recht gut darin sind. Sie kennen ihr Handwerk und haben normalerweise ein relativ gutes Gespür dafür, aus welcher Richtung der Wind weht. Sie können keine exakten Vorhersagen treffen, aber sie können ausreichend gute Hinweise geben.

Der Budget- und Planungsprozess ist jedoch selten der Ort, an dem man auf hochwertige Prognosen hoffen kann. Nehmen wir an, es ist wieder einmal Budgetzeit und es ist wichtig, dass wir die Finanzkapazität und den erwarteten Cashflow verstehen. Wir beginnen auf der Einnahmenseite mit den Verkäufen und bitten unsere Vertriebsleiter um ihre beste Umsatzprognose für das nächste Jahr. Was passiert jedoch, wenn die Vertriebsleitung weiß, dass die prognostizierte Zahl als Umsatzziel und vielleicht sogar mit einem Bonus versehen zurückkommen wird? Wir sollten nicht überrascht sein, wenn eine niedrigere Zahl herauskommt. Vielleicht haben wir das Gefühl, dass diese Prognose zu niedrig ist, aber wir befinden uns in Zeiten knapper Budgets und müssen uns mit den Kosten und Investitionen befassen. Hier wissen die Managerinnen und Manager, dass dies ihre einzige Chance ist, Zugang zu den Ressourcen für das nächste Jahr zu bekommen, und egal, welche Zahl sie vorlegen, sie wird gekürzt werden. Letztes Jahr waren es 30 Prozent. Und was passiert? Dieses Mal bewegen sich die Zahlen in die entgegengesetzte Richtung – nach oben.

Jedes Mal, wenn ich diese Diskussion mit dem Management oder Finanzleuten führe, wird sowohl gelächelt als auch gelacht. »Natürlich wissen wir, dass das Spiel so funktioniert!« Aber das ist nicht lustig. Es mindert die Qualität der Zahlen, aber noch besorgniserregender sind die unethischen Verhaltensweisen, die dieser Prozess auslöst. Wir sollten dem Management nicht unbedingt die Schuld geben. Seine Reaktion ist sowohl natürlich als auch vorhersehbar. Wir sollten ebenso unseren eigenen Prozess dafür verantwortlich machen, der das Management in eine schwierige Lage bringt.

Es sollte auch ganz klar sein, dass ein ehrgeiziges Ziel nicht gleichzeitig auch ein erwartetes Ergebnis darstellen kann, es sei denn, wir haben sehr niedrige oder gar keine Ambitionen. Ein Ziel ist das, was *wir erreichen wollen*; eine Prognose ist das, *was unserer Meinung nach eintreten wird*, unabhängig davon, ob uns gefällt, was wir sehen, oder nicht. Wenn wir ein Ziel und eine Prognose in einem Prozess in eine Zahl zwingen, ist fast garantiert, dass entweder ein schlechtes Ziel oder eine schlechte Prognose oder beides herauskommt, da wir oft verhandeln und Kompromisse eingehen und am Ende sich eine Zahl irgendwo dazwischen ergibt, mit der niemand zufrieden ist.

Wie später noch erörtert wird, ist es schwierig, eine echte Qualitätsverbesserung bei der Zielsetzung, der Prognose oder der Ressourcenzuweisung zu erreichen, ohne die drei Prozesse zunächst voneinander zu trennen. Es ist ein zweistufiger Ansatz erforderlich: *trennen* und dann *verbessern*. In den Kapiteln über Borealis und Statoil werden Sie erfahren, was dies in der Praxis bedeuten kann.

1.11 Das Effizienzproblem

Es ist eine unbestreitbare Tatsache, dass wir enorm viel Zeit und Ressourcen für Budgets aufwenden, zunächst bei der Erstellung und später bei der Berichterstattung darüber. Ich habe noch nie jemanden getroffen, der das Gegenteil behauptet. Nach Angaben der Hackett Group verbringen Unternehmen im Durchschnitt 25.000 Personentage mit der Budgetierung pro Milliarde USD Umsatz.

Ich spreche dieses Problem als letztes an. Auch wenn die Ressourcenverschwendung erschreckend ist, ist dies wahrscheinlich das kleinste Problem. Im Vergleich zu den meisten anderen ist es eher wie ein Mückenstich: sehr sichtbar, aber nur lästig. Es ist keine tödliche Krankheit, kann jedoch sehr kostspielig sein. Dennoch glauben viele Unternehmen, dass sie hier ihr größtes Problem haben, und deshalb starten viele mit Projekten zur Umstrukturierung des Budgets.

Warum verbringen wir so viel Zeit und Energie mit Budgets und Budgetberichten? Ein Grund ist die Illusion der Kontrolle, die wir bereits erwähnt haben. Je mehr Details und Nachkommastellen wir in unsere Pläne und Budgets packen, desto mehr Kontrolle glauben wir zu haben und desto sicherer fühlen wir uns, wenn wir in diesen tückischen Geschäftsgewässern segeln.

Mein erster Budgetprozess bei Statoil im Jahr 1983 war ein manueller Prozess, bei dem eine Rolle Papier nach der anderen von unseren Rechenmaschinen verbraucht wurde – ein sichtbarer Beweis für harte Arbeit und lange Nächte. Ich spüre es immer noch in meinen Fingern! Heute sind Tabellenkalkulationen und Softwarepakete ein unverzichtbarer Bestandteil eines jeden Budgetprozesses. Was ist dabei aus all den versprochenen IT-Effizienzgewinnen geworden? Obwohl ich die manuelle Arbeit keineswegs vermisse, scheinen wir die Technologie dazu genutzt zu haben, um mehr Zahlen zu verarbeiten, nicht um Zeit zu sparen.

Da wir gerade bei diesem Thema sind, hier eine Geschichte über meine erste Begegnung mit dem PC. Der erste PC kam Ende 1983 zu Statoil in die Planungsabteilung, die natürlich von der Finanzabteilung, in der ich tätig war, getrennt war. Die Planungsabteilung brauchte ein halbes Jahr, um ihren Chef davon zu überzeugen, diese große Investition zu tätigen. Das war wahrscheinlich nicht in ihrem Budget enthalten. Das zweite Gerät landete ein paar Monate später bei uns Budgetverantwortlichen. Es war ein sehr frühes IBM-Modell mit einer Doppeldiskettenstation (!) und ohne Festplatte. Das Speichern und Sichern war eine langsame und zeitraubende Angelegenheit, aber ich hatte meine Lektion gelernt, nachdem ich zum dritten Mal viele Stunden Arbeit verloren hatte, weil die Reinigungskraft den Stecker gezogen hatte, um ihren Staubsauger zu starten. »Woher soll ich wissen, dass so spät in der Nacht noch Leute im Büro sind?«

Der PC befand sich in einem Gemeinschaftsbereich, der von allen genutzt werden konnte. In den ersten Wochen hatten ihn ein paar von uns fast für sich allein. Dann nahm das Interesse zu, und wir mussten eine Buchungsliste aufstellen. Ich verbrachte mehrere Monate damit, eine Reihe von manuellen Aufgaben in SuperCalc-Tabellen zu übertragen (erinnert sich noch jemand an SuperCalc?). Dann begann ich, die Früchte meiner intensiven Bemühungen zu ernten. Abgesehen von der Reinigungskraft war es eine tolle Erfahrung – zumindest für ein paar Monate. Eines Tages kam ein Kollege zu mir und teilte mir mit, dass er gute, aber auch schlechte Nachrichten habe. »Es gibt eine neue und viel bessere Tabellenkalkulation, die Lotus 1-2-3 heißt. Leider ist sie nicht mit SuperCalc kompatibel.« Ich verbrachte also die nächsten Monate damit, meine gesamte Arbeit neu zu machen. Für eine kurze Zeit war ich sogar der Tabellenkalkulationsexperte im Unternehmen. Diese Rolle habe ich vor vielen Jahren aufgegeben, ohne es zu bereuen. Heute lächeln meine jüngeren Kollegen, wenn ich sie bei den seltenen Gelegenheiten, bei denen ich Excel öffne, um Hilfe bitte. Selbst meine Kinder necken mich wegen meiner Computerkenntnisse. Ich erinnere sie dann sanft daran, dass ich es war, der ihnen beigebracht hat, wie man mit einem Löffel isst.

Ein weiteres faszinierendes Phänomen beim jährlichen Budgetspiel sind die »Fahrstuhlfahrten«. Je größer das Unternehmen, desto lustiger (oder tragischer) ist es. Es beginnt früh, mit der anfänglichen Datenproduktion an der vorderster Linie. Die Zahlen werden Ebene für Ebene, Woche für Woche konsolidiert, bis sie eines Tages das Topmanagement erreichen. Für die Budgetverantwortlichen eines Unternehmens ist dies ein wichtiger Moment. Anzug und Krawatte werden angelegt, und die Zeremonie beginnt. Nachdem der CEO sich bei allen für die harte Arbeit in langen Nächten und an den Wochenenden bedankt hat, kommt die unvermeidliche Botschaft: »Ist das wirklich das Beste, was wir tun können? Ich hatte höhere Umsätze, niedrigere Kosten, mehr von diesem, weniger von jenem erwartet. Ich möchte, dass Sie nächste Woche mit besseren Zahlen zurückkommen.«

Und wieder geht es mit den Zahlen bergab. In den unteren Etagen warten die Leute schon fast darauf. Jeder weiß, dass sie zurückkommen und was die Botschaft ist. Und alle sind gut vorbereitet. Natürlich gibt es bei den Kosten, beim Personal und bei den Verkaufsbudgets etwas zu senken. Etwas wird vom großzügig berechneten Teil abgeschnitten, ein paar Ambitionen werden erhöht, aber nur ein bisschen. Und wieder gehen die Zahlen nach oben. Diesmal ist der Empfang etwas positiver. »Tolle Arbeit, aber ist das *wirklich* das Beste, was wir tun können?« Und wieder geht es abwärts.

In größeren Unternehmen wird es viele von diesen Fahrstuhlfahrten geben, bevor das Budget schließlich genehmigt wird. Aber alle sind glücklich: das Topmanagement, weil es glaubt, dass es die Organisation wieder einmal bis an die Grenzen ausgereizt hat, die Vorgesetzten, weil sie auch dieses Jahr damit durchgekommen sind.

Wir mögen lächeln, wenn wir uns Dilbert auf dem Weg nach oben im Aufzug vorstellen. Aber es ist nicht sehr lustig. Wie viele Kunden da draußen sind wirklich bereit, dafür zu zahlen, dass wir unsere Zeit mit solchen Spielchen verbringen? Gibt es ein besseres Beispiel für eine nicht wertschöpfende Tätigkeit, selbst wenn wir die negativen Auswirkungen auf die Moral und Motivation außer Acht lassen?

Aber die Ressourcenverschwendung hört hier noch nicht auf. Jetzt wird mit den Budgets verglichen und berichtet. Monatliche detaillierte Varianzanalysen erklären bis auf die letzte Dezimalstelle, wo und warum wir vom Kurs abgekommen sind. Das ist bei vielen Finanzleuten eine Kernkompetenz. Ich habe das auch schon erlebt. Ich habe einmal eine Übersicht über die verschiedenen Arten von Abweichungserklärungen geführt, die wir erstellt haben. Auf einer Top-10-Liste gab es eine Erklärung, die Jahr für Jahr ganz oben stand. »Die monatliche Verteilung im Budget ist falsch.« Was für eine tiefgründige und aufschlussreiche Analyse von einem hochbezahlten Finanzfachmann! Ein großartiger Ratschlag, um einem Managementteam zu helfen, wieder auf Kurs zu kommen! Es fühlt sich gut an, etwas erklären zu können, aber es ist zu oft nur eine weitere dieser sehr zeitraubenden Illusionen von Kontrolle.

2 Beyond Budgeting

»Einfache und klare Ziele und Prinzipien
führen zu komplexem und intelligentem Verhalten.
Komplexe Regeln und Vorschriften
führen zu einfachem und dummem Verhalten.«

Dee Hock

2.1 Die Philosophie

Jeder liebt Innovationen. Träumen wir nicht alle davon, etwas Einzigartiges zu erfinden, das uns an die Spitze unserer Branche bringt und uns einen Vorsprung verschafft? Innovatoren sind Helden, und das Silicon Valley ist ein großer Traum für kreative Menschen aus aller Welt. Auch Risikokapitalgeber und Kunden warten sehnsüchtig auf das nächste große Ding.

Unsere Liebe zur Innovation ist jedoch nicht grenzenlos. Sie scheint sich auf *Produkt-* und *Technologieinnovationen* zu beschränken. In dem Moment, in dem wir zur *Managementinnovation* übergehen, wird die Liebe durch Angst ersetzt. Managementinnovation ist beängstigend. Jetzt lautet die Frage nicht mehr, wie wir einzigartig sein können. Jetzt suchen wir nach den besten Praktiken, d.h. den »üblichen« Praktiken; was machen alle anderen? Um auf Nummer sicher zu gehen, könnten wir die Unternehmensberater hinzuziehen, die gerne verkaufen, was sie auch gerade an unsere Mitbewerber verkauft haben. Ich kann es ihnen nicht unbedingt verübeln. Warum sollten sie etwas vorantreiben, was sonst niemand oder nur sehr wenige tun, wenn das Gegenteil so viel einfacher ist?

Die Arena für Managementinnovationen ist also noch nicht überfüllt, während die Produkt- und Technologie-Arena im Vergleich dazu sehr überfüllt ist. Jeder ist hier, denn es ist sicherer und weniger beängstigend. Die Wahrscheinlichkeit, einen Wettbewerbsvorteil zu erlangen, ist daher im Bereich der Managementinnovationen viel höher, was einige Pioniere entdeckt und bewiesen haben. Einige von ihnen werden Sie später in diesem Kapitel kennenlernen.

In Kapitel 1 haben wir erörtert, wie das traditionelle Management, einschließlich der Budgetierung, eher ein Hindernis als eine Unterstützung für hervorragende

Leistungen geworden ist. Lassen Sie uns für ein paar Minuten über dieses wichtige Wort *Leistung* in einem anderen Rahmen als Organisationen und Unternehmen nachdenken. Schnallen Sie sich an, wir fahren los!

Auch im Straßenverkehr möchten wir eine gute Leistung erbringen. Für einige bedeutet das vielleicht, schneller zu fahren als alle anderen. Für die meisten von uns bedeutet es hoffentlich einen reibungslosen und sicheren Verkehrsfluss, während wir versuchen, dorthin zu gelangen, wo wir hinwollen: zur Arbeit, nach Hause, in den Kindergarten, zu einem Meeting oder zum Flughafen. Ich habe noch niemanden getroffen, der es genießt, im Verkehr festzustecken oder ineffizienten und unsinnigen Verkehrskontrollen ausgesetzt zu sein. Die Verkehrsbehörden möchten genau das Gleiche. Sie haben überhaupt keinen Grund, uns aufzuhalten, auch wenn ich schon ein paar Mal meine Zweifel hatte! Übrigens habe ich nie ganz verstanden, warum wir von »Rush Hour« sprechen. Es gibt überhaupt keine Hektik. Im Gegenteil, die Autos stehen alle still!

Die ersten Überlegungen zu diesem Thema kamen mir, als ich während meiner Borealis-Jahre in Kopenhagen lebte. In meiner Anfangszeit in dieser wunderbaren Stadt war ich gerade von einer weiteren Geschäftsreise aus dem Ausland zurückgekehrt. Unser Haus befand sich nördlich des Stadtzentrums in entgegengesetzter Richtung zum Flughafen. Ich habe immer versucht, selbst zu fahren, anstatt ein Taxi zu nehmen. Die Kosten waren wichtig. Normalerweise fuhr ich auf der Autobahn um die Stadt herum. Als ich an diesem Abend sehr spät ankam, fasste ich den Entschluss, dass es kürzer und schneller wäre, quer durch die Stadt zu fahren, die kaum Verkehr um diese Zeit hatte. Ich lag richtig mit der kürzeren Strecke, aber völlig falsch mit der schnelleren Zeit. Als ich das Stadtzentrum erreicht hatte, wurde ich ausgebremst. Nicht der Verkehr verlangsamte mich, denn es war kaum noch jemand unterwegs. Was mich aufhielt, war eine Ampel nach der anderen, die alle rot, rot und rot signalisierten. »Keine Sorge«, dachte ich, »ich werde bald auf eine grüne Welle treffen und nach Hause kommen.« In dieser Nacht gab es jedoch keine grüne Welle für mich, als ich in der menschenleeren Stadt Kopenhagen über eine Kreuzung nach der anderen stolperte und wusste, dass ich schon längst im Bett sein könnte, wenn ich meine normale Route gewählt hätte. Ich musste an meine Heimatstadt Stavanger in Norwegen denken, wo die Verkehrsbehörden seit Jahren Ampeln durch Kreisverkehre ersetzt haben, um solche schrecklichen Zeitverluste zu verhindern.

Was ich erlebte, war eine Möglichkeit, den Verkehr zu »managen«, um einen reibungslosen und sicheren Fluss zu gewährleisten. Schauen wir uns diese Alternative einmal genauer an: Wer verwaltet eigentlich die Ampelschaltung und auf welche Informationen stützt sich die Verwaltung? Das ist doch ganz offensichtlich, oder? Derjenige, der die Ampel programmiert hat, der verwaltet sie auch, denn wir gehen davon aus, dass es keine High-Tech-Sensoren oder Ähnliches gibt. Wo könnte dieser Programmierer sein, wenn Sie auf das grüne Licht warten? Ich habe nie nachgesehen, aber ich glaube nicht, dass jemand in dem Mast eingeklemmt ist. Der Programmierer wäre wahrscheinlich im Büro, um eine andere Ampel zu programmieren, oder im Bett, wenn Sie nachts unterwegs sind. Die Person wäre aus offensichtlichen Gründen nicht zusammen mit Ihnen in dieser Situation.

Auf welche Informationen würde sich diese Programmierung dann stützen? Die Länge dieser roten und grünen Phasen würde in der Regel auf der Grundlage des historischen und des erwarteten zukünftigen Verkehrsaufkommens und -verhaltens festgelegt werden. Diese Informationen sind natürlich nicht ganz neu, während Sie auf das grüne Licht warten.

Abschließend lässt sich sagen, dass die Leistung von jemandem verwaltet wird, der nicht in der Situation anwesend ist, und dass die Entscheidungen nicht auf völlig neuen Informationen beruhen. Es handelt sich um ein einfaches, regelbasiertes System. Grün bedeutet fahren, Rot bedeutet anhalten, wobei Gelb manchmal für Interpretationen offen zu sein scheint. Es ist ein zentral geregeltes System, bei dem die Entscheidungen zu früh und zu weit oben getroffen werden.

Werfen wir nun einen Blick auf den *Kreisverkehr*, der eine ganz andere Art der Verkehrsführung darstellt, aber genau denselben Zweck verfolgt – einen sicheren und reibungslosen Verkehrsfluss. Wer managt hier den Verkehr und auf welche Informationen stützen sich die Entscheidungen? Nun, wir kommen zu ganz anderen Antworten. Hier haben die *Autofahrer* die Kontrolle, und sie nutzen *Echtzeitinformationen*, um ihre Entscheidungen zu treffen. Sie ergreifen Gelegenheiten (eine Lücke im Verkehr) oder reagieren auf Gefahren (ein ankommendes Auto) auf der Grundlage der Beobachtung der tatsächlichen Situation und nicht auf der Grundlage fester und vordefinierter Anweisungen von oben. Die Verkehrsbehörden beschränken sich auf den allgemeinen Grundsatz »Vorfahrt für diejenigen, die sich bereits im Kreisverkehr befinden«. Dies ist keine sehr spezifische Regel; sie ist viel richtungsweisender und offener für Interpretationen als das eindeutige »Ja/Nein« der Ampel. Der Grundsatz sagt nichts darüber aus, mit welcher Geschwindigkeit Sie in den Kreisverkehr einfahren oder welchen Abstand Sie zu anderen Autos einhalten müssen.

Frische Informationen und die Befugnis, danach zu handeln, reichen jedoch nicht aus (übrigens haben wir vor der Ampel zwar Zugang zu frischen Informationen, aber wir haben keine Befugnis, zu handeln). Es muss auch noch etwas anderes vorhanden sein. Wir sprechen oft von »wertebasiertem« Management, während »regelbasiertes« das Gegenteil davon ist. Die Ampel gehört definitiv in die letzte Kategorie. Wenn es unter den Autofahrern, die auf die grüne Ampel warten, eine »Ich zuerst, der Rest ist mir egal«-Mentalität gibt, ist das kein großes Problem, denn solche »Werte« werden normalerweise durch die rote Ampel außer Kraft gesetzt. Im Kreisverkehr ist eine solche Einstellung jedoch ein großes Problem. Hier sind wir viel mehr darauf angewiesen, dass die Autofahrer ein gemeinsames Ziel haben, nämlich einen reibungslosen Verkehrsfluss. Die Autofahrer müssen rücksichtsvoller und aufmerksamer sein. Sie müssen versuchen, die Absichten anderer zu verstehen, und ihre eigenen Absichten klar und deutlich machen. Sie müssen Rücksicht nehmen und profitieren alle vom Prinzip des »Reißverschlusses« oder »jedes zweite Auto« (was vielleicht keine Kreisverkehrregel, sondern eher ein Gentleman's Agreement ist). Keine einzelne Person hat in einem Kreisverkehr »die Kontrolle«, aber es gibt dennoch eine Kontrolle, weil der Verkehr fließt, und zwar wohl effizienter als bei Ampeln (siehe Abb. 2–1).

Abb. 2–1 *Verkehrskontrolle*

Ich hoffe, wir sind uns einig, dass dieser *selbstregulierende* Ansatz eine großartige Möglichkeit ist, den Verkehr zu steuern. Er ist effizienter, weil er auf Entscheidungen auf der richtigen Ebene (nahe an der Situation) und zum richtigen Zeitpunkt (so spät wie möglich) in einem Umfeld der Zusammenarbeit und Höflichkeit beruht.

Wir wissen auch, dass es viel *schwieriger* ist, in einem Kreisverkehr zu fahren, als sich auf eine Ampel einzustellen. In der Fahrschule war meine erste Ampel ein Kinderspiel, verglichen mit der Einfahrt in den ersten Kreisverkehr. Es sind bessere Fahrfähigkeiten erforderlich als in der viel einfacheren rot/grün-Situation. Diese Kompetenz kommt erst mit der Erfahrung. Genau wie in Unternehmen ist Kompetenz der Schlüssel, und die guten Dinge sind oft schwieriger.

Der Kreisverkehr funktioniert nicht immer perfekt. Nehmen Sie das »Reißverschlussprinzip«. Wir haben uns alle schon einmal geärgert, wenn wir an der Reihe waren und das andere Auto sich weigerte, die Vorfahrt zu gewähren. Und wahrscheinlich kennen wir ein solches Vergehen auch von uns selbst. Aber wie sollten wir reagieren, wenn wir Situationen beobachten, in denen Werte ignoriert oder verletzt werden? Ob im Straßenverkehr oder in Organisationen, die Lösung sollte und darf nicht darin bestehen, aufzugeben, weil »dieser Wertekram nicht funktioniert und Regeln viel einfacher sind.«

Was ist mit dem Polizeibeamten, der mitten auf der Kreuzung steht, pfeift, winkt, schreit und auf etwas zeigt? Trifft diese Person nicht auch lokale Entscheidungen, die auf neuen Informationen über die tatsächliche Situation vor Ort beruhen? Sicherlich, aber wer braucht dieses mittlere Management und seine Kommandos und seine Kontrolle wirklich, wenn ein selbstregulierendes System die Aufgabe genauso gut und viel billiger erledigen kann? Wie sieht es mit dem Risiko eines Staus im Kreisverkehr aus? Gut und schön. Die beiden Alternativen können jedoch kombiniert werden, wobei der Kreisverkehr die Standardlösung ist und die Ampel die Notlösung für die wenigen Fälle, in denen der Kreisverkehr nicht ausreicht.

Es gibt einen *grundlegenden* Unterschied zwischen diesen beiden Arten der Verwaltung. Die Bezeichnung »Performance Management« ist für die Ampelvariante sehr zutreffend. Das ist genau das, was die Verkehrsbehörden mit einem strengen, starren und regelbasierten Kontrollsystem tun. Im Kreisverkehr hingegen »managen« die Verkehrsbehörden nicht. Sie konzentrieren sich stattdessen darauf, *Bedingungen* zu schaffen, unter denen hervorragende Leistungen erbracht werden können. Sie vertrauen darauf, dass die Fahrer sich in einem Rahmen, der mehr auf Werten als auf Regeln basiert, selbst verwalten. Sie delegieren die Autorität an diejenigen, die am nächsten an der Situation dran sind, um die richtigen Entscheidungen auf der Grundlage frischer Echtzeitinformationen zu treffen. Das Modell wird nicht gewählt, weil es das einfachste ist, sondern weil es das beste ist. *Transparenz* ist ebenfalls entscheidend. Wir müssen in der Lage sein, das Gesamtbild des ankommenden Verkehrs zu sehen. Wenn wir uns einer Ampel nähern, ist das Einzige, was wir – zumindest theoretisch – sehen und zuordnen können, die Ampel selbst (obwohl ich zugeben muss, dass ich immer die Verkehrssituation prüfe, auch wenn die Ampel grün zeigt).

Hier ist eine tolle Geschichte aus den Niederlanden. Wie in den meisten Städten war auch in der Stadt Drachten der zunehmende Verkehr ein großes Problem. Die Staus und Unfälle im Stadtzentrum nahmen stetig zu, ebenso wie die Dosis der Standardmedizin bei dieser modernen Krankheit: mehr Ampeln und mehr Schilder zur Regulierung und Kontrolle von Autofahrern, Radfahrern und Fußgängern, die gleiche Medizin, die jede andere wachsende Stadt zur Bekämpfung ihrer Verkehrsprobleme wählen würde. Die Verkehrsbehörden stellten jedoch fest, dass eine Erhöhung der Dosis, z.B. mehr Ampeln, nicht mehr half. Im Jahr 2003 beschloss der Stadtrat, diese akzeptierte Wahrheit infrage zu stellen. Es wurde die kühne Entscheidung getroffen, alle Ampeln, Schilder und physischen Barrieren im Stadtzentrum zu entfernen, weil man der Meinung war, dass die Menschen ihrer Umgebung mehr Aufmerksamkeit schenken, wenn sie sich nicht auf strenge Verkehrsregeln verlassen können. Die Ergebnisse waren beeindruckend. An den verkehrsreichsten Kreuzungen gingen die Überquerungszeiten deutlich zurück, und die Zahl der Unfälle sank auf fast null.

Einige Jahre später trafen die Verkehrsbehörden in Poynton, Cheshire, in Großbritannien die gleiche Entscheidung mit ebenso erfolgreichen Ergebnissen. Bleiben wir in Großbritannien, um ein weiteres großartiges oder besser gesagt schreckliches Beispiel zu sehen. Grovehill Junction in Beverley, East Yorkshire, war früher ein gut funktionierender Kreisverkehr mit fünf Fahrspuren. Im Jahr 2015 beschlossen die Verkehrsbehörden, dass dies nicht gut genug war, und ersetzten ihn durch eine komplexe und wahrscheinlich teure Reihe von Kreuzungen mit 42 (!) Ampeln. Kein Wunder, dass die Leute es den »Rotlichtbezirk« nannten! Die Ergebnisse waren nicht beeindruckend – um es milde zu sagen. Der Verkehr wurde langsamer und die Autofahrer wurden aggressiver, da sie sich beeilten, die nächste grüne Ampel zu erreichen. Nicht nur die Autofahrer waren unzufrieden, auch die Anwohner beschwerten sich. Eines Tages brach das ganze System zusammen, weil keine der Ampeln funktionierte. Aber es gab kein Chaos. Im Gegenteil, die Autofahrer kehrten schnell zu ihrem alten Verhalten zurück und behandelten alle neuen Kreuzungen wie eine Reihe von Kreisverkehren. Der Verkehr begann sofort besser zu fließen!

Die Verkehrsbehörden sahen das anders: »Ingenieure sind derzeit vor Ort und versuchen, das Problem zu lösen. Wir befassen uns mit dem Problem, dass Autofahrer versehentlich auf eine Ampel in der Ferne und nicht auf die Ampel vor sich schauen. Eine gängige Methode zur Lösung dieses Problems besteht darin, abgewinkelte Abschirmungen an den Ampeln anzubringen. Wir werden auch das Timing der Ampeln anpassen«, berichtete die *Hull Daily Mail.* Was für ein großartiges Beispiel dafür, dass man es nicht kapiert!

Die britischen Medien griffen die Geschichte schnell auf. Eine Zeitung brachte eine ganze Seite mit der Schlagzeile: »Sollen wir alle Ampeln in Großbritannien abschaffen?« Weitere Beispiele tauchten auf. Auch der Dome-Kreisverkehr in Watford funktionierte viel besser, wenn die Ampeln abgeschaltet waren. Das Gleiche galt für die Wellmeadow-Kreuzung in Pertshire.

Ich finde diese Beispiele faszinierend, denn sie zeigen, dass Selbstregulierung eine Alternative zu den herkömmlichen Methoden des Performance Management in komplexen Umgebungen ist.

Das Konzept »Shared Space«, das Drachten und Poynton vorstellten, wurde von dem verstorbenen niederländischen Verkehrsexperten Hans Monderman entwickelt. In einem Interview mit der *New York Times* im Jahr 2005 erklärte er: »Um Gemeinden sicherer und attraktiver zu machen, sollte man zuerst alle traditionellen Markierungen von ihren Straßen entfernen – die Ampeln und Geschwindigkeitsschilder, die Schilder, die die Fahrer zum Anhalten, Verlangsamen und Einfädeln auffordern, die Mittellinien, die die Fahrspuren voneinander trennen, ja sogar die Bodenschwellen, Tempolimitschilder, Fahrradwege und Fußgängerüberwege.« Seiner Meinung nach wird das Autofahren nämlich erst dann sicherer, wenn die Straße gefährlicher wird und wenn die Autofahrer aufhören, auf Schilder zu schauen und anfangen, auf andere Menschen zu achten.

Monderman war der Meinung, dass der regulierte, gesetzlich geregelte Verkehr durch einen Raum ersetzt werden sollte, der durch seine Gestaltung und Konfiguration deutlich macht, welche Art von Verhalten erwartet und gefordert wird. Er plädierte nicht dafür, das Design von Autobahnen zu ändern, sondern konzentrierte sich auf gemeinsame Räume, in denen die verschiedenen Verkehrsteilnehmer miteinander interagieren müssen. Er hatte seine eigene Metapher, die natürlich nicht der Verkehr sein konnte. Er verglich seine Philosophie mit einer Eislaufbahn: »Die Schlittschuhläufer regeln die Dinge selbst, und das funktioniert wunderbar. Ich bin kein Anarchist, aber ich mag keine Regeln, die ineffektiv sind.«

Die Gründer von Beyond Budgeting, Jeremy Hope und Robin Fraser, verwenden *Golf* als Metapher für ein selbstregulierendes System: »Golfer halten ihren eigenen Spielstand fest. Es herrscht Transparenz; jeder kennt den Punktestand des anderen. Niemand betrügt auf dem Golfplatz oder gibt sein Ergebnis falsch an. Das wäre beschämend und würde zu einer abrupten Beendigung der Mitgliedschaft führen. Auch brauchen Golfer niemanden, der ihnen sagt, welches Ergebnis sie anstreben sollen. Sie kennen bereits ihre Platzierung, egal ob es sich um einen Club oder einen internationalen Wettbewerb handelt. Sie kennen ihr Handicap und wissen, was sie tun müssen, um sich im Vergleich zu ihren Mitspielern zu verbessern. Ihre Leistung wird nach jeder Veranstaltung gemessen und ihr Ziel ist die kontinuierliche Verbesserung.«

Kommen wir zurück zu unseren Organisationen, in denen ebenfalls ein Bedarf an selbstregulierenden Managementmodellen besteht, und zwar aus mindestens zwei Gründen. Der *erste* Grund ist ein Geschäftsumfeld, in dem es viel mehr VUCA gibt als zu Beginn meiner Budgetierungskarriere in den frühen Achtzigerjahren. Das hat erhebliche Auswirkungen darauf, wie wir unsere Managementmodelle gestalten müssen. Der *zweite* Grund betrifft Menschen. Es geht darum, dass wir uns fragen, welche Art von Menschen wir im Allgemeinen glauben, an Bord zu haben. McGregors Theorie X und Y bietet einen einfachen, aber nützlichen Rahmen für diese Diskussion. Ob wir hauptsächlich an X oder hauptsächlich an Y glauben, hat auch erhebliche und sehr unterschiedliche Auswirkungen auf das Design unserer Organisationen und Systeme.

Das traditionelle Management scheint davon auszugehen, dass die Welt immer noch ein ruhiger und »planbarer« Ort ist, an dem es keine oder nur wenig VUCA gibt, und dass die meisten Beschäftigten fest im Lager von X stehen. Mit diesen Annahmen macht es durchaus Sinn, einen sehr starren, detaillierten und jährlichen Budgetierungsprozess, regelbasiertes Mikromanagement, zentralisierte Befehls- und Kontrollmechanismen, Geheimhaltung sowie Zuckerbrot und Peitsche als Hauptmotivationsmittel zu haben.

Es gab wahrscheinlich eine Zeit, in der dies vernünftige und richtige Entscheidungen waren. Es mag immer noch Orte geben, an denen dies der Fall ist. Für fast alle Unternehmen ist die VUCA Welt jedoch-real und nur wenige würden zugeben, dass sie bei der Rekrutierung so schlechte Arbeit geleistet haben, dass alle ihre Angestellten X-Typen sind, obwohl die Managementprozesse, die sie betreiben, oft das Gegenteil signalisieren.

Der Weg aus dem traditionellen Management führt über einen radikalen Wandel in *beiden* Dimensionen, sowohl bei den Überzeugungen und Verhaltensweisen der Führungskräfte als auch bei den Managementprozessen. Was die Führung betrifft, müssen wir uns mehr an *Werten* als an Regeln orientieren.

Das bedeutet nicht, dass es keine Regeln gibt. Es bedeutet lediglich, dass je stärker unsere Werte sind, desto weniger Regeln sind normalerweise erforderlich. Es muss auch mehr *Autonomie* geben. Alle Entscheidungen neun Etagen nach oben zu bringen, dauert in einer VUCA-Welt zu lange und macht die Entscheidungen nicht unbedingt besser. Oft ist es genau andersherum. Wir brauchen auch mehr *Transparenz*. Wie bereits erwähnt, kann Transparenz ein sehr effektiver Kontrollmechanismus sein. Das sollte eine gute Nachricht für die vielen Manager sein, die Angst haben, das traditionelle Management zu verlassen, weil sie befürchten, die Kontrolle zu verlieren. Die Angst mag tief sitzen, auch wenn ein Großteil dieser Kontrolle nur eine Illusion von Kontrolle ist. Schließlich geht es darum, sich auf die *interne* Motivation zu konzentrieren, anstatt alles der einfacheren, aber weniger effektiven *externen* Motivation zu überlassen, wie im vorigen Kapitel beschrieben.

Was den Managementprozess betrifft, so muss das *traditionelle Budget* in der Regel abgeschafft oder zumindest radikal verändert werden. *Relative Ziele* sollten die absoluten Ziele ersetzen, wo immer dies möglich und sinnvoll ist. Der Rhythmus des Managementprozesses sollte stärker *ereignisorientiert* sein, z.B. bei einsetzenden Herausforderungen wie Inflation oder Krieg, und sich mehr am Geschäft als am Kalender orientieren, und zwar in allen Bereichen, von der Zielsetzung bis hin zu Prognosen und der Ressourcenzuweisung. Außerdem sollte eine umfassendere und *ganzheitliche Leistungsbewertung* anstelle einer nur engen und mechanischen Messung eingeführt werden.

Darum geht es bei Beyond Budgeting: Das Führungsverhalten und die Managementprozesse auf kohärente und konsistente Weise zu ändern, dass sie *agiler* und *menschlicher* werden (siehe Abb. 2–2).

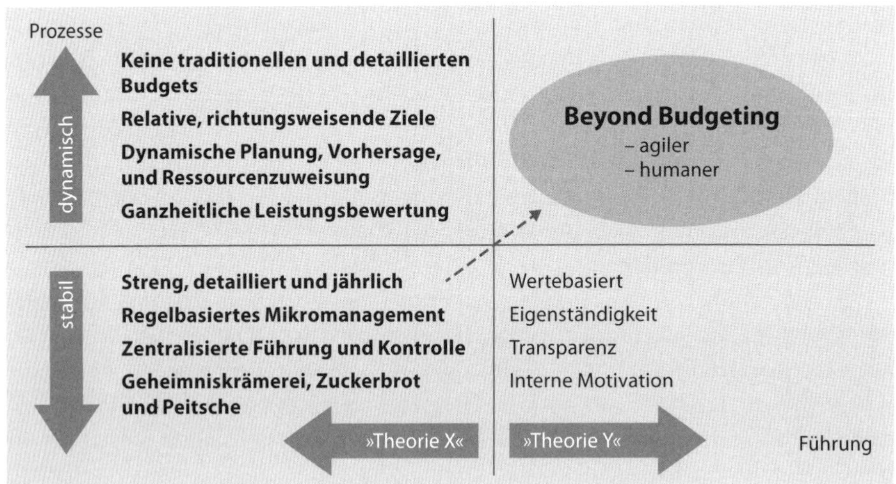

Abb. 2–2 *Wir müssen sowohl den Prozess als auch die Führung ändern.*

In manchen Unternehmen kann die Diskussion über Mitarbeitende und Führung eine Herausforderung sein. Vor allem Finanzleute tun sich oft schwer mit Themen wie Menschen, Werte, Kultur und Verhaltensweisen. Viele der Schritte in der Dimension des Managementprozesses können jedoch umgesetzt werden, ohne die Führungsart selbst zu berühren, z.B. um den Prozess dynamischer zu gestalten. Wenn das volle Potenzial von Beyond Budgeting ausgeschöpft werden soll, führt jedoch kein Weg daran vorbei, auch diese Diskussion anzugehen.

Vielleicht lässt sich das Ziel von Beyond Budgeting noch weiter destillieren und vereinfachen, nämlich *Leistung* auf die richtige Art und Weise *zu definieren* – umfassender, fairer und mutiger – und *die Voraussetzungen dafür zu schaffen*, dass Menschen auf diese Weise Leistung erbringen. Das ist einfach und doch so schwierig.

2.2 Der Beyond Budgeting Roundtable

Eines Tages im Jahr 1996, kurz nach Beginn der Borealis-Reise, bemerkte ich eine kleine Anzeige im britischen *People Magazine*. Eine Organisation namens CAM-I (Consortium of Advanced Management International) suchte Kontakt zu Unternehmen, die Alternativen zur Budgetierung erforschen. Ich rief die angegebene Nummer an und bekam Jeremy Hope ans Telefon.

Das war mein erster Kontakt mit Jeremy und bald auch mit Robin Fraser und Peter Bunce. Wir hatten ein langes Gespräch und ich traf mich später mit Jeremy und Robin in Kopenhagen, da sie eine Fallstudie über Borealis schreiben wollten.

Jeremy begann seine Karriere als Wirtschaftsprüfer, wechselte dann in Positionen im Venture-Management und in der Unternehmensführung und schrieb später mehrere Managementbücher. Robin hat einen Abschluss in Ingenieurwesen und arbeitete in verschiedenen Unternehmensfunktionen, bevor er Management Consulting Partner bei PwC wurde. Peter hat ebenfalls einen technischen Hintergrund und promovierte in Fertigungstechnik. Er leitete mehrere Forschungsprogramme für CAM-I.

Jeremy, Robin und Peter kamen auch mit anderen Unternehmen, die Budgets abgeschafft hatten, in Kontakt, was zu weiteren Fallstudien führte. Diese Fälle wurden alle vor fast 20 Jahren in dem sogenannten »Abschlussbericht« zusammengefasst. Jeremy erzählte uns später, dass er dachte, der 1998 gegründete Beyond Budgeting Roundtable (BBRT) würde nicht länger als ein Jahr bestehen, weil der Abschlussbericht geschrieben worden war!

Der BBRT ist ein großartiger Ort der Begegnung für Unternehmen, öffentliche Organisationen, Hochschulen und Einzelpersonen, wo die Teilnehmenden ihre eigenen Erfahrungen austauschen und durch Fallstudien, Präsentationen und Diskussionen voneinander lernen. Ein großer Vorteil gegenüber allgemeinen Konferenzen ist das hohe Maß an Vertrauen unter den Mitgliedern und der offene Austausch von Erfolgen und Misserfolgen. Die Mitglieder reichen von kleinen bis zu großen Unternehmen, von denen, die sich gerade erst dafür interessieren, bis hin zu jenen, die schon weit fortgeschritten sind. Sie alle haben eines gemeinsam: Sie haben erkannt, dass mit dem traditionellen Management etwas nicht stimmt, und wollen etwas dagegen tun.

Jeremy, Robin und Peter leiteten den Roundtable viele Jahre lang mit Steve Morlidge von Unilever in der Rolle des Vorsitzenden, die ich 2008 übernahm, als

Steve beschloss, Unilever zu verlassen, um zu promovieren. Im Jahr 2010 beschloss Robin, sich zurückzuziehen. Beide nehmen glücklicherweise weiterhin an unseren Treffen teil.

Im Jahr 2011 erfuhren wir, dass Jeremy schwer erkrankt war. Leider ist er einige Monate später verstorben. Jeremy war ein wichtiger Vordenker, Autor und Redner. Er war auch ein großartiger Freund für uns alle, und wir fragten uns, wie wir das Ganze weiterführen könnten.

Peter Bunce und ich übernahmen die Aufgabe, es zu versuchen. Nach ein paar hektischen Jahren ohne Jeremy fing Peter an, über seinen eigenen Ruhestand nachzudenken. Wir diskutierten mehrere Übergangsszenarien. Eine Sache war klar: Diese Aufgabe zu übernehmen, kam für mich nicht infrage, da ich immer noch meinen Vollzeitjob bei Statoil hatte. Ich fand es wichtig, bei einer laufenden Implementierung von Beyond Budgeting dabei zu sein. Das kontinuierliche Lernen am Arbeitsplatz ist von unschätzbarem Wert. Ich glaube auch, dass es mir Glaubwürdigkeit verleiht, wenn ich anderen Organisationen von Beyond Budgeting erzähle, da sie wissen, dass ich jeden Tag mittendrin bin. Ich wollte zwar immer noch im BBRT aktiv sein, aber es gab keine Möglichkeit, die Kapazitäten freizumachen, um das schnell wachsende Netzwerk zu leiten.

Wir fanden eine großartige Lösung. Anders Olesen aus Dänemark kam an Bord. Wir kannten uns, seit wir beide bei Borealis zusammengearbeitet hatten.

Anders trat von seiner Rolle als CEO des dänischen Beratungsunternehmens Basico zurück, um unser neues Beyond Budgeting Institute (BBI) mit Sitz in London zu leiten. Neben der Unterstützung der BBRT-Mitglieder organisiert BBI auch offene Konferenzen und Workshops und bietet Beratungsdienstleistungen an. Ein Kernteam, bestehend aus Anders Olesen, Steve Player, Franz Röösli, Dag Larsson und mir selbst, sorgt für die Ausrichtung und Leitung.

Im Jahr 2013 traf es Peter. Bei ihm wurde Krebs diagnostiziert und er kämpfte fast zwei Jahre lang tapfer, bevor er verstarb. Seinen Sinn für Humor hat er sich bis zum Schluss bewahrt. »Ich fürchte, ich muss auf das nächste BBRT-Treffen verzichten«, sagte er mir bei unserem letzten Gespräch kurz vor seinem Tod.

Dieses Buch ist für Jeremy und Peter. Ich hoffe und glaube, dass wir so weitermachen, wie sie es gewollt hätten. Sie werden beide schmerzlich vermisst. Ich kann gar nicht mehr zählen, wie oft ich mir wünschte, sie wären hier gewesen, um mir zu helfen und mich zu beraten. Sie waren so integrative und großzügige Menschen, und unsere Erinnerungen sind stark und warmherzig. Vielen Dank für all die Inspiration, für all die Unterstützung und für all die großartigen Diskussionen!

Nun war es an Anders und mir, zusammen mit dem Rest des Kernteams weiterzumachen. Da die Mitgliederzahlen weiterhin anstiegen, wurde es immer schwieriger, den Mitgliedern und anderen Personen vor Ort ausreichend Unterstützung zu bieten. Wir beschlossen daher, nationale BBRT-Partnerorganisationen zu gründen. Diese sollten lokale Anlaufstellen sein und sowohl nationale Treffen und Konferenzen als auch beratende Unterstützung anbieten. Dies wurde von unseren Mitgliedern sehr geschätzt und führte zu einem weiteren Anstieg der Mitgliederzahlen. Bislang gibt es nationale Partnerorganisationen in Großbritannien, Frankreich,

Irland, Dänemark, Schweden, Norwegen und Island. Gespräche mit Kandidaten in mehreren anderen Ländern sind im Gange. In Nordamerika hat Steve Player diese Rolle viele Jahre lang ausgefüllt.

Neben meiner Position des Vorsitzenden leite ich das norwegische BBRT. Ich hatte schon immer einen guten Überblick über die Unternehmen, die sich auf diesem Weg befinden, insbesondere in Norwegen. Vor ein paar Jahren stieß ich auf ein norwegisches IT-Unternehmen, das ohne Budgets, KPIs oder Ziele auskam. Ich war begeistert und freue mich jedes Mal, wenn ein Unternehmen eine solche Managementinnovation aufgreift. Aber dies war etwas Besonderes. Es war das erste Mal, dass ich das Unternehmen nicht kannte, und es war sogar in Bergen ansässig, wo ich aufgewachsen bin! Die Tatsache, dass ich anfange, selbst auf meinem Spezialgebiet den Überblick zu verlieren, ist ein starkes Zeichen dafür, dass die Bewegung ins Rollen kommt! Bei dem Unternehmen, das mich überrascht hat, handelt es sich um Miles. Sie werden später in diesem Kapitel mehr über ihre faszinierende Geschichte erfahren.

Nicht lange danach passierte es wieder. Ich sprach auf einer Konferenz in Oslo, als mir eine Gruppe von Leuten einer großen norwegischen Immobiliengesellschaft erzählte, dass sie sich von der Budgetierung vor einem Jahr verabschiedet hatten. Wunderbar! Ich freue mich auf viele weitere dieser tollen Momente.

Einige Mitglieder sind dem BBRT fast von Anfang an treu geblieben. Andere sind einige Jahre dabei, lange genug, um zu lernen und damit anzufangen, bevor sie uns verlassen. Bis heute haben mehrere Hundert Unternehmen von einer Mitgliedschaft profitiert. Ein gutes Beispiel ist Schneider Electric, eines der frühen Mitglieder. Dieses französische Unternehmen im Bereich Automatisierung und Energiemanagement beschäftigt 170.000 Leute in 40 Ländern. Sie verließen uns nach einigen Jahren und wir verloren irgendwie den Kontakt. Sie tauchten bei einer Beyond Budgeting-Konferenz in Paris im Jahr 2015 mit einer großartigen Präsentation ihres »budgetlosen« Managementmodells, das sie seit den Tagen ihrer Mitgliedschaft betreiben, wieder auf.

Frankreich ist ein interessantes Beispiel dafür, wie sich die Dinge zusammenbrauen können, bevor es plötzlich zu einem Ausbruch kommt. Abgesehen von Schneider Electric hielten wir Frankreich für ziemlich tot. Dann wurden wir plötzlich, innerhalb weniger Monate, von Société Générale, Airbus, Michelin, Danone und GDF Suez (jetzt Engie) angesprochen. Wir haben mehrere Workshops und Konferenzen in Frankreich veranstaltet und sogar unser europäisches Mitgliedertreffen im Herbst 2015 in Paris abgehalten.

Beyond Budgeting in Island ist auch eine faszinierende Geschichte. Im Norden brodeln nicht nur Vulkane! Mit einer Bevölkerung von 330.000 Menschen zeigt kein anderes Land ein größeres Interesse an Beyond Budgeting. Eine Reihe isländischer Unternehmen befindet sich auf diesem Weg, und die lokale Partnerorganisation hat bereits mehrere erfolgreiche Konferenzen veranstaltet.

2.3 Die Beyond Budgeting-Prinzipien

Die frühen Beobachtungen und die ersten Versuche im BBRT, Konzepte und Modelle zu formulieren, setzen dort an, wo auch die meisten Unternehmen beginnen: bei den konkreteren und offensichtlichen Problemen bei der Budgetierung. Untersuchungen und neue Vorkommnisse führten allmählich zu der Einsicht, dass das Budgetproblem nur ein Teil eines größeren *systemischen* Problems war. Die Lösung konnte nicht allein in neuen Werkzeugen und *Prozessen* gefunden werden, mit denen die Budgetierung besser und effektiver durchgeführt werden konnte. Es war auch eine Reihe von *Führungsprinzipien* erforderlich. Jeremy, Robin und Peter stellten bei den Organisationen, die sie untersucht hatten, viele Gemeinsamkeiten fest, sowohl in der Philosophie als auch in der Praxis. Diese Beobachtungen bildeten die Grundlage für die Beyond Budgeting-Prinzipien, sechs zur Führung und sechs zu den Managementprozessen. Die ursprünglich formulierten Prinzipien haben sich im Laufe der Zeit weiterentwickelt, so wie wir alle, die wir auf unseren verschiedenen Wegen dazugelernt haben. Hier sind die Prinzipien, wie sie heute lauten:

Führungsprinzipien

- Zweck
  Engagieren und inspirieren Sie Ihre Mitarbeiterinnen und Mitarbeiter für mutige und edle Ziele, *nicht für kurzfristige finanzielle Ziele.*
- Werte
  Führen Sie auf der Grundlage gemeinsamer Werte und eines gesunden Urteilsvermögens, *nicht auf der Grundlage detaillierter Regeln und Vorschriften.*
- Transparenz
  Machen Sie Informationen für Selbstregulierung, Innovation, Lernen und Kontrolle zugänglich und *schränken Sie es nicht ein.*
- Organisation
  Fördern Sie ein starkes Zugehörigkeitsgefühl und organisieren Sie sich in agilen und eigenverantwortlichen Teams; *vermeiden Sie hierarchische Kontrollen und Bürokratie.*
- Autonomie
  Vertrauen Sie Ihren Mitarbeiterinnen und Mitarbeitern Handlungsfreiheit an und *bestrafen Sie nicht alle, wenn eine Person diese missbraucht.*
- Kunden
  Verbinden Sie die Arbeit aller mit den Bedürfnissen der Kunden; *vermeiden Sie Interessenkonflikte.*

Managementprozesse

- **Rhythmus**
  Organisieren Sie die Managementprozesse dynamisch nach Geschäftsrhythmen und -ereignissen, *nicht nur nach dem Kalender- bzw. Fiskaljahr.*
- **Ziele**
  Setzen Sie richtungsweisende, ehrgeizige und relative Ziele; *vermeiden Sie feste und kaskadierte Ziele.*
- **Pläne und Prognosen**
  Machen Sie Planung und Prognosen zu schlanken und unvoreingenommenen Prozessen, *nicht zu starren und politischen Übungen.*
- **Ressourcenzuweisung**
  Fördern Sie ein kostenbewusstes Denken und stellen Sie Ressourcen nach Bedarf zur Verfügung, *nicht durch detaillierte jährliche Budgetzuweisungen.*
- **Leistungsbewertung**
  Bewerten Sie die Leistung ganzheitlich und mit Feedback von Kolleginnen und Kollegen, um zu lernen und sich weiterzuentwickeln, *nicht nur auf der Grundlage von Messungen und nicht nur für Belohnungen.*
- **Belohnungen**
  Belohnen Sie den gemeinsamen Erfolg im Wettbewerb, *nicht über feste Leistungsverträge.*

Wir haben bereits viele der Themen erörtert, die in diesen Prinzipien angesprochen werden. Die Beispiele Handelsbanken, Miles, Reitan Group, Borealis und Statoil zeigen eindrücklich, was diese Prinzipien in der Praxis bedeuten können.

Kohärenz ist hier der Schlüssel: Konsistenz zwischen dem, was über Führung gesagt wird, und dem, was in den Managementprozessen getan wird. Es hilft nicht, dass wir auf der Führungsseite leidenschaftlich über »wir, das Team und gemeinsam« und »alle im selben Boot« sprechen, wenn es bei der Belohnung nur um den individuellen Bonus geht. Das hinterlässt eine große Lücke zwischen dem, was gesagt, und dem, was getan wird. Eine ähnlich große Lücke entsteht, wenn wir ebenso leidenschaftlich darüber reden, »was für fantastische Leute wir an Bord haben, wir wären nichts ohne Sie, und wir vertrauen Ihnen so sehr«. Und weniger: »Natürlich brauchen wir detaillierte Reisebudgets – stellen Sie sich vor, was ohne sie passieren würde!«

Beyond Budgeting spricht die großen und wichtigen Themen an, die für manche beängstigend sein können. Viele fragen, wie wichtig es ist, alle 12 Prinzipien vollständig umzusetzen. Die Frage ist berechtigt, denn jedes einzelne Prinzip kann ein großes Veränderungsprojekt für sich darstellen. Der Weg zu Beyond Budgeting kann sich manchmal anfühlen, als würde man ein überdimensionales Tortenstück essen. Hier gibt es nur einen Weg, das zu tun: Es muss in kleinere Teile zerlegt werden. Das ist kein Fast Food, aber wie im richtigen Leben sind die Ergebnisse auch viel gesünder! Bei einem eher schrittweisen Vorgehen muss jeder Schritt in die gleiche

Richtung weisen, und jemand muss das große Ganze und eine mögliche Endsituation im Auge behalten. Die Prinzipien stellen jedoch kein Buffet dar, bei dem wir hier und da ein paar Happen herauspicken und auf große Veränderungen hoffen können. Die relative Bedeutung der einzelnen Prinzipien kann je nach Situation variieren. Die meisten Organisationen, die sich auf diesem Weg befinden, haben einen evolutionären Ansatz gewählt, aber es gibt auch »revolutionäre« Beispiele. Auch hier gilt, dass Veränderungen im Führungsverhalten trotz radikaler, über Nacht erfolgter Änderungen in den Managementprozessen weiterhin Zeit benötigen. In Kapitel 6 werden wir uns eingehender mit dem Thema »Evolution versus Revolution« befassen und verschiedene Möglichkeiten des Einstiegs untersuchen.

Einige Organisationen mussten sich nie verändern, weil es ihnen gelungen ist, der agilen und unternehmerischen Art, mit der sie begonnen haben, treu zu bleiben. Wie bereits erwähnt, verfolgen neu gegründete Organisationen eigentlich den »Beyond Budgeting«-Ansatz, aber die meisten entwickeln sich zu etwas anderem, weil sie glauben (und gesagt bekommen), dass diese Art der Führung und des Managements nicht gut genug ist. Die meisten enden als ein weiteres großes Unternehmen, das sich nach der Flexibilität und Menschlichkeit sehnt, die es auf seinem Wachstumskurs zurückgelassen hat.

Die 12 Beyond Budgeting-Prinzipien stellen kein *Managementrezept* dar. Sie beschreiben eine *Managementphilosophie*. Sie liefern Ideen und Anleitungen, aber es geht nicht darum, »das Buch zu lesen und die Kästchen anzukreuzen«. Es entspricht daher nicht dem, was in den vielen Unternehmen geschehen ist, die sich in irgendeiner Form auf einem Weg hin zu mehr Freiheit befinden (siehe Abb. 2–3).

Abb. 2–3 *Einige der Unternehmen auf dem Weg zu Beyond Budgeting*

Die Managementmodelle in diesen Unternehmen sind nicht identisch, da sie auf dem spezifischen Geschäft, der Geschichte und der Kultur des jeweiligen Unternehmens beruhen. Genau so sollte es auch sein. Ich bin sehr skeptisch gegenüber

Managementrezepten, denn es funktioniert nicht derart, dass irgendjemand das Denken für Sie übernehmen könnte!

Ihre einzige Aufgabe würde nur darin bestehen, das Denken anderer Leute umzusetzen. Ich finde das ziemlich langweilig und auch gefährlich. Für diejenigen, die gerne selbst denken, hat eine Beyond Budgeting-Implementierung eine Menge zu bieten.

Manche sind frustriert darüber, dass Beyond Budgeting nicht in einer Kiste mit einer einfachen Bedienungsanleitung geliefert wird. Bei Statoil werden alle wichtigen Prozesse in einem System mit Flussdiagrammen dokumentiert. Ich wurde einmal gebeten, Beyond Budgeting als einen solchen Prozess zu zeichnen. Es geht nicht!

Wir werden oft gefragt, welche Art von Organisationsstruktur Beyond Budgeting empfiehlt. Darauf gibt es keine einheitliche, einfache Antwort. Die Prinzipien sprechen sich für agile und verantwortungsbewusste Teams mit einer starken Kundenorientierung aus, aber das kann auf viele verschiedene Arten erreicht werden. Das Organigramm erzählt selten die ganze Geschichte. Die Realität kann viel besser oder viel schlechter sein.

Allzu oft wird versucht, Probleme durch »Umstrukturierungen« zu beheben. Der Prozess, der zu einer neuen Struktur führt, ist oft gründlich und analytisch und listet die positiven und negativen Auswirkungen der einzelnen Alternativen auf. Das Problem beginnt in der Regel, nachdem die Entscheidung getroffen und die neue Struktur implementiert wurde. Jetzt wird oft die Negativliste nicht beachtet, die die Nachteile des gewählten Modells beschreibt. Was wir jedoch ignorieren können, ist die Liste der positiven Aspekte, denn diese Vorteile erhalten wir durch unsere gewählte Struktur. Es sind die negativen Folgen der gewählten Struktur, die wir nicht vergessen dürfen. Im Gegenteil, diese erfordern ständige Aufmerksamkeit, um die von uns identifizierten Nachteile zu minimieren. Leider geschieht dies nur selten. Nach einer Weile kommen diese Probleme zum Vorschein, zuerst als Sand und später als Steine im Getriebe. Die Reaktion darauf ist in der Regel eine weitere Umstrukturierung, bei der derselbe Fehler noch einmal gemacht wird.

Lassen Sie uns nun untersuchen, was die 12 Beyond Budgeting-Prinzipien in der Praxis bedeuten können, zunächst bei den Handelsbanken und dann bei Miles und der Reitan Group, bevor wir uns in den folgenden Kapiteln Borealis und Statoil zuwenden.

2.4 Handelsbanken – Der Pionier

Das bekannteste Fallbeispiel von Beyond Budgeting ist seit Langem schon Handelsbanken, eine schwedische Bank, die zum Zeitpunkt des Schreibens dieses Buches fast 900 Filialen in 24 europäischen Ländern betreibt und die am schnellsten wachsende Bank in Großbritannien ist. Was ihre Geschichte so faszinierend macht, ist nicht nur die Tatsache, dass die Bank im Rahmen einer radikalen Umgestaltung ihres Managementmodells im Jahr 1970 beschloss, die Budgets abzuschaffen. Es ist ebenso faszinierend zu beobachten, wie sich die Bank seither entwickelt hat:

- Sie ist profitabler als der Durchschnitt ihrer Mitbewerberinnen, jedes Jahr seit 1972.
- Sie ist eine der kosteneffizientesten Universalbanken in Europa.
- Sie brauchte nie eine Rettungsaktion der Behörden, weil sie etwas vermasselt hat.
- Sie ist die stärkste Bank in Europa und eine der stärksten der Welt, laut dem Finanzinformationsdienst Bloomberg.

Das kann kein Zufall sein: eine so konstant gute Leistung und ein so radikal anderes Managementmodell.

Der kluge und mutige Mann, der dahintersteht, ist Jan Wallander, der von 1970 bis 1978 Vorstandsvorsitzender der Handelsbanken und später bis 1991 Aufsichtsratsvorsitzender war. Als er 1970 in die Bank eintrat, stellte er als Bedingung, den Auftrag zu erhalten, das Managementmodell vollständig zu ändern. Handelsbanken war bis dahin mehr oder weniger wie andere schwedische Banken geführt worden, mit den gleichen gemischten Ergebnissen. Als Wallander seinen Posten antrat, war gerade Krisenzeit.

Seine Vision war ein radikal dezentralisiertes Managementmodell mit Einfachheit, Transparenz und Selbstregulierung als Schlüsselprinzipien. Wallander wollte die traditionellen Steuerungen über Budgets, Hierarchie, Zentralisierung und individuelle Belohnungen durch ganz andere »Kontrollen« ersetzen. Er war der festen Überzeugung, dass ein neues Modell gute Leistungen viel effektiver anregen und vorantreiben könnte und das erreichen würde, was er *nicht* als Zielkonflikt ansah: hohe Kundenzufriedenheit *und* niedrige Kosten. Genau das ist die einfache Strategie der Handelsbanken: durch höhere Kundenzufriedenheit und niedrigere Kosten als ihre Mitbewerberinnen langfristige Werte zu schaffen. Wachstum hat in ihrer Strategie keinen Platz; es ist vielmehr eine Folge hervorragender Leistungen.

Zu Wallanders kühnen Schritten gehörten:

- Eine viel größere Autorität der Filialen – »die Filiale ist die Bank«
- Eine flache Struktur mit nur wenigen Ebenen
- Ein Fokus auf Kunden statt auf Produkte
- Transparente Leistungsdaten
- Keine individuellen Boni, sondern ein kollektives Gewinnbeteiligungssystem
- Eine starke wertebasierte Kultur
- Keine Budgets

Viele sehen die Abschaffung der Budgets als Wallanders wichtigste und mutigste Entscheidung an, aber dies war auch eine natürliche Folge all der anderen Ziele, die er anstrebte.

Die Erklärung für den bemerkenswerten Erfolg der Bank liegt natürlich vor allem in dem, was sie zu tun begann, aber auch in allem, was sie nicht mehr tat. Sie hat nicht einfach eine neue Kiste auf die bereits vorhandenen gestellt. Die Bank hat kaum traditionelle Managementprozesse, dafür aber eine starke Ausrichtung, Werte, Autonomie und Flexibilität. Abgesehen davon, dass es keine Budgets gibt, werden keine Ziele gesetzt und kaum traditionelle Planung durchgeführt.

Jeden Monat informiert die Zentrale in Stockholm über den Stand einiger ausgewählter wichtiger Leistungsindikatoren. Dazu gehören die Kapitalrendite, das Aufwand-Ertrags-Verhältnis und die Kundenzufriedenheit.

Wie schneiden vergleichbare Filialen bei den einzelnen Kennzahlen ab? Diese KPIs sind nicht perfekt, werden aber in der gesamten Bank als gut genug akzeptiert.

Das ist alles, was Stockholm tut. Für Filialen, die schlecht abschneiden, gibt es keine Anweisungen von oben, den Umsatz zu steigern, die Kosten zu senken, mehr von diesem, weniger von jenem. Die Botschaft aus der Zentrale ist einfach: »Wir sehen, dass Sie ein Problem haben. Aber es ist Ihr Problem, und Sie wissen am besten, wie es zu lösen ist. Sie sind dem Markt am nächsten, Sie sind Ihren Kunden am nächsten und Sie kennen Ihre Mitarbeiterinnen und Mitarbeiter am besten. Wir helfen Ihnen gerne, aber Ihre Leistung liegt in Ihrer Verantwortung.« Innerhalb weniger Grenzen verfügen die Filialen über die notwendige Autorität, um alle erforderlichen Maßnahmen zu ergreifen. Dazu gehören nicht nur weitreichende Befugnisse bei der Kreditvergabe und alle Marketingaktivitäten (die Bank betreibt so gut wie kein zentrales Marketing), sondern auch die gesamte Kostenseite, einschließlich Personal und Gehaltsniveau. Eine berühmte Redewendung in der Bank lautet: »Unsere Stühle haben keine Möglichkeit, sich zurückzulehnen.« Wenn eine falsche Entscheidung getroffen wird, kann die Zentrale dafür nicht verantwortlich gemacht werden.

Aber wer lässt sich schon gerne zurückfallen? Diejenigen, die ganz unten stehen, arbeiten hart, um sich zu verbessern; die an der Spitze arbeiten hart, um ihre Position zu halten. Jeder versucht, sich zu verbessern.

Das ist aber nur die halbe Geschichte. Der Zweck des Benchmarkings besteht nicht nur darin, die Leistung zu steigern. Das *Lernen* ist ein ebenso wichtiger Zweck. Die Bank möchte, dass Filialen, die schlecht abschneiden, von denen lernen, die besser abschneiden. Aber warum sollten Sie als leistungsstarke Filiale diese Anfragen entgegennehmen oder den Treffen zustimmen, um die die weniger gut abschneidenden Filialen bitten? Sie könnten aufsteigen und eines Tages vielleicht Ihren Platz an der Spitze einnehmen!

Um sicherzustellen, dass Anfragen entgegengenommen und Meetings anberaumt werden, gibt es in der Bank keine individuellen Boni (außer in einem kleinen Handelsumfeld in der Konzernzentrale). Alle Boni sind kollektiv und richten sich danach, wie Handelsbanken im Vergleich zu anderen Banken abschneidet. Das ist für alle ein guter Grund, Wissen und Best Practices zu teilen.

Jeder, ob Filialmitarbeiter oder Vorstandsvorsitzende, nimmt an diesem Programm teil, das nicht nur die gleichen Prozentsätze, sondern sogar die gleichen Beträge bietet. Der Bonus wird nicht jährlich ausgezahlt, sondern in einen internen Fonds namens Oktogonen investiert. Dieser Fonds legt die Bonuszahlungen an, einen Großteil davon in Aktien der Handelsbanken. Heute besitzt der Fonds mehr als 10 Prozent der Bank. Die Aktien werden frühestens im Alter von 60 Jahren ausgezahlt, es gibt also keine kurzfristigen Anreizsysteme. Wenn Sie seit 1972, dem Gründungsjahr des Programms, bei der Bank beschäftigt wären, würde Ihr Guthaben heute weit über eine Million Euro betragen.

Die Förderung des internen Wissensaustauschs ist nicht der einzige Grund, warum Handelsbanken vor individuellen Boni zurückschreckt. Es geht auch sehr stark um die Kundschaft. Die Bank will sicherstellen, dass absolut nichts zu einem Interessenkonflikt führen könnte, wenn Beschäftigte in der Filiale ihre Kunden beraten.

Anders Bouvin, der Vorstandsvorsitzende in Großbritannien, äußert sich dazu wie folgt: »Der gegenwärtige und künftige Erfolg von Handelsbanken in Großbritannien hängt von unserer klaren Ausrichtung auf die Kundenzufriedenheit ab. Unsere erfahrenen Filialteams sind in der Lage, auf die Bedürfnisse der Kunden einzugehen, ihre Initiative und ihr lokales Wissen einzusetzen und Entscheidungen zum langfristigen gegenseitigen Nutzen zu treffen. Wir setzen keine Verkaufsziele und zahlen keine Leistungsprämien, die diesen Fokus verzerren könnten. Wir betreiben auch keine Kreditwürdigkeitsprüfung oder externe Callcenter, denn unsere Kunden haben nie darum gebeten.«

Wie kann die Bank ohne individuelle Boni gute Mitarbeiterinnen und Mitarbeiter für sich gewinnen und an sich binden, in einem Geschäft, in dem solche Boni Standard sind, zumindest auf der Ebene der Führungskräfte? Selbst in Großbritannien ist es kein Problem, die Leitung von Filialen zu besetzen. »Eigentlich rufen sie uns an, weil sie für uns arbeiten wollen«, sagt Bouvin. »Sie mögen unsere Philosophie und die Art, wie wir arbeiten. Unser Managementmodell ist offensichtlich attraktiv genug.« Er erklärt, dass sie bei der Eröffnung einer neuen Filiale zuerst den Filialleiter einstellen und dann mit dem Rest der Belegschaft weitermachen, nicht andersherum.

Sie ist nicht nur für die Filialleitung eine attraktive Bank, sondern auch für Angestellte, die die Art und Weise, wie die Bank geführt wird, zu schätzen wissen. In Großbritannien hat es nicht lange gedauert, bis sie bei der Umfrage »Great Place to Work« eine sehr hohe Punktzahl erreichte. Auch die Kunden lieben sie. Im Jahr 2014 wurde die Bank in einer unabhängigen Umfrage unter Privat- und Geschäftskunden zum sechsten Mal in Folge als beste Bank in Bezug auf die Kundenzufriedenheit bewertet und übertraf damit die Mitbewerber sowohl bei der Kundenzufriedenheit als auch bei der Loyalität.

Die Broschüre *Our Way* ist für alle Mitarbeitenden der Handelsbanken ein Begriff. In ihr wird die Philosophie der Bank in einer einfachen und bodenständigen Sprache dargelegt. Damit können Sie kein Bullshit-Bingo spielen! Die Broschüre existiert fast unverändert seit Wallanders Zeiten. Kleinere Aktualisierungen werden in der Regel vorgenommen, wenn es einen neuen CEO gibt, also nicht allzu oft. Obwohl die Bank sich offen zeigt und bereit ist, ihre Arbeitsweise mitzuteilen, ist sie aus irgendeinem Grund ziemlich verschwiegen, was die Broschüre angeht. Ich habe einmal um ein Exemplar gebeten. Die Antwort war ein höfliches »Nein«. Ich durfte mich jedoch hinsetzen und mit einem Filialleiter, der neben mir saß, die Broschüre durchblättern. Ich schlug sie auf, und die ersten Worte, die mir ins Auge fielen, waren diese: *Wir haben einen unerschütterlichen Glauben an die Menschen und ihren Willen und ihre Fähigkeit, gute Dinge zu tun.* Das sind nicht nur wunderbare Worte, sie spiegeln sich auch in den Managementprozessen der Bank wider. Es gibt keine Lücken zwischen dem, was gesagt wird, und dem, was getan wird, wie es leider in so vielen anderen Organisationen der Fall ist.

Bevor Jan Wallander 1970 in die Bank eintrat, war er unter anderem für Prognosen für den öffentlichen Sektor zuständig. Dies war wahrscheinlich der Grund, warum er zu seiner sehr logischen, aber dennoch einzigartigen Ansicht über Prognosen kam. Er schreibt in seinem Buch *Budgeting: An Unnecessary Evil* über die Bemühungen, den Absatz von Fernsehgeräten in Schweden zu prognostizieren, und wie sie immer und immer wieder falsch lagen. Als er zur Bank wechselte, beschloss er, sich nicht noch mehr anzustrengen, sondern eher das Gegenteil zu tun. Wenn die Dinge stabil sind und Sie glauben, dass es morgen so sein wird wie heute, warum *sollten* Sie dann Zeit für Prognosen aufwenden? Sie wissen doch, wie es morgen aussehen wird. Das Gegenteil ist auch der Fall: Wenn die Zeiten turbulent sind und Sie keine Ahnung haben, wie der morgige Tag aussehen wird, wie *könnten* Sie da Zeit mit Prognosen verbringen? Höchstwahrscheinlich liegen Sie ohnehin falsch.

Zu hören und zu lesen, wie ein Unternehmen arbeitet, ist eine Sache. Wenn man mit Menschen spricht, vor allem mit denen an der Basis, kommen manchmal ganz andere Geschichten heraus. Ich habe mich mit einer Reihe von Beschäftigten der Bank getroffen. Die Geschichten, die sie erzählen, sind sehr einheitlich. Sie beschreiben alle die gleiche Philosophie und die gleichen Praktiken. Vor einigen Jahren traf ich einen Studienkollegen von der NHH, den ich schon lange nicht mehr gesehen hatte. Als wir uns über seine berufliche Laufbahn austauschten, erwähnte er, dass er einmal für den Aufbau einer neuen Handelsbanken-Filiale verantwortlich gewesen war. Ich nutzte die Gelegenheit zu einem Austausch sofort. Ohne weitere Fragen meinerseits bestätigte er mir alles, was ich gehört hatte: die Autonomie, die sie hatten, die Stärke des internen Benchmarkings und alle anderen Elemente des Modells.

Manche fragen sich, ob das Modell der Handelsbanken eine weiche Herangehensweise bedeutet, bei der das mittlere und obere Management vor schwierigen Themen und schwierigen Entscheidungen zurückschreckt. Es gibt keinen Zweifel: Schwierige Fragen *werden* geklärt. Aber sie werden dort behandelt, wo sie auftreten. Die meisten dieser Fälle werden immer an der Basis auftreten, oft im Zusammenhang mit Kunden oder Angestellten. Ein lokaler Filialleiter erklärte, dass er mehr als die Hälfte des Teams ausgetauscht hat, als er anfing, »weil sie in ihren derzeitigen Rollen nicht gut genug waren«. Er tat dies nicht, weil es ihm aufgetragen wurde, sondern weil er es tun musste, um die Leistung der Filiale zu steigern. Es sollte auch nicht unerwähnt bleiben, dass diese Leute andere und besser geeignete Stellen in der Bank angenommen haben. Die Bank ist nicht nur bei den Kundenbeziehungen, sondern auch bei der Beschäftigung langfristig orientiert. Sie entlässt nur sehr selten Mitarbeiterinnen oder Mitarbeiter.

Das Fallbeispiel der Handelsbanken ist aus vielen Gründen faszinierend: das radikale, aber einfache Modell, die Tatsache, wie lange das Unternehmen an derselben Philosophie festhält, und die konstant hohe Leistung. Ich habe mich oft gefragt, warum die Mitbewerber nicht versuchen, es zu kopieren. Es gibt keine Geheimnisse. Das gesamte Modell ist einsehbar, es gibt keine Urheberrechte. Vielleicht kommt es nicht fortschrittlich genug rüber? Vielleicht verstehen die anderen Banken tatsächlich, dass es sich um einen langen Weg handelt und nicht um eine schnelle Lösung, die schon morgen Ergebnisse liefert? Vielleicht fehlt ihnen die Energie, um anzufangen, oder sie stellen fest, dass sie nicht die Geduld haben, es durchzuziehen? Oder ist die Sucht nach Macht und Ruhm einfach zu stark?

Einige sind jedoch interessiert. Die kleine norwegische Bank Sparebank Pluss hat das Modell der Handelsbanken tatsächlich kopiert. Das war kein Zufall, denn der damalige Vorsitzende, Trond Bjørnenak, ist auch Professor an der Norwegian School of Economics, NHH, die Beyond Budgeting erforscht und lehrt (mehr dazu später). Die Ergebnisse waren beeindruckend. Die Bank übertraf nicht nur die Handelsbanken in Bezug auf das Aufwand-Ertrags-Verhältnis, sondern erzielte auch beeindruckende Ergebnisverbesserungen. Eine andere norwegische Bank, Spare-Bank 1 Gruppen, hat vor einigen Jahren ebenfalls auf Beyond Budgeting umgestellt, wiederum in Anlehnung an die Handelsbanken, und dabei hervorragende Ergebnisse erzielt.

Die NHH-Studie zu Beyond Budgeting umfasste eine Untersuchung der Rentabilität von rund 80 norwegischen Banken, von denen etwa 10 Prozent angaben, dass sie ohne Budgets arbeiten. Raten Sie mal, welche Gruppe die höchste Rentabilität hatte.

Auch für diejenigen unter uns, die in anderen Unternehmen arbeiten, gibt es viel aus dem Fallbeispiel der Handelsbanken zu lernen. Ich stimme nicht mit denen überein, die sagen, dass man wenig daraus lernen kann, weil ihre Unternehmensbereiche nicht so vergleichbar sind wie Bankfilialen. Bei dem Modell der Handelsbanken geht es um so viel mehr als nur um Benchmarking. Es geht um Vertrauen, Transparenz und Einfachheit. Das Benchmarking macht es nur ein bisschen einfacher.

2.5 Miles – ein Meister des Servant Leadership[1]

Miles ist ein norwegisches IT-Unternehmen, das 2005 von Tom Georg Olsen und ein paar Freunden und ehemaligen Kollegen gegründet wurde. Die Unternehmen, für die Olsen zuvor gearbeitet hatte, waren alle recht traditionell geführt worden, was ihn frustrierte, aber auch mit der festen Überzeugung zurückließ, dass es einen besseren Weg geben musste. Seine Frustration bezog sich auf die professionelle Mittelmäßigkeit und mangelnde Leidenschaft für die Arbeit, die er gesehen hatte, aber auch auf den fehlenden Fokus auf die Menschen. Dass ihm diese beiden Aspekte so wichtig waren, könnte etwas mit seiner Ausbildung zu tun haben; er ist nicht nur Ingenieur, sondern hat auch Krankenpfleger gelernt. »Viele große Unternehmen scheinen Lego mit ihren Beschäftigten zu spielen und sie wie Inventar zu behandeln«, sagt er.

Olsen und seine Kollegen wollten ein Unternehmen aufbauen, das auf ganz anderen Überzeugungen und Prinzipien beruht. Eine auf Werten basierende, dienende Führung, professionelle Autorität und Herzlichkeit und so gut wie keine traditionellen Managementprozesse sollten die Grundlage bilden. Prozesse würden nur dann eingeführt, wenn sie wirklich notwendig waren, und nicht nur, weil alle anderen sie hatten. »Als wir anfingen, gab es keine Notwendigkeit für Budgets, und auch nach zehn Jahren sehen wir immer noch keinen Bedarf«, sagt Olsen.

Es werden keine Ziele festgelegt. Es werden lediglich einige einfache Prognosen auf hoher Ebene erstellt, um zu überprüfen, ob sich die Dinge in die richtige Richtung bewegen. Das heißt, es gibt nur ein »Ziel«: besser abzuschneiden als die Konkurrenz. Und das gelingt ihnen fast seit dem ersten Tag. Miles ist fast jedes Jahr zweistellig gewachsen. Wachstum war jedoch nie ein Ziel, sondern nur eine Folge davon, gut und attraktiv zu sein. »Great Place to Work« hat Miles zur Nummer eins in Norwegen und zur Nummer zwei in Europa in ihrer Kategorie erklärt. Es ist immer noch ein kleines Unternehmen[2] mit etwas mehr als 100 Mitarbeitenden und einem Umsatz von etwa 20 Millionen Dollar, aber mit Margen, die fast an Apple heranreichen. Ein Börsengang ist vom Tisch, da der Markt als viel zu ungeduldig angesehen wird.

Die Personalbeschaffung ist wahrscheinlich der wichtigste Prozess bei Miles. Das Unternehmen stellt nur ein, wenn es die richtigen Leute gefunden hat, und niemals, um zu wachsen. Es gibt keine Stellenausschreibungen. Viele Bewerber kommen auf Empfehlung von Beschäftigten, die bereits wissen, was es heißt, ein Mitglied der Miles-Familie zu sein. Das Unternehmen liebt es, Referenzen einzuholen, normalerweise nicht weniger als zehn. Olsen und sein kleines Managementteam konzentrie-

1. *Anm. d. Übers.:* Servant Leadership ist eine von Robert Greenleaf begründete Philosophie der Führung und ein etablierter Ansatz der Führungsforschung. Sie beschreibt das Wirken von Führenden als Dienst am Geführten, mithin als dienendes Führen im Gegensatz zum beherrschenden Führen. (Quelle: Wikipedia, *https://de.wikipedia.org/wiki/Servant_Leadership*)
2. *Anm. d. Übers.:* 2022 besaß Miles 236 Mitarbeiter und machte einen Umsatz von über 35 Millionen Dollar.

ren sich bei den Bewerbungsgesprächen nicht auf die IT-Kompetenz. Dies wird den hochqualifizierten Beschäftigten überlassen, die bereits an Bord sind und die bei jeder Einstellung ein Veto einlegen können. Niemand nimmt diese Aufgabe auf die leichte Schulter, denn Miles will nur die Besten. Die Gespräche mit dem Management konzentrieren sich ausschließlich auf die Persönlichkeit, die Werte, die Einstellung sowie die sozialen und kommunikativen Fähigkeiten der Kandidaten. »Normalerweise kann man Menschen nicht ändern, also entscheiden wir uns nur für diejenigen, von denen wir glauben, dass sie sich in einem Unternehmen wie dem unseren wohlfühlen werden«, sagt Olsen. Das tut nicht jeder. Er hat schon mehrmals großartigen Kandidaten empfohlen, sich woanders umzusehen. »Ich habe mich in diesen zehn Jahren ein paar Mal geirrt, was mich dazu veranlasst hat, noch härter an diesen wichtigen Entscheidungen für unser Unternehmen zu arbeiten.«

Es ist wichtig, gute Leute an Bord zu holen, aber sie müssen auch bleiben. Da die Mitarbeiterinnen und Mitarbeiter die meiste Zeit mit Kunden unterwegs sind, musste Miles andere Wege finden, um die Menschen als Team zusammenzuhalten. Hier kommt »Smiles« oder »Social Miles« ins Spiel. 15 bis 20 Mal im Jahr treffen sich die Beschäftigten zu geselligen Zusammenkünften, die Hälfte davon mit ihren Familien. Ich hatte einmal das Vergnügen, bei einer dieser Veranstaltungen zu sprechen. Ich habe selten so viel Herzlichkeit und Großzügigkeit erlebt. Das übertraf sogar die besten all dieser großartigen agilen Konferenzen, auf denen ich einen Vortrag gehalten habe!

Es zahlt sich offensichtlich aus. Die Beschäftigten von Miles haben auf dem Markt einen guten Ruf. Einer von ihnen erzählte Olsen einmal von einem großartigen externen Angebot, das er erhalten hatte: »Wir haben es zu Hause besprochen. Meine Frau hat nein gesagt.« Die geringe Fluktuation wird auch von den Kunden sehr geschätzt und ist wahrscheinlich ein weiterer Grund für das starke Wachstum.

Vertrauen ist ein wichtiger Bestandteil des Miles-Modells, ebenso wie Transparenz. Beides wird für das Kostenmanagement eingesetzt. Die Qualität des PCs ist bei dieser Art von Geschäft natürlich wichtig. Die Beschäftigten können jeden PC kaufen, den sie wollen, und ihn beliebig oft ersetzen. Noch wichtiger ist es, dass sie ihre beruflichen Fähigkeiten und ihr Fachwissen ständig auf dem neuesten Stand halten. Sie können an jeder beliebigen Schulung teilnehmen, überall auf der Welt, so oft sie wollen. Das Unternehmen verlangt jedoch, dass die beim Kauf eines PCs oder bei der Teilnahme einer Schulung entstandenen Kosten im Intranet veröffentlicht werden, sodass jeder diese einsehen kann. Dieses bemerkenswerte Maß an Vertrauen wird von den Beschäftigten nicht missbraucht. Im Gegenteil, Olsen hat nur eine kleine Sorge bezüglich dieses selbstregulierenden Kontrollmechanismus: Könnte er zu effektiv sein?

Dieser einzigartige Ansatz bedeutet nicht, dass die Kosten keine Rolle spielen. »Wir sind sehr kostenorientiert und bei vielen Kostenarten streng, aber wenn es um unsere Mitarbeiterinnen und Mitarbeiter geht, sind wir großzügig«, sagt Olsen. Als einige von ihnen ihre Reise zu einer Konferenz in San Francisco planten, waren sie besorgt über die hohen Hotelpreise in der Stadt. Ohne irgendwelche Anweisungen konnten sie die Kosten durch eine Buchung über Airbnb senken. »Wer braucht schon Budgets, wenn jeder wie ein Finanzmanager handelt?«, war die Reaktion von Olsen.

Er betont auch, dass es bei der von ihm bevorzugten Servant Leadership (sowohl Olsen als auch seine Managementkollegen haben »Servant« in ihren Titeln) nicht darum geht, vor schwierigen Entscheidungen zurückschrecken. »Ich praktiziere Servant Leadership, aber ich behalte mir 2 Prozent vor, um hart durchzugreifen, wenn es nötig ist«, unterstreicht er. »Das macht die 98 Prozent viel glaubwürdiger.«

Miles arbeitet nicht mit individuellen Boni, aber die Beschäftigten werden auf zwei verschiedene Arten beteiligt. Es gibt ein Provisionssystem, bei dem der Arbeitnehmer oder die Arbeitnehmerin einen Anteil an den Einnahmen erhält, die er oder sie generiert. Sie können das Risikoprofil wählen, das am besten zu ihrer privaten Situation passt: hoch fix oder hoch variabel. Außerdem werden alle Mitarbeitenden mit ihren (Ehe-)Partnern zu einem Wochenendausflug ins Ausland eingeladen, wenn die jährliche Gewinnmarge ihrer Einheit 10 Prozent übersteigt. Dieses Modell hat sich in dem Geschäftsfeld bewährt, in dem das Unternehmen gestartet ist: der Vermietung von IT-Kompetenz. In letzter Zeit ist das Unternehmen dazu übergegangen, auch komplette IT-Lösungen für seine Kunden zu entwickeln, was das Provisionsmodell zu einer größeren Herausforderung macht. »Wir werden uns damit auseinandersetzen und auch hier gute Lösungen finden«, sagt Olsen.

Miles ist ein großartiges Beispiel für ein Unternehmen, das wie die meisten anderen aus Beyond Budgeting hervorgegangen ist, aber die bereits erwähnte Kopierfalle vermieden hat, indem es seinen Überzeugungen treu geblieben ist. Die Neugierde auf Management und Führung ist nach wie vor groß. Olsen beschreibt, wie er zu Beginn seiner Managementkarriere viel gelesen hat, auf der Suche nach der einen richtigen Antwort. »Ich bin am Ende glücklicherweise zu dem Schluss gekommen, dass es kein Rezept gibt. Es hängt alles von der Situation ab. Je mehr Erfahrung wir sammeln, desto zuversichtlicher sind wir, Antworten auf neue Situationen zu finden, während Miles sich weiterentwickelt und wächst.« Und weiter: »Es war großartig, Beyond Budgeting zu entdecken, wo wir Inspiration zu finden hoffen, wie wir unser Modell skalieren können, da wir nun auch außerhalb Norwegens wachsen.«

Ich freue mich darauf, Miles auf seinem Weg zu begleiten und weiterhin von diesem erstaunlichen Unternehmen zu lernen. Einige von Ihnen sehen vielleicht Ähnlichkeiten mit der Philosophie von Vineet Nayar, wie sie in seinem hervorragenden Buch über HCL Technologies, *Employees First, Customers Second*, beschrieben wird. Natürlich besteht zwischen den beiden Unternehmen ein enormer Größenunterschied, aber in vielen Bereichen halte ich Miles für noch radikaler in Sachen Managementinnovation als HCL.

2.6 Die Reitan Group – Werte im Mittelpunkt

»Diejenigen, die nur das Geld lieben, werden selten Erfolg haben.« Diese Worte stammen von einem der reichsten Menschen Norwegens. Odd Reitan ist der Gründer der Reitan Group (Reitangruppen), eines der größten norwegischen Unternehmen mit einem Umsatz von rund 10 Mrd. USD und über 37.000 Beschäftigten in den nordischen Ländern und dem Baltikum, einschließlich Franchiseunternehmen. Das Unternehmen ist in vier verschiedenen Bereichen tätig: Lebensmittel, Convenience, Energie und Kraftstoffe sowie Immobilien. Die Kunden kennen sie durch bekannte Marken wie REMA, Narvesen, 7-Eleven, Uno-X, Pressbyrån, R-Kioski und andere.

Reitan wurde in das Einzelhandelsgeschäft hineingeboren; seine Eltern führten ein kleines, aber erfolgreiches Lebensmittelgeschäft in Trondheim, der Heimat des heutigen Hauptsitzes der Gruppe. Seine Erfahrungen aus einer, wie er sagt, schönen Kindheit bis hin zur Gründung seines eigenen Lebensmittelgeschäfts im Jahr 1972 beeinflussen weiterhin die Art und Weise, wie das Unternehmen geführt wird, einschließlich dessen, was zur Vision für die Reitan Group geworden ist: »als das am stärksten von Werten geprägte Unternehmen anerkannt zu werden«. Die 15 Beschäftigten in der Konzernzentrale haben nur zwei Aufgaben: die Entwicklung einer starken Kultur und die Verwaltung der Finanzen. Reitan konzentriert sich fast ausschließlich auf die erste Aufgabe. In seinen frühen Jahren machte er sich immer kurze Notizen zu Dingen, die er für wichtig hielt. In den 1980er-Jahren trug er alle seine Zettel zusammen und das »Blue Book« war geboren, in dem die Werte des Unternehmens und ihre Bedeutung in der Praxis festgehalten sind:

- **Wir konzentrieren uns auf unsere Geschäftsidee.**
  Sich nicht zu konzentrieren bedeutet, die eigene Stärke zu verlieren.
- **Wir halten unsere Geschäftsmoral aufrecht.**
  Das Unternehmen ist beispielsweise der Meinung, dass Steuern mit Stolz und Freude bezahlt werden sollten.
- **Wir haben uns verpflichtet, schuldenfrei zu sein.**
  Zinsen werden als eine Gebühr für Ungeduld angesehen. Von wenigen Ausnahmen abgesehen, wurde das Wachstum immer mit Barmitteln aus dem operativen Geschäft finanziert.
- **Wir fördern eine Gewinner-Kultur.**
  Zu delegieren und an Menschen zu glauben, ist der Schlüssel. Das Unternehmen ist bekannt dafür, wie es Erfolge und großartige Leistungen von Beschäftigten feiert, die sich unter der weitgehenden Autonomie ständig weiterentwickeln.
- **Wir haben eine positive und proaktive Denkweise.**
  Reitan ermutigt seine Mitarbeiterinnen und Mitarbeiter, positiv eingestellt zu sein, denn früher war nicht alles besser. Vieles war sogar schlechter!

- **Wir reden miteinander, nicht übereinander.**
  Reitan erinnert seine Managementteams immer wieder daran, dass es bei Loyalität darum geht, sich zu äußern und nicht den Mund zu halten.
- **Der Kunde ist unser oberster Chef.**
  Die Kunden müssen mehr als nur zufrieden sein, sie müssen begeistert sein.
- **Wir wollen, dass unsere Arbeit Spaß macht und profitabel ist.**
  »Wenn wir Spaß haben, kann es profitabel sein, und zwar immer in dieser Reihenfolge«, sagt Reitan.

Wie die Handelsbanken ist auch die Reitan Group sehr auf das organisationseigene Handbuch bedacht. Niemand bekommt es zu sehen, bevor er nicht an einer von Reitan selbst abgehaltenen Philosophie-Sitzung teilgenommen hat.

Viele Organisationen proklamieren ähnliche Werte, aber die Art und Weise, wie diese Werte mit Leben gefüllt werden, macht die Reitan Group ziemlich einzigartig. »Wir können unsere Werte nicht in einer Schublade aufbewahren, sie müssen quasi in unserem Rückgrat verankert sein«, sagt Reitan. Alles beginnt mit einem aufrichtigen, positiven Glauben an die Menschen. Entscheidungen werden so weit wie möglich delegiert, wobei die Verantwortlichkeiten klar festgelegt werden.

Die Abneigung gegen Schulden als Wert ist nicht sehr verbreitet. Der Ursprung liegt in der Erfahrung, dass Menschen durch Zinszahlungen aus dem Geschäft gedrängt werden. »Ich würde viel lieber Steuern zahlen, die widerspiegeln, was man verdient hat. Zinsen tun das nicht«, sagt er. Eine große Akquisition zwang das Unternehmen einmal zur Aufnahme von Schulden. Ein Stein vor dem Hauptsitz, auf dem die Werte eingraviert sind, blieb drei Jahre lang abgedeckt und mit der Aufschrift »Work in Progress« versehen, während die Schulden zurückgezahlt wurden. Das Unternehmen betreibt eine eigene »Werte-Akademie«, in der Reitan selbst bei den meisten Veranstaltungen unterrichtet. Im Jahr 2012 belegte die Reitan Group den ersten Platz unter 1.600 europäischen Unternehmen, die für die »Great Place to Work«-Auszeichnung »Inspiring Pride« nominiert waren. In der Umfrage von 2016 war das Unternehmen der beliebteste Arbeitgeber in Norwegen unter fast 200 anderen Unternehmen mit mehr als 500 Beschäftigten.

Reitan hasst Bürokratie: »Ich will keine Prozesse, ich will Entscheidungen und Ausführung, und den Abstand zwischen beiden so kurz wie möglich«, sagt er. Er ist auch kein großer Fan von Regeln, aber er liebt Transparenz. »Regeln schränken Kreativität, Motivation und Begeisterung ein. Transparenz schafft Verständnis und Verantwortlichkeit.« Ihr Marketingslogan »Das Einfach ist oft das Beste« (»Det enkle er ofte det beste«) ist legendär geworden.

Es gibt noch mehr, was ihm missfällt: »Wir wollen keine hochtrabenden Titel und schicke Visitenkarten. Wir wollen Leute mit einem starken Rückgrat, die solche Dinge nicht brauchen. Nur wenn der Job es wirklich erfordert, sollte es einen Firmenwagen geben. Die Leute sollten genug verdienen, um sich ein eigenes Auto zu kaufen.« Er will keine Managementteams mit mehr als sechs Personen. »Alles, was darüber hinausgeht, wird zu einem Ausschuss zusammengefasst. Entscheidungen sollten nicht von Gremien getroffen werden.« Größere Teams verwässern auch die Verantwortlichkeit; jemand trifft eine Entscheidung. »Es gibt niemanden, der ›jemand‹ genannt wird«, lautet seine klare Botschaft.

REMA, der Lebensmitteldiscounter und größte der vier Geschäftsbereiche, hat das klare Ziel, immer die niedrigsten Preise zu bieten und gleichzeitig der »Rolls Royce der Niedrigpreise« zu sein. Entscheidungen werden daran ausgerichtet und geprüft, wie sie zu niedrigeren Preisen für die Kunden führen können, gefolgt davon, wie sie zum Ergebnis der Filiale und des Konzerns beitragen. Preise senken ist ein Mantra. Reitan hat sogar ein neues Wort erfunden, *Cuttism*, für die Mentalität, die er anstrebt. Es geht nicht nur darum, die Verkaufspreise zu senken, sondern auch um Kosteneffizienz und Kostenbewusstsein bei jedem Cent. Jenseits der berühmten Feiern von Erfolg und großartigen Leistungen ist das Unternehmen extrem kostenorientiert. Er erkundigte sich einmal besorgt bei seinen Beschäftigten: Verursachten die Smileys, die er so oft in seine Textnachrichten einfügte, irgendwelche zusätzlichen Kosten? Es versteht sich von selbst, dass es nur selten Business Class oder schicke Hotels gibt. *Kuttisme*, wie es auf Norwegisch heißt, ist in unserer Sprache sogar offiziell bestätigt worden!

Insgeheim gibt Reitan zu, dass er sich von Zeit zu Zeit etwas gönnt. Er hat schon lange eine Leidenschaft für schöne Autos. Eines davon ist ein kleiner Sportwagen. Nachdem er vor einer Gruppe von Filialleitern einen Vortrag über die Werte des Unternehmens gehalten hatte, überholte er einige von ihnen, als er zu seinem nächsten Meeting fuhr. Als er die potenzielle Doppelbotschaft erkannte, hielt er an, kurbelte das Fenster herunter und rief: »Leute, das ist ›Cuttism‹ in der Praxis. Dieses Auto ist nur halb so groß wie ein normales Auto!«

Autonomie ist nicht gleichbedeutend mit Anarchie. »Kultur braucht Struktur« ist ein Mantra, und die Reitan Group ist sehr deutlich darin, wenn es darum geht, das Spielfeld abzustecken. Das Franchising-Konzept von REMA beschreibt zum Beispiel detailliert, wie ein Lebensmittelladen eingerichtet sein muss, wie die Produkte zu platzieren und zu etikettieren sind und wie die Verwaltung vor Ort zu erfolgen hat. Der Fokus auf Kosteneffizienz bedeutet nicht, dass bei der Qualität Abstriche gemacht werden müssen. Im Gegenteil: Hochwertige Prozesse und Skaleneffekte ermöglichen es den Geschäftsinhabern, ihre Energie darauf zu konzentrieren, im Geschäft »auf der Bühne zu stehen«.

Reitan glaubt an Träume und große Ambitionen. Als er in den schwierigen Anfangsjahren ohne große Kaufkraft mit den Lieferanten verhandelte, scheute er sich nicht, seinen Partnern zu sagen, dass sie ihm besser ein gutes Angebot machen sollten, denn er wüsste, wie groß der Konzern werden würde. Das Wachstum wurde noch beschleunigt, als er 1980 von einem Journalisten gefragt wurde, wie groß sie werden würden. Überrumpelt antwortete er: »Eine Filiale in jedem Ort in Norwegen mit mehr als 10.000 Einwohnern.« Auf die Frage nach dem Zeitpunkt rutschte ihm »bis 1990« heraus. Er konnte sein Team warnen und herausfinden lassen, wie viele Filialen das tatsächlich bedeuten würde, bevor der wilde Traum am nächsten Tag auf den Titelseiten stand. Bis 1990 war REMA von 30 auf 185 Filialen angewachsen. Die anschließende Party ist denjenigen, die sich entsinnen können, noch in bester Erinnerung. Heute gibt es mehr als 800 REMA-Filialen in Norwegen und Dänemark, und über alle Geschäftsbereiche hinweg liegt die Zahl bei fast 4.000.

Es gibt keine Budgets. »In vielen Unternehmen gibt es große Abteilungen, die sich nur mit der Budgetierung befassen und Zahlen nach oben und unten schicken, bevor sie dem Vorstand vorgelegt werden, damit dieser etwas zu besprechen hat. Eine Verschwendung von Zeit und Energie! Eine Prognose ist jedoch etwas ganz anderes. Sie vermittelt uns ein Bild davon, wie sich die Dinge entwickeln könnten. Wenn uns das, was wir sehen, nicht gefällt, zwingt es uns, etwas zu tun!«, sagt Reitan.

Die Entscheidung, die Budgets zu streichen, erfolgte sowohl schrittweise als auch als natürlicher Vorgang. Als die heutige Finanzchefin Kristin Genton zu dem Unternehmen kam, gab es zwar Budgets, aber diese spielten keine besonders große Rolle. Sie begann mit Trendberichten und Jahresvergleichen anstelle von Budgetvergleichen zu experimentieren und fand heraus, dass diese viel bessere Informationen lieferten. Reitan gefiel, was er sah, und im Jahr 2006 wurde beschlossen, die traditionelle Budgetierung abzuschaffen. Jetzt gibt es einen schlanken, rollierenden Vier-Quartals-Prognoseprozess, kombiniert mit einer jährlichen Drei-Jahres-Prognose Wenn nötig, wird die vierteljährliche Prognose häufiger aktualisiert. Auf Konzernebene gibt es darüber hinaus eine Zehn-Jahres-Prognose, die hauptsächlich von Genton und ihrem kleinen Team erstellt wird, um die Geschäftsbereiche nicht zu belasten.

Kristin Genton ist keine Freundin des Wortes *Berichterstattung*. Sie zieht die Sportmetapher der Zeitmessung und des Coachings vor: der Trainer, der neben dem Athleten herläuft, ihm Ratschläge gibt und ihn über Status und Leistung auf dem Laufenden hält. Es geht um Unterstützung, nicht um Kontrolle. Das Unternehmen versteht unter Kontrolle (stålkontroll), dass man immer weiß, wo man steht und wohin man will. Ein guter Ladenbesitzer verlässt seinen Laden nie, bevor er nicht weiß, wie der Tag gelaufen ist.

Bei REMA gehen die Ziele zum Teil aus einem Konzept hervor, das man grob mit »Management nach Prozenten« (PØS – Prosentuell Økonomisk Styring) übersetzen könnte. Es ist einfach und selbstregulierend und hilft nicht nur, das Budgetloch zu stopfen, sondern auch die Rentabilität zu verstehen und zu verwalten. Da der Umsatz auf 100 Prozent festgelegt ist, gibt es vordefinierte Prozentsätze für jede Kostenkategorie wie Löhne, Verschwendung und so weiter. Auf der Grundlage des erwarteten Umsatzes weiß der Ladenbesitzer, wie viel er für jede Kategorie ausgeben sollte, ohne dass er detaillierte Budgets aufstellen muss. Höhere Einnahmen erlauben mehr Kosten, mehr Beschäftigte und umgekehrt. Ein Ladenbesitzer würde nur dann zusätzliche Kosten auf sich nehmen, wenn dies wirklich notwendig ist, da er seine Filialen im Rahmen von Franchiseverträgen mit REMA besitzt und betreibt. Es gibt ein umfassendes internes Benchmarking zu diesen Zahlen, um sowohl die Leistung als auch das Lernen zu fördern. Das Franchising-Konzept, das es vor REMA im norwegischen Einzelhandel nicht gab, ist der Schlüssel zum Konzept der Reitan Group. Es schafft all jene lokalen »Profitcenter«, die Autonomie, Benchmarking und Selbstregulierung ermöglichen, so wie wir es bei den Handelsbanken gesehen haben. Hier ist dieser Aspekt noch stärker ausgeprägt, da der Franchisenehmer Eigentümer der Filiale ist.

»Wir glauben an den Wunsch der Menschen, etwas zu schaffen und Leistung zu erbringen, indem sie ihr Wissen über die lokalen Gegebenheiten nutzen. Unsere Aufgabe ist es, dass es unseren Franchisenehmern gut geht. Wenn es ihnen gut geht, geht es uns allen gut«, sagt Reitan. »Es ist ein Balanceakt, Autonomie innerhalb eines standardisierten und effektiven Umsetzungsrahmens zu schaffen.«

Reitan träumt weiter. In seinem Buch *If I Was President* beschreibt er nicht nur, was ihr einfaches, aber wirkungsvolles Managementmodell in geschäftlicher Hinsicht bedeutet. Er konnte nicht umhin, auch darüber nachzudenken, wie wichtig und anwendbar die Betonung auf Menschen, Eigenverantwortung, Rechenschaftspflicht, Einfachheit und Transparenz ist, wenn es darum geht, eine führende Position in einer Gesellschaft innezuhaben.

3 Das Fallbeispiel Borealis

> *»Ein Unternehmen, neu, anders und besser«.*
>
> *Der erste der Borealis-Werte*

3.1 Einführung

Sie haben nun von den vielen Problemen gehört, die durch die traditionellen Managementpraktiken verursacht werden, bei denen Budgets und die Einstellung zur Budgetierung eine große Rolle spielen. Ich hoffe, diese ersten Kapitel haben Ihnen die Ernsthaftigkeit des Problems, mit dem wir es zu tun haben, und seinen systemischen Charakter vor Augen geführt. Wir haben die Beyond Budgeting-Philosophie und die wichtigsten Grundsätze des Modells kennengelernt und uns die Handelsbanken, Miles und die Reitan Group als hervorragende Beispiele für Beyond Budgeting in der Praxis angesehen.

Wir werden nun zu Borealis und Statoil übergehen, den beiden Umsetzungsbeispielen, die ich am besten kenne, da ich beide geleitet habe. Keines der beiden Beispiele sollte als der richtige Weg oder als schematisches Rezept angesehen werden. Sie sind beide in der spezifischen Geschäftstätigkeit, Kultur und Situation des jeweiligen Unternehmens verwurzelt. Dennoch glaube ich, dass sie eine ganze Reihe von Ratschlägen bieten, die für viele relevant sein dürften. Sie können sich gerne etwas davon abschauen und kopieren. Es gibt keine Geheimnisse und keine Urheberrechte. Sie können das ohne Bedenken tun!

Wie Sie erfahren werden, kann man wahrscheinlich keines der beiden Unternehmen als ein vollwertiges Beyond Budgeting-Fallbeispiel bezeichnen, obwohl Statoil näher dran ist als Borealis. Zusammen bieten sie jedoch eine gute Illustration dessen, worum es bei einer Beyond Budgeting-Reise gehen kann.

3.2 Die Gründung von Borealis

In den frühen 1990er-Jahren hatten sowohl Statoil als auch der finnische Konkurrent Neste mit ihrem Petrochemie-Geschäft zu kämpfen. Die Aktivitäten von Statoil waren in diesem Segment im europäischen Maßstab gering, da das Unternehmen hauptsächlich Öl und Gas produzierte und somit ein Zulieferer für diese Branche war. Selbst nach Übernahmen in Belgien, Schweden und Deutschland war die geringe Größe ein großer Wettbewerbsnachteil für Statoil.

Die petrochemische Sparte von Neste befand sich in einer ähnlichen Situation, was eine aggressive internationale Expansionsstrategie auslöste. Innerhalb kurzer Zeit erwarb Neste in mehreren europäischen Ländern neue Kapazitäten, und zwar in einem viel größeren Umfang als Statoil.

Das Geschäft mit der Petrochemie ist extrem zyklisch, mit großen Spitzen und tiefen Tälern als wiederkehrendes Muster. Die Rohstoffe für diesen Industriezweig sind erdölbasiert (Naphtha, Propan, Butan usw.) und unterliegen daher in hohem Maße den Preisschwankungen des Erdöls. Ihre Produkte, verschiedene Kunststoffrohstoffe, gehen sowohl an Verbraucher als auch an die Industrie, wo die Nachfrage und die Preise typischerweise von anderen Faktoren, zumindest kurzfristig, bestimmt werden. Sich zwischen solchen relativ unverbundenen Märkten zu bewegen war für die Branche schon immer eine große Herausforderung.

Die frühen 1990er-Jahre waren da keine Ausnahme. Diesmal war der Markt nach einer Phase solider Margen rückläufig. Bei Neste führte dies zu einem ernsthaften Liquiditätsengpass. Die internationale Expansion hatte die finanziellen Reserven des Unternehmens stark beansprucht.

Bei Statoil war die Situation ganz anders. Das Unternehmen war finanziell solide. Das petrochemische Geschäft diente auch als Absicherung für den öl- und gasproduzierenden Teil des Unternehmens. Die Größe war jedoch immer noch ein Problem.

Die Fusion wurde Ende 1993 bekannt gegeben, und das neue Unternehmen nahm Anfang 1994 seinen Betrieb auf. Der Name lautete Borealis, nach dem Nordlichtphänomen »Aurora Borealis«, in Anlehnung an seine nordischen Wurzeln. Mit einem Umsatz von rund 2,5 Milliarden Euro und etwa 5.000 Beschäftigten in 30 Werken in ganz Europa, von Finnland bis Portugal, wurde Borealis zum größten Petrochemie-Unternehmen Europas. Zur Überraschung vieler befand sich der Hauptsitz in Kopenhagen, Dänemark, das für beide Unternehmen ein »neutraler« Standort war, ein Land mit wettbewerbsfähigen Geschäftsbedingungen und einer praktischen Lage mit direkten Flugverbindungen zu den wichtigsten Produktionsstätten in ganz Europa. Genauso wichtig ist, dass das Land viele kluge Leute hat. Dies wurde zu einer echten Stärke für Borealis, als sich Expatriates aus ganz Europa mit neuen dänischen Kollegen zusammentaten.

Ich kam von meiner Tätigkeit als Finanzmanager in der Ölvermarktungs- und Handelseinheit von Statoil. Ende 1993 begann ich meine Karriere in der Petrochemie als Leiter der Abteilung Corporate Control bei Borealis und war zuständig für Finanzkontrolle, Buchhaltung und Steuern. Und ja, ich habe diesen schrecklichen Namen selbst ausgesucht!

Es war eine tolle Zeit in einem großartigen Unternehmen. Es herrschte Pioniergeist in der Organisation, inspiriert durch den ersten der vier Borealis-Kernwerte: »*Ein* Unternehmen – neu, anders und besser«. Es war in vielerlei Hinsicht ein Neuanfang. Um sicherzustellen, dass wir im neuen Unternehmen nur einen Hut einer Führungskraft trugen, mussten die Mitglieder des neuen Managementteams aus ihren jeweiligen Muttergesellschaften ausscheiden. Wir waren sogar verpflichtet, Wohnungen in Kopenhagen zu kaufen und nicht zu mieten, um unser festes und langfristiges Engagement für das neue Unternehmen zu demonstrieren. Nichts davon löste große Diskussionen aus. Die Begeisterung war groß und echt.

3.3 Die Reise beginnt

Das neue Unternehmen nahm im März 1994 seine Arbeit auf. Es dauerte nicht lange, bis das Thema Budgets aufkam: »Wir brauchen ein Budget für 1994. Es wird keine Anarchie geben, nur weil wir ein neues Unternehmen sind!« Allerdings erforderte die Fertigstellung des Budgets fast ein halbes Jahr; es war eine schwierige Aufgabe. Wir hatten schließlich nur wenige historische Daten über die neue Organisation. Fast alle von uns waren neu in ihren Positionen und mussten parallel zu den vielen Integrationsaufgaben auch noch Budgets erstellen. Wir waren alle ziemlich erledigt, aber es gab kaum Zeit zum Ausruhen. Das nächste Jahr rückte schnell näher. Nachdem wir den Haushaltsplan 1994 fertiggestellt hatten, begannen wir sofort mit der Vorbereitung für 1995.

Als wir schließlich das zweite Budget des Jahres abzeichnen konnten, waren wir völlig erschöpft. Wir beschlossen, die minimale Energie, die uns noch geblieben war, in einen Workshop zu stecken, in dem wir die Lessons Learned zusammentrugen. Wir trafen uns in einem Hotel außerhalb Kopenhagens und überlegten, wie wir den Budgetierungsprozess verbessern könnten. Der Tag wurde damit verbracht, jede noch so kleinste Frage zu diskutieren. Sollten wir nach dieser Zahl statt nach jener Zahl fragen? Sollten wir hier eine Spalte hinzufügen und dort eine Spalte streichen? Wirklich wichtige Dinge!

Vor allem eine Person war an diesem Tag völlig fertig. Normalerweise ein aktiver Mensch mit vielen konstruktiven Ideen, war der Site Controller aus Norwegen erstaunlich ruhig. Dann plötzlich, wie aus dem Nichts, hörten wir aus dem hinteren Teil des Raums: »Was wäre, wenn wir gar kein Budget aufstellen?« Wir drehten uns alle um und sahen ihn an und dachten wahrscheinlich alle dasselbe: »Der Typ braucht Urlaub.« Das war's. Wir zuckten mit den Schultern und beendeten die Sitzung, nachdem wir uns auf einige völlig unwichtige Verbesserungen des Borealis-Budgetierungsprozesses geeinigt hatten.

Einige Monate vergingen. Die Integration war gut verlaufen und die Stimmung war gut gewesen, auch wenn das Geschäft mit rapide sinkenden Margen wieder auf eine harte Probe gestellt wurde. Das bedeutete auch, dass unsere Preis- und Margenannahmen für das Budget 1995, genau wie für das Budget 1994, vollkommen falsch waren. Alles, was auf diesen Annahmen aufbaute, war nun völlig nutzlos, und das Jahr hatte kaum begonnen. Aber das Budget war immer noch unser Bezugspunkt und erforderte jeden Monat lange Analysen, in denen wir erklärten, warum wir vom Plan abgewichen waren. Zumindest konnten wir es erklären.

Inzwischen war klar geworden, dass die Synergien aus der Fusion der Unternehmen nicht ausreichen würden. Eine radikale Überarbeitung aller operativen Prozesse war erforderlich, um nicht ins Hintertreffen zu geraten und sich auf eine Zukunft vorzubereiten, in der alle damit rechneten, dass die durchschnittlichen Gewinnspannen ihren gnadenlosen Abwärtstrend fortsetzen würden.

Dies war die Geburtsstunde von »Value for Money«, einem groß angelegten Projekt zur Umstrukturierung des Unternehmens. Die Botschaft war einfach: Lassen Sie nichts unversucht und suchen Sie nach einem besseren Weg. Zur Unterstützung wurde das Unternehmen Gemini Consulting hinzugezogen. Die Berater waren kluge Köpfe, auch wenn ich von den vielen jungen Gesichtern überrascht war. Wie wir später erfuhren, war es unerheblich ob junger oder erfahrener Consultant, sie hatten nie daran gedacht, das Budget infrage zu stellen.

Ich wurde gebeten, einen Teil des neuen Programms »Management Effectiveness« zu leiten. Dieser kryptische Titel führte zu meiner einfachen Frage an den Finanzvorstand Svein Rennemo: »Was erwartest du von uns?« Sie werden sich an seine Antwort erinnern: »Bjarte, ich erwarte das Unerwartete.« Mit einem solch überwältigenden Auftrag im Rücken gingen wir voller Elan an die Aufgabe heran und wollten etwas bewirken. Das ganze Unternehmen befand sich im Veränderungsmodus. Andere Funktionen und Abteilungen arbeiteten an ihren eigenen Prozessen, aber niemand hatte ein solches Mandat wie wir erhalten.

Es dauerte nicht lange, bis uns die verrückte Bemerkung von vor ein paar Monaten wieder einfiel: »Was wäre, wenn wir gar kein Budget aufstellen?« Natürlich wussten wir, dass die Budgetierung ein fehlerhaftes Verfahren ist. Das war eine alte Erkenntnis, nicht nur aus den beiden Budgets, die wir im Jahr zuvor erstellt hatten, sondern auch aus vielen Jahren früherer Budgetierungserfahrungen im Team. »Das ist es!«, sagten wir. »Lasst uns das Budget abschaffen!«

Wir gingen sofort zurück zu Svein und erzählten ihm voller Begeisterung, was wir vorhatten. Als die offensichtliche Frage aufkam, was dann an die Stelle des Budgets treten würde, mussten wir zugeben, dass wir keine Ahnung hatten, noch nicht. »Vielleicht solltet ihr es herausfinden«, war seine kurze und einfache Antwort, wieder mit diesem kleinen Lächeln im Gesicht.

Es würde noch eine ganze Weile dauern, bis wir seine Frage beantworten konnten. Wir machten weiter, indem wir deutlicher formulierten, was wir erreichen wollten. Diese Liste war kurz, aber ehrgeizig, wie Sie in Abbildung 3–1 sehen können.

Kurze Zeit später entdeckten wir einen Artikel in einer schwedischen Zeitschrift. Der Titel lautete: »Volvo lässt die Budgetierung fallen.« Wow! Es gibt tatsächlich *jemanden*, der das versucht! Beyond Budgeting und das BBRT waren noch Jahre entfernt, es gab also keine Konferenzen, an denen man teilnehmen konnte, und keine Bücher zu diesem Thema, soweit wir wussten. Wir waren schon weit gekommen, als wir von den Handelsbanken hörten, auch wenn die Bank bereits 25 Jahre lang ohne Budgets operierte und ihren Hauptsitz nur etwa 100 Meilen entfernt hatte!

Wir machten uns sofort auf den Weg, um Volvo zu besuchen, und kamen mit einigen neuen Erkenntnissen zurück, aber auch etwas verwirrt und unsicher darüber, wie viel das Unternehmen wirklich getan hatte. Aber die Inspiration kam wieder, als uns jemand das berühmte Zitat von Jack Welch zeigte: »Budgets sind der Fluch von Corporate America!« Wenn *er* so etwas sagen konnte, dann müssen wir auf der richtigen Spur sein!

Warum sollen wir die traditionelle Budgetierung abschaffen?

Wir wollen:

- Unser Finanzmanagement und die Leistungsmessung verbessern
- Befugnisse und Entscheidungen dezentralisieren
- Den Prozess vereinfachen und den Zeitaufwand reduzieren

Abb. 3-1 *Die Vision*

Die traditionelle Budgetierung hat viele Schwachstellen ...

- Widersprüchliche Ziele – Zielsetzung versus Finanzprognose
- Nicht nur eine Obergrenze – auch eine Untergrenze für Kosten
- Fördert die Zentralisierung von Entscheidungen und Verantwortung
- Unflexibel gegenüber Änderungen der Planungsannahmen
- Neigt dazu, die Finanzkontrolle zu einem jährlichen Herbstereignis zu machen
- Bindet erhebliche Ressourcen in der gesamten Organisation

Abb. 3-2 *Der Grund für den Wandel*

Da für uns keine Lösung oder Alternative in Sicht war, fuhren wir damit fort, die Probleme zu beschreiben, die wir bei der traditionellen Budgetierung sahen. Das war keine schwierige Aufgabe. Die Probleme sprudelten nur so aus dem Projektteam heraus und schon bald sah die Liste wie in Abbildung 3–2 dargestellt aus.

Eigentlich sah die ursprüngliche Liste nur *fast* so aus. Der erste Hinweis auf widersprüchliche Ziele kam uns erst ein oder zwei Monate später. Diese Erkenntnis erwies sich als der Schlüssel, um endlich die Alternativen zum Borealis-Budget zu entdecken.

Der Zeitraum, bevor wir zu dieser Einsicht gelangten, war eine Zeit, in der unser Enthusiasmus deutlich abnahm und allmählich durch ein Gefühl der Resignation und des Versagens ersetzt wurde. Wir *wussten*, dass der Prozess fehlerhaft war, das war nicht das Problem. Aber wie konnten wir dieses eine großartige Werkzeug finden, das das Budget ersetzen und alle unsere Probleme lösen konnte? Waren wir zu arrogant gewesen, als wir dem Budget den Kampf angesagt hatten?

Wir diskutierten und wir suchten. »Suchen« bedeutete damals, 1995, etwas ganz anderes. Es gab kein Internet und kein Google, das uns helfen konnte. Bei der Suche mussten wir Leute anrufen und in die Bibliothek gehen. Wir suchten und suchten und konnten nichts finden. Die Zeichen standen auf Sturm. Svein Rennemos großes Mandat klang nicht mehr so großartig. Wir waren kurz davor aufzugeben.

Aber dann stellten wir uns endlich die einfache, aber wichtige Frage, die alles auf den Kopf stellte: »*Warum* machen wir ein Budget? Was ist das *Ziel* dieser Budgetzahlen?« Wir hatten einfach noch nie über diesen Aspekt nachgedacht. Es war ein weiterer magischer Moment. Wie auf Knopfdruck kamen die Antworten: Zielfestlegung, Prognosen, Kosten-/Investitionsmanagement und Delegierung von Befugnissen. Es wurde schnell klar, dass viele dieser Ziele gar nicht so eng miteinander verbunden waren. Einige standen sogar im Widerspruch zueinander. Wir erkannten auch, dass die Antwort nicht in dem einen großartigen neuen Werkzeug lag, von dem wir geträumt hatten. Stattdessen wurde uns klar, dass wir nach einer Reihe von *maßgeschneiderten* Werkzeugen und Prozessen suchen mussten, von denen jedes oder jeder für einen einzelnen der verschiedenen Budgetzwecke bestimmt war.

Wir fingen an, diese einzelnen Werkzeuge zu definieren und zu entwerfen, Zweck für Zweck. Dies war eine weitere ausgezeichnete Übung. Die neuen Lösungen lagen für uns plötzlich auf der Hand: rollierende Prognosen, Balanced Scorecards, Leistungsrechnung, Trendberichte, Entscheidungsbefugnisse und so weiter. Wir waren fast enttäuscht. Konnte es wirklich so einfach sein? Später erfuhren wir, dass es das natürlich nicht war. Die Herausforderung bestand nicht darin, diese neuen Werkzeuge zu finden und zu implementieren, sondern darin, das alte Budgetdenken abzulösen und es durch eine ganz andere Art der Führung zu ersetzen.

Eines dieser neuen Werkzeuge befand sich bereits direkt vor unserer Nase in der Entwicklung: die Balanced Scorecard. Wir beschlossen, die Scorecard für die Festlegung von Zielen und das Monitoring der Leistung zu verwenden. Andere Werkzeuge mussten noch entworfen und entwickelt werden, aber in diesem Stadium konnten wir schon recht gut erkennen, wie die Werkzeuge funktionieren und wie der gesamte Prozess zusammenpassen würde.

Dann war unser nächstes Bild fertig. Wir wussten nicht nur, was wir erreichen wollten und was die Probleme waren, sondern auch, was das Budget ersetzen würde (siehe Abb. 3–3).

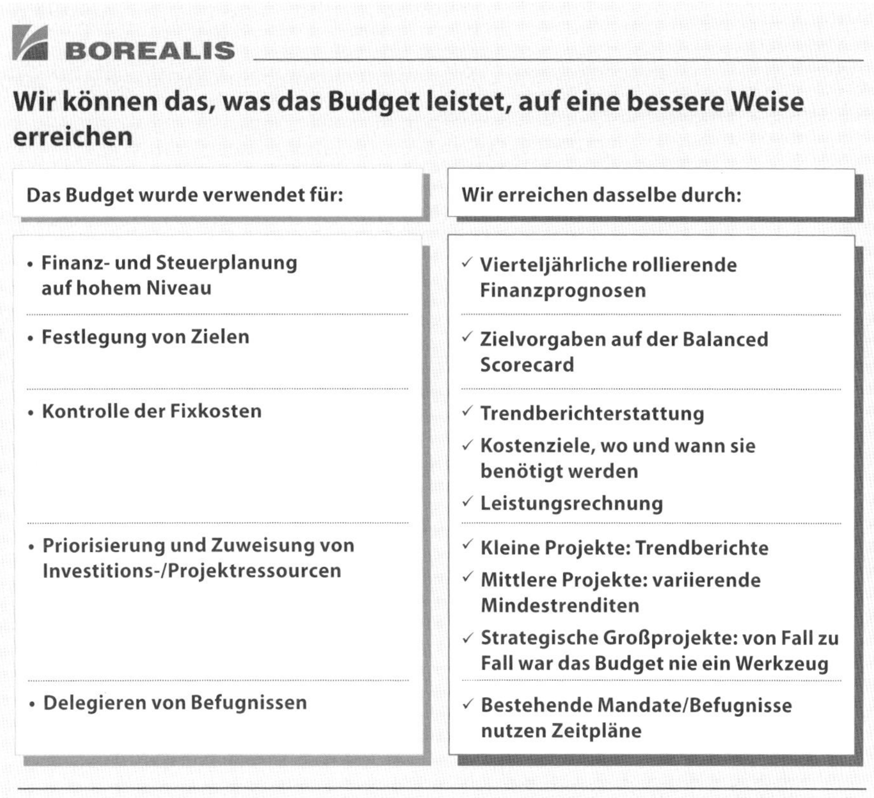

Abb. 3–3 *Die Budgetalternativen*

Alle Abbildungen in diesem Kapitel sind übrigens Originale[1] aus Borealis-Zeiten. Es sind die Bilder, die wir verwendet haben, um der Organisation und später der Außenwelt das Modell zu erklären.

3.4 Das Borealis-Modell

Lassen Sie uns einen genaueren Blick auf die verschiedenen Elemente des neuen Modells werfen. Zunächst möchte ich Sie daran erinnern, dass es beim Modellversuch von Borealis vor allem darum ging, die offensichtlichen, greifbareren Probleme bei der Budgetierung zu lösen. Ich bin immer noch stolz auf unseren Mut und auf das, was wir erreicht haben, aber ich glaube nicht, dass jemand von uns damals ganz verstanden hat, wie dies in einen größeren organisatorischen Kontext passen könnte, z.B. als einzelne Bausteine in einem alternativen Führungsmodell. Für mich persönlich war das vor meiner Zeit in der Personalabteilung und weit vor

1. *Anm. d. Übers.:* Die Abbildungen wurden für die deutsche Ausgabe übersetzt.

den stundenlangen Diskussionen mit Freunden im BBRT und engagierten Kollegen bei Statoil.

Es ging auch nicht nur um Werkzeuge. Wir spürten deutlich, dass hinter dem, was wir uns vorgenommen hatten, mehr steckte. Es war kein Zufall, dass unser zweites Ziel »Befugnisse und Entscheidungen dezentralisieren« lautete.

Die Reaktion in der Organisation war viel positiver, als ich erwartet hatte. Ich glaube nicht, dass viele komplett verstanden haben, wohin wir uns bewegten, oder was all die neuen Werkzeuge bedeuteten, aber wir bekamen viel positives Feedback, weil wir es *wagten*, das Budgetmonster anzugreifen. Es hat auch geholfen, dass sich das Unternehmen im Veränderungsmodus befand. Überall lautete das Mantra »Neu, anders und besser«. Ich habe noch nie erlebt, dass eine Wertaussage so kraftvoll war und den Menschen so viel Richtung und Energie gab.

In Abbildung 3–4 sehen Sie, wie wir erklärten, dass die neuen Prozesse nicht nur das abdecken würden, was das Budget für uns getan hatte, sondern uns auch viel mehr bieten würden. »Mehr für weniger« war ein Ausdruck ,den wir oft verwendet haben. Wieder hatte Svein Rennemo uns sanft gedrängt: »Wir brauchen *ein* einfaches Bild, das zusammenfasst, worum es hier geht.«

Abb. 3–4 *Mehr für weniger – das neue Modell auf den Punkt gebracht*

Rollierende Fünf-Quartals-Prognosen

»Für die Finanz- und Steuerplanung auf hohem Niveau brauchen wir zuverlässige Finanzprognosen. Diese erfordern nicht viele Details, denn der Zweck ist nicht das Kostenmanagement. Und warum sollte eine Prognose am Jahresende aufhören? Es handelt sich nicht um eine buchhalterische Übung. Ein Fünf-Quartals-Horizont, der vierteljährlich aktualisiert wird, ist sinnvoll«, stellten wir in einem unserer Projektmeetings fest. Das war's! Die rollierende Prognose von Borealis war geboren.

Wir hatten ein Bild vor Augen, wie der neue Prognoseprozess aussehen sollte. Er sollte so einfach sein, dass wir ihn auf die Rückseite eines Briefumschlags schreiben konnten. Obwohl wir am Ende ein paar mehr Umschläge und eine einfache Tabellenkalkulation verwendeten, war es immer noch ein sehr schlanker Prozess, bei dem Qualität »ungefähr richtig« bedeutete. Wenn wir uns irrten, dauerte es ohnehin nur ein Quartal an.

Ein weiterer Grund für die Wahl eines Fünf-Quartals-Horizonts waren die Eigentümer von Borealis. Sowohl Statoil als auch Neste arbeiteten mit herkömmlichen Budgets und brauchten Zahlen von uns. Mit einem Fünf-Quartals-Horizont konnten wir die Prognose, die wir im Herbst erstellt hatten, als das von ihnen geforderte Budget verwenden. Wir schnitten einfach das nächste Jahr heraus, nannten es »Budget« und schickten es ab. Glücklicherweise waren beide Eigentümer in ihrer Nachbereitung vernünftig und verlangten nicht zu viel Berichterstattung zu diesen Zahlen. Sie waren zufrieden und wir waren es auch.

Heute ist die rollierende Fünf-Quartals-Prognose fast zu einem Standard bei der Implementierung von Beyond Budgeting geworden. Manche Leute glauben sogar, dass Beyond Budgeting gleichbedeutend ist mit rollierenden Prognosen – eines der vielen Missverständnisse über das Konzept. Bei Statoil haben wir keine rollierende Fünf-Quartals-Prognose eingeführt. Ich werde in Kapitel 4 erklären, warum und was wir stattdessen getan haben.

Die Balanced Scorecard

Eines der neuen Werkzeuge kam durch eine Empfehlung von Gemini Consulting zu uns. Die Balanced Scorecard wurde von Robert Kaplan und David Norton in einem Artikel in der *Harvard Business Review* von 1992 mit dem Titel »The Balanced Scorecard: Measures that Drive Performance« vorgestellt.

Ich gehe davon aus, dass Sie mit diesem Konzept einigermaßen vertraut sind, daher werde ich es nicht weiter erläutern. Falls nicht, empfehle ich Ihnen eines oder mehrere der Bücher von Robert Kaplan und David Norton. Keines dieser Bücher war bereits 1995 geschrieben; der Artikel war unsere einzige theoretische Orientierung, die über die Beratung hinausging, die wir erhielten. Wir fanden den Artikel und die dahinterstehenden Überlegungen faszinierend. Besonders interessant waren für uns die Key Performance Indicators (KPIs). Endlich würden wir einen vollständigen Einblick in die verschiedenen Faktoren hinter unseren Unternehmensergebnissen erhalten. Wir erkannten noch nicht die Bedeutung der Balanced Scorecard für die andere und für uns viel wichtigere Frage: Was könnte das Budget ersetzen?

Es wurde eine Scorecard-Projektgruppe eingerichtet. Die Geschäftsleitung war sehr enthusiastisch und stark involviert. Es gab einen Start wie aus dem Lehrbuch, mit mehreren langen Workshops mit der Projektgruppe. Das einzige Problem war, dass sich das Ganze als schwieriger erwies, als wir erwartet hatten. Im Nachhinein betrachtet, haben wir eindeutig zu sehr nach der perfekten Scorecard gesucht und dabei Einfachheit und Übersichtlichkeit geopfert.

Dann kam der Tag, an dem wir endlich das Problem der verschiedenen Budgetzwecke knackten. Wie Sie sich erinnern werden, war die Festlegung von Zielen einer dieser Zwecke. Es war uns sofort klar, dass unsere Budgetvorgaben ein neues Zuhause bekommen sollten. Wir würden einfach die finanziellen Ziele aus dem Budget in die Finanzperspektive der Scorecard verschieben.

Von der absoluten zur relativen Leistung

Es reichte nicht aus, nur die finanziellen Ziele in die Scorecard zu verschieben. Wir mussten auch etwas an der Art und Weise tun, wie wir diese Ziele setzten. Sie werden sich erinnern, dass eines unserer drei Ziele darin bestand, Entscheidungen und Befugnisse zu dezentralisieren. Unsere traditionelle Art und Weise, Budgetziele festzulegen, war genau das Gegenteil. Wir haben den Geschäftseinheiten nicht nur gesagt, welche Art von finanzieller Leistung wir wollten. Wir haben ihnen auch erklärt, *wie* sie diese erreichen können, und zwar durch detaillierte Umsatz-, Kosten-, Personal- und Investitionsbudgets.

Wir konnten uns aus dieser Situation befreien, indem wir unsere finanziellen Ziele auf die Verbesserung der »Rendite auf das durchschnittlich eingesetzte Kapital« (»Return on Average Capital Employed«, RoACE) beschränkten. Dieser KPI misst die Rendite, die ein Unternehmen mit dem investierten Kapital erzielen kann. An welchen Hebeln anzusetzen war, um den RoACE zu steigern, konnten die Geschäftseinheiten innerhalb gewisser Grenzen selbst entscheiden, ganz gleich, ob es sich um Einnahmen, Betriebskosten, Betriebskapital oder Investitionen handelte. Wir waren uns darüber im Klaren, dass dieser KPI das Wachstum behindern könnte, indem er von Investitionen abhält. Wir glichen dies aus, indem wir auch KPIs wie das Wachstum der Produktion und des Marktanteils einführten.

Es gab ein weiteres Problem: die Zyklizität des Petrochemie-Geschäfts. Erfahrene Beschäftigte des Unternehmens behaupteten, dass es in der Branche einen Siebenjahreszyklus zwischen Auf- und Abschwung gebe. Das mag in der Vergangenheit der Fall gewesen sein, aber wir erlebten einen Markt, in dem die Preise und Margen viel schneller Achterbahn fuhren, ohne dass es Anzeichen für einen Siebenjahreszyklus gab (siehe Abb. 3–5)[2].

---

2. *Anm. d. Übers.:* Durch COVID-19 ist die Entwicklung in den letzten Jahren starken Schwankungen unterworfen. Eine Analyse vom Februar 2023 mit Daten aus den Vorjahren findet sich unter *https://cefic.org/app/uploads/2023/03/2023-Facts-and-Figures.pdf.*

Wie konnten wir in einem solchen Umfeld sinnvolle RoACE-Ziele festlegen? Was ist eine gute Leistung, wenn die Preise auf einem Rohstoffmarkt, den Sie nicht beeinflussen können, extrem volatil sind? Kein Wunder, dass wir sowohl in den Budgets für 1994 als auch für 1995 mit unseren Preisannahmen völlig falsch lagen.

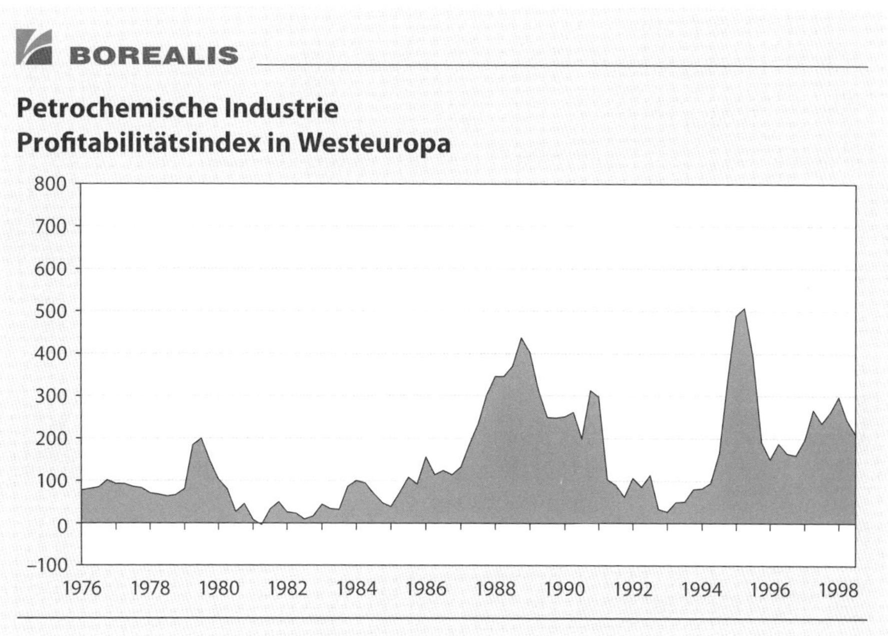

Abb. 3–5 *Petrochemischer Rentabilitätsindex (Quelle: Chem Systems)*

Die von uns entwickelte Lösung war der *relative* RoACE. Dabei handelte es sich nicht um ein RoACE-Benchmarking zwischen Borealis und den Mitbewerbern oder zwischen den Geschäftseinheiten von Borealis. Stattdessen berechneten wir die historische Beziehung zwischen Marktbedingungen und RoACE sowohl für das Unternehmen als auch für die einzelnen Geschäftsbereiche. Für die meisten Geschäftsbereiche war die Beziehung zwischen den beiden recht linear. Niedrige Marktmargen führten zu einem niedrigen RoACE und umgekehrt. Leistung hatte nichts damit zu tun, dass man sich je nach Marktbedingungen auf dieser Linie auf und ab bewegt. Bei der Leistung ging es darum, die RoACE-Linie unabhängig von einem starken oder schwachen Markt *anzuheben*. Dies wurde die neue Art, Ziele zu setzen. Alle Hebel, die den RoACE verbessern konnten, standen den Geschäftseinheiten zur Verfügung:

- In profitable Projekte investieren
- Unrentable Vermögenswerte veräußern
- Das Betriebskapital optimieren
- Die Fixkosten optimieren
- Die variablen Kosten optimieren
- Die Margen gegenüber dem Markt erhöhen
- Das Volumen vergrößern

Abbildung 3–6 veranschaulicht das Konzept. Der relative RoACE war ein greifbarer und effektiver Weg, um sich vom Mikromanagement zu verabschieden. Die Geschäftseinheiten waren anfangs misstrauisch. Haben wir wirklich diese Freiheit und Autorität? Und keine Budgetbeschränkungen? Unsere Antwort war ein klares Ja, innerhalb bestimmter Grenzen. Dazu gehörten in erster Linie die Borealis-Werte, bei denen keine Kompromisse akzeptiert wurden. Wir hatten auch eine Reihe gemeinsamer Entscheidungskriterien und klare Entscheidungsbefugnisse, die in einer Mandatsstruktur zum Ausdruck kamen. Diese waren weit genug gefasst, um es den Einheiten zu ermöglichen, die meisten Entscheidungen selbst zu treffen, obwohl alle größeren und strategischen Investitionen immer noch dem Topmanagement zur Genehmigung vorgelegt werden mussten.

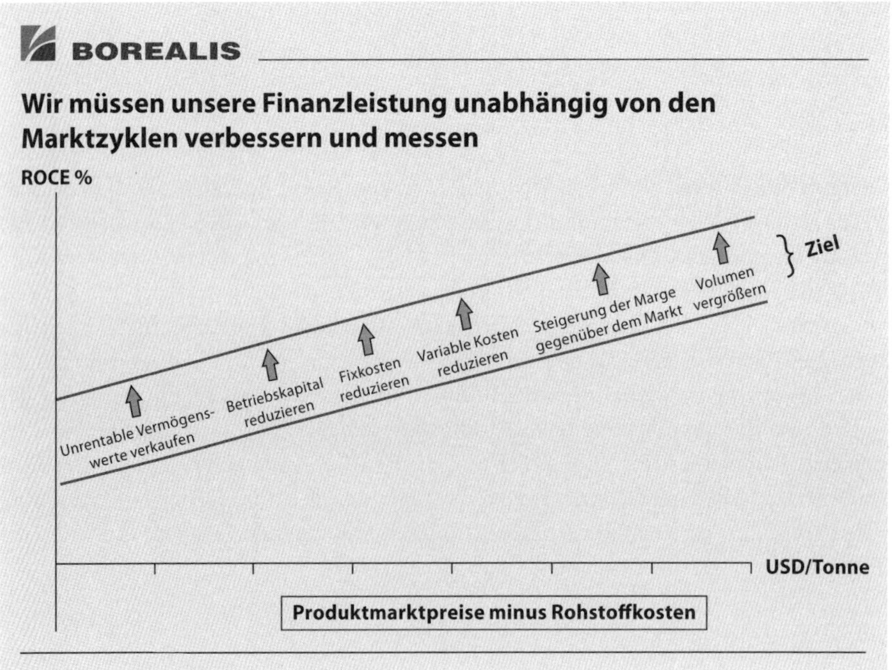

Abb. 3–6 *Relative Finanzleistung*

Die Finanzierung war zudem immer noch zentralisiert. Das Gleiche galt für die meisten unserer IT-Lösungen und andere Unterstützungsprozesse. Wir wollten *unternehmerische* Freiheit bieten, aber nicht die Freiheit, dass jeder sein eigenes Buchhaltungssystem kaufen kann. Diese Unterscheidung ist wichtig. Es ist möglich, gleichzeitig zentralisiert und dezentralisiert zu sein: zentralisiert bei gemeinsamen Prozessen und Unterstützungsvorgängen und dezentralisiert bei Geschäftsentscheidungen.

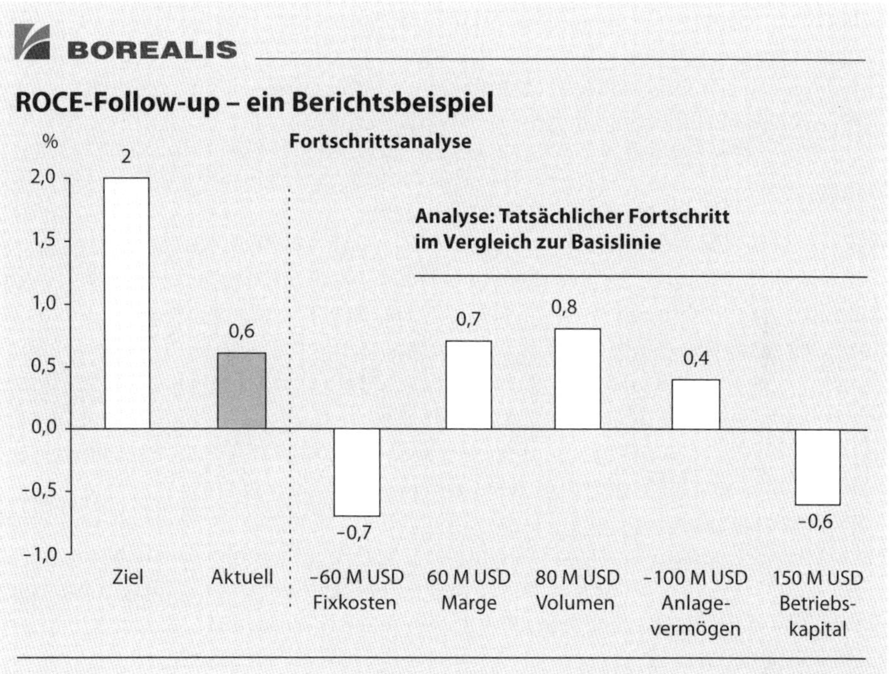

Abb. 3–7 *Geschäftsnachverfolgung*

Abbildung 3–7 ist ein Beispiel dafür, wie wir über die relativen RoACE-Ziele berichtet haben. Diese Abbildung zeigt eine Einheit, die bisher eine Verbesserung von 0,6 Prozent gegenüber einem Ziel von 2 Prozent erreicht hat. Die Analyse erklärt, welche Hebel die Einheit betätigt hat. Beachten Sie die »negative« Entwicklung der Fixkosten. Dabei könnte es sich tatsächlich um »gute Kosten« gehandelt haben, z.B. um Vertriebskosten, die sowohl das Volumen als auch die Margen stärker erhöht haben als die gestiegenen Vertriebskosten. Wir wollten dem Unternehmen die Freiheit geben, über den optimalen Kompromiss zwischen all diesen verschiedenen Hebeln für die Rentabilität zu entscheiden.

Benchmarking war ein weiterer wichtiger Teil des Modells. Produktionsstätten in ganz Europa verglichen ihre eigene operative Leistung mit ähnlichen Anlagen innerhalb und außerhalb des Unternehmens. Es war erstaunlich zu beobachten, welche Aussagekraft solche Vergleiche haben. Für diejenigen, die schlecht abschnitten, gab es immer die anfängliche Leugnungsphase: »Das kann nicht wahr sein.

Wir sind anders. Die Daten sind ungenau.« Aber wenn eine Einheit nicht nur in einem, sondern in mehreren Vergleichen schlecht abschnitt, und zwar nicht nur einmal, sondern immer wieder, dann setzte sich die Botschaft durch und löste einige bemerkenswerte Effekte aus. Ich erinnere mich an einige unserer Werksleiter, die bekannt für ihr Verhandlungsgeschick bei Kostenbudgets waren (was vielleicht der Grund dafür war, dass sie bei Kostenvergleichen nicht gut abschnitten). Als sie schließlich akzeptierten, dass an diesen Ranglisten etwas Wahres dran war, machte es bei ihnen klick, und ihre kompetitiven Gene erwachten. Jetzt wollten sie fast über Nacht von ganz unten nach ganz oben kommen. Unsere Aufgabe war es nun, sie auf einen etwas realistischeren Zeitplan für Verbesserungen zu verpflichten. Das war eine neue Erfahrung, sowohl für sie als auch für uns!

Trendberichte

Wie vieles im Borealis-Modell war auch die Trendberichterstattung nichts Neues. Wir wollten die Trendberichterstattung jedoch nutzen, um die Dominanz des Kalenderjahres zu durchbrechen. Wir akzeptierten, dass die statistische Berichterstattung weiterhin dem Kalenderjahr folgen musste, aber das sollte nicht länger eine Zwangsjacke für alles andere sein. Nur die Tradition stand diesem Schritt im Wege. Wir führten eine Trendberichterstattung über Kosten, Produktion, kleinere Investitionen und andere Bereiche ein, in denen dies sinnvoll war. Wir betrachteten Zeiträume von 6 bis 15 Monaten, je nach Bereich.

Dann fügten wir eine kleine Ergänzung hinzu, die sich als viel effektiver erwies als erwartet. Um dem Leser das Verständnis der Trendlinien zu erleichtern, haben wir die tatsächliche Zahl der »prozentualen Veränderung« in die Diagramme eingefügt. Wir haben mit verschiedenen Zeiträumen experimentiert, wobei wir hauptsächlich die letzten 12 gegenüber den vorherigen 12 Monaten verwendet haben. Diese Information war besonders bei den Kosten nützlich. In der Petrochemie sinken die durchschnittlichen Margen stetig, und die Produktionsstückkosten müssen dem folgen. Ein Kostentrend, der ständig um 1 Prozent wächst, ist ein ernstes Problem, auch wenn die Linie in der Grafik recht flach aussieht.

Die Budgetierung und die Budgetberichte neigen dagegen dazu, solche Realitäten zu verschleiern, indem sie zunächst höhere Kosten bei der Budgetierung zulassen und später diese Steigerungen »verstecken«. Selbst wenn alle wussten, dass die Kosten sinken mussten, wurde bei den Budgetverhandlungen immer eine Reihe überzeugender Argumente für das Gegenteil angeführt. Das Ergebnis war oft ein höheres Budget statt eines niedrigeren.

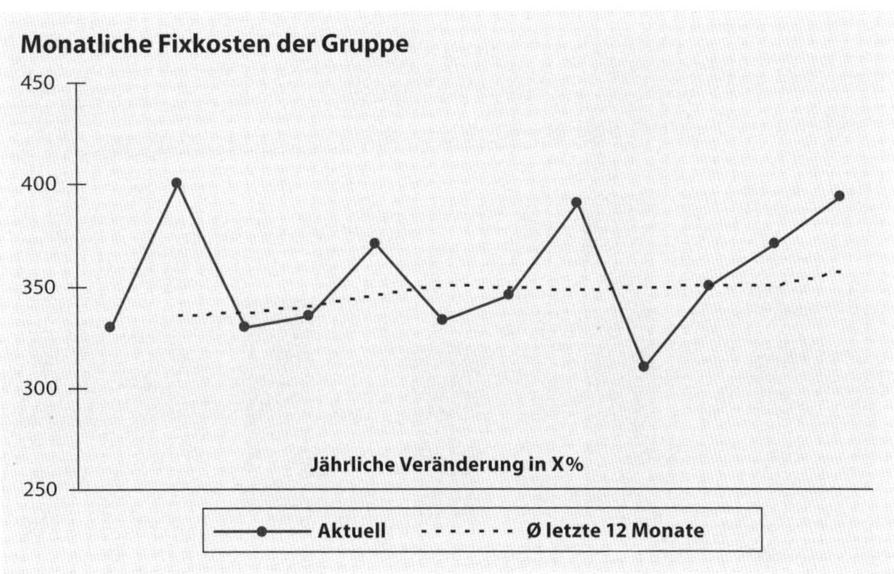

Abb. 3–8 *Trendbericht Beispiel 1*

Sie kennen das Spiel. Aber sobald wir begannen, gegen das neue Budget zu berichten, sah alles okay aus. Keine Sorge, wir liegen im Budget!

Diese ständige Erinnerung, dass wir uns in einem vermeintlichen Aufwärtstrend befanden, obwohl das Gegenteil der Fall war, bewirkte etwas, was wir bei der traditionellen Budgetberichterstattung nur selten sahen: einen viel stärkeren Fokus auf die Kosten und deren Dringlichkeit. In einem Jahr veranlasste dies sogar die 40 Topmanager, als symbolischen Beitrag auf einen Teil ihres Dezembergehalts zu verzichten, um einen Kostentrend zu brechen, der in die falsche Richtung ging (siehe Abb. 3–8 und 3–9).

Leistungsrechnung

Das Kostenmanagement ohne Budgets war bei Weitem unsere größte Sorge. Wir waren hin- und hergerissen zwischen der festen Überzeugung, dass alles gut funktionieren würde, und einer unterschwelligen Sorge, die nicht verschwinden wollte: Könnten wir das Gegenteil riskieren? Würden die Kosten explodieren? Das taten sie nicht; sie gingen sogar zurück.

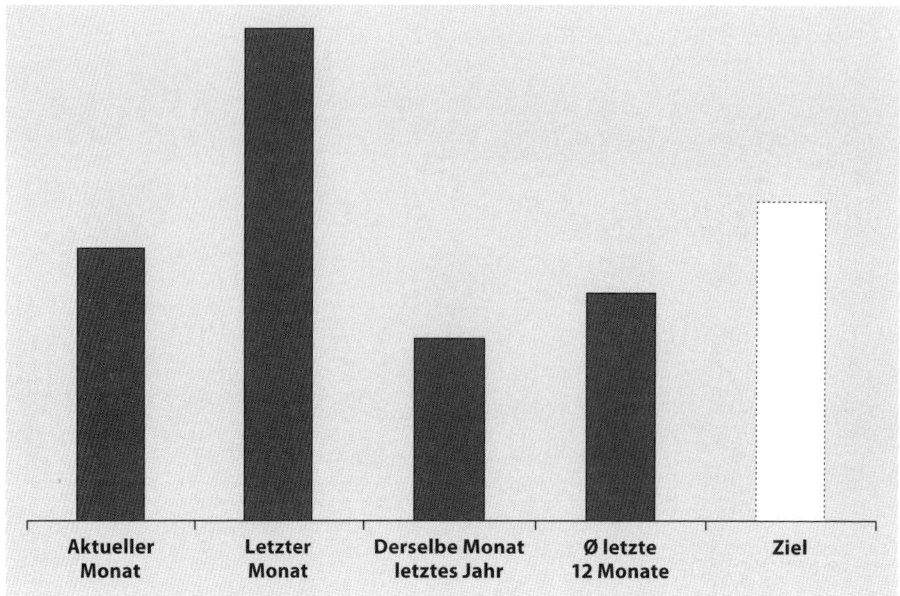

Abb. 3-9 *Trendbericht Beispiel 2*

Aber bevor wir uns trauten zu springen, waren wir beunruhigt. Wir waren der Meinung, dass wir zumindest unsere Kosten besser *verstehen* sollten. Wir brauchten dieses Verständnis, um bessere und relevantere Diskussionen über die *tatsächlichen* Kosten führen zu können, wenn wir uns nicht mehr auf Budgetvergleiche stützen konnten. Was waren die Gründe für die Kosten, die wir verursachten? Wir fanden die Antwort in der *Leistungsrechnung*.

Bei der Leistungsrechnung geht es darum, das *Ziel* der Kosten zu verstehen, nicht nur die *Art* der Kosten (Konten oder Kostenbestandteile) und *wo* sie anfallen (Kostenstellen). Wenn wir über Kosten sprechen, tun wir dies oft in der Dimension der Aktivitäten: Wir sprechen über Marketing, Wartung, Schulung und so weiter. Aber wenn wir gefragt werden, ob wir Buchhaltungsdaten in der gleichen Dimension bereitstellen können, sind wir verloren. Wir haben bis auf den letzten Cent genaue Angaben zu Kostenarten (Reisen, Berater, Stahl, Strom usw.) und zu Kostenstellen; wer hat das Geld ausgegeben? Wenn wir aber nach dem *Warum* gefragt werden, sind wir ziemlich unwissend.

In Abbildung 3–10 sehen Sie, wie wir die Leistungsrechnung in Borealis erklärt haben.

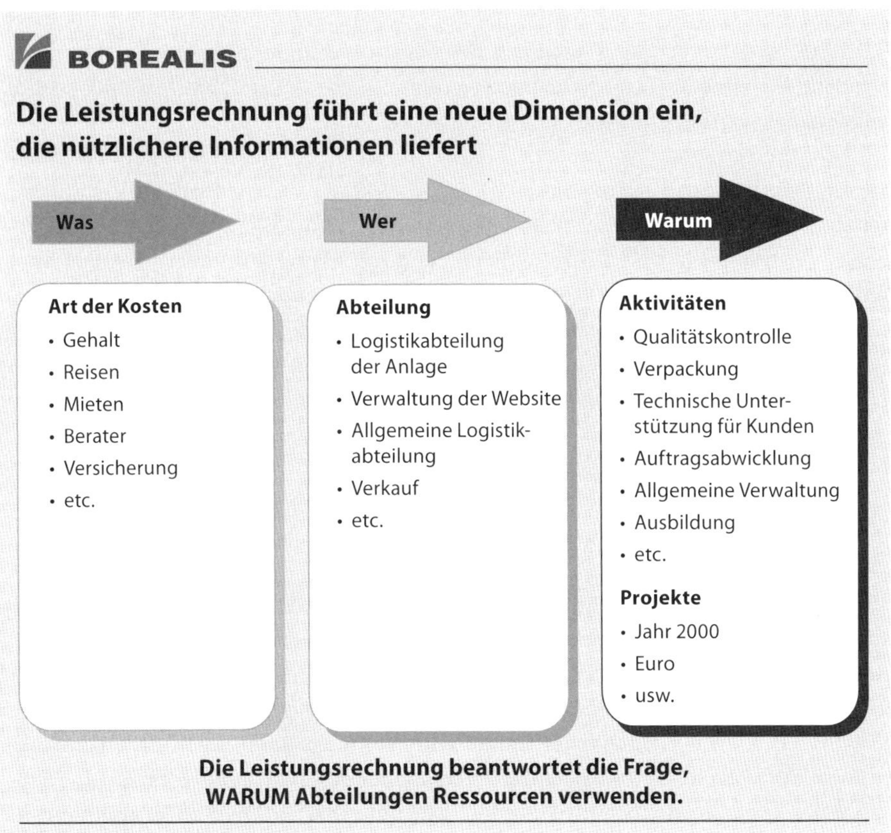

Abb. 3–10 *Leistungsrechnung*

Das Denken in Aktivitätsbegriffen war etwas, das mich schon in meinen frühen Tagen bei Statoil fasziniert hatte. Ich hörte zum ersten Mal von dem verstorbenen dänischen Professor Vagn Madsen von der Leistungsrechnung. Ich danke meinem damaligen Statoil-Kollegen Audun Berg, dass er mich auf diesen Weg gebracht hat. Bereits in den 1950er-Jahren beschrieb Madsen die Notwendigkeit einer Rechnungslegung in Dimensionen, die die geschäftlichen Realitäten besser widerspiegeln. »Jede Handlung hat einen Zweck, und alle Kosten können folglich einem Ziel zugerechnet werden«, schrieb er. Er nannte das Konzept »Variabilitätsrechnung«[3]. Ich fuhr einmal nach einer Konferenz, auf der Vagn einen Vortrag gehalten hatte, mit ihm im Auto mit. Er war ein faszinierender Mensch, dessen Fahrkünste allerdings weit hinter seinen buchhalterischen Kenntnissen zurückblieben. Die meiste Zeit der Fahrt durch halb Dänemark verbrachte er damit, sich uns beiden auf dem Rücksitz zuzuwenden und uns enthusiastisch seine Gedanken zu erklären, während er seine Pfeife paffte.

3. *Anm. d. Übers.*: engl.: Variability Accounting.

Robert Kaplan belebte das aktivitätsbezogene Denken neu und brachte es mit der Prozesskostenrechnung[4] einen großen Schritt voran. Indem man die *Treiber* hinter den Aktivitätskosten identifiziert, können diese den *Produkten* und *Kunden* zugeordnet werden, die diese Kosten verursachen, was wiederum ein viel besseres Bild der tatsächlichen Rentabilität beider Bereiche ergibt. Das Konzept ist hervorragend. Die Herausforderung besteht darin, dass wir in unseren Buchhaltungssystemen normalerweise nur sehr begrenzte Daten zu den Aktivitätskosten haben. Aus diesem Grund basiert die Prozesskostenrechnung häufig auf Interviews. Die Buchhaltung auf der Grundlage von Interviews ist ein Ansatz, den wir in unseren Rechnungslegungsvorschriften kaum finden werden. Stellen Sie sich vor, die Buchhalter würden am Jahresende herumlaufen und die Leute fragen, wie viel sie ihrer Meinung nach verkauft und wie viel sie ausgegeben haben. Ich bin mir nicht sicher, ob die Wirtschaftsprüfer davon begeistert sein würden. Natürlich brauchen wir keine buchhalterische Präzision bei allen aktivitätsbezogenen und Treiberdaten. Aber wenn diese Dimension für uns wichtig ist, ist mehr Qualität und Effizienz erforderlich als das, was durch Befragungen und ähnliche manuelle Datenerfassung erreicht werden kann.

Vor der Einführung von SAP verwendete Statoil ein schwedisches Buchhaltungssystem namens *Horisonten*[5] – ein toller Name: Je weiter man reist, desto mehr entdeckt man am Horizont. Ich leitete das Implementierungsprojekt in den späten 1980er-Jahren und arbeitete mit einem ausgezeichneten Projektteam zusammen. Das System wurde von Finanzfachleuten mit Kenntnissen in der Informationstechnologie entwickelt, nicht umgekehrt. Das macht einen großen Unterschied. Es ist das beste Finanzsystem, mit dem ich je gearbeitet habe. Die Philosophie und die Funktionalität waren einfach: Bilden Sie Ihr Geschäft in dem System ab, nicht umgekehrt. Über Konten und Kostenstellen hinaus können Sie so viele unabhängige Dimensionen wie nötig hinzufügen, z.B. Aktivität, Projekt, Profitcenter oder Kunde. Für jede dieser Dimensionen können Sie beliebig viele Markierungen oder Sortierkriterien definieren. Diese Funktionalität deckte jeglichen Bedarf an mehreren und parallelen Hierarchien oder einer anderen zusätzlichen Sortierung von Informationen ab. Wenn Sie glauben, dass die heute dominierenden Buchhaltungssysteme dasselbe können, vergessen Sie es.

Die Leistungsrechnung war ein wichtiges Element in dem Modell, das wir in Horisonten konfiguriert haben. In Kapitel 5 werde ich sowohl über die beachtlichen Lernerfahrungen als auch über die schmerzhaften Erfahrungen aus diesem Projekt berichten, bei dem ich, ohne es zu merken, meine ersten Begegnungen mit etwas hatte, das viel später als Agile bekannt wurde.

Vagn Madsen war seiner Zeit weit voraus. In den 1950er- und 1960er-Jahren war kein Buchhaltungssystem in der Lage, das von ihm beschriebene multidisziplinäre Konzept zu verarbeiten. Das änderte sich mit einer neuen Generation schwe-

4. *Anm. d. Übers.*: engl.: Activity-Based Costing, ABC.
5. *Anm. d. Übers.*: deutsch: der Horizont.

discher Systeme, die in den 1970er- und 1980er-Jahren aufkamen, wie EPOK, EPOS und später Horisonten. Der Geschäftsbetrieb von Borealis unterschied sich von dem von Statoil und erforderte unter anderem eine viel stärkere Integration auf Transaktionsebene von der Produktion bis zum Kunden. Aus diesem und anderen Gründen wurde SAP als System für Borealis ausgewählt. Statoil traf einige Jahre später die gleiche Wahl.

Wie bereits erwähnt, war der Auslöser für die Einführung der Leistungsrechnung die Notwendigkeit, die Kosten besser zu *verstehen*, da es kein Budget geben würde. Wir begannen damit, einen gemeinsamen »Aktivitätenplan« zu entwerfen, um den Kontenplan zu ergänzen. Das erwies sich als schwieriger als erwartet, und wir brauchten eine ganze Weile, um uns darauf zu einigen, welche Aktivitäten wir aufnehmen und wie sie definiert werden sollten. Schließlich gelang es uns, unsere Gesamtkostenbasis durch etwa 100 generische Aktivitäten zu beschreiben, zusätzlich zu den spezifischen Projekten. Dazu gehörten Aktivitäten wie Auftragsabwicklung, Wartung, Qualitätskontrolle, Schulung und so weiter. Nehmen wir als Beispiel die Schulung. Die Kosten wurden traditionell nur nach Organisation und Kostenposten erfasst, wie z.B. Konferenzgebühren, Reisen und Berater, ohne die Möglichkeit, ihren ursprünglichen Zweck nachzuvollziehen. Jetzt würden wir auch die Aktivität, in diesem Fall die Schulung, codieren und registrieren.

Als wir versuchten, diese dritte Dimension der Aktivitäten in SAP einzubauen, standen wir vor einer großen Herausforderung. Wir schafften es zwar irgendwie, aber nicht sehr elegant. Der Alptraum begann jedoch, als wir wollten, dass das System die Aktivitätskosten auch auf Produkte und Kunden weiterverrechnet. Die Theorie war einfach, wie in Abbildung 3–11 dargestellt. Die Praxis war es nicht.

Dieser zweite Schritt wurde so kompliziert, dass wir ein paar Jahre später wieder einen Rückzieher machen mussten. Dafür übernehme ich die volle Verantwortung.

Trotzdem war die Leistungsrechnung für uns nützlich. Während meiner Zeit in der Personalabteilung verwaltete ich die konzernweiten Personalkosten der Funktion anhand eines Berichts, der unsere Kosten für 15 bis 20 Aktivitäten und Projekte auflistete. Der Bericht zeigte auch, wo und auf welchen Konten Kosten angefallen waren, aber das Hauptaugenmerk lag auf der Aktivität: *warum* die Kosten angefallen waren.

Ich verstehe immer noch nicht, warum Unternehmen so wenig Wert auf die wichtige Dimension der Aktivitäten legen. Vielleicht ist dies ein weiteres Beispiel dafür, dass die externen Rechnungslegungsvorschriften den Rahmen dafür vorgeben, wie wir unsere internen Finanzprozesse organisieren, genau wie beim Kalenderjahr.

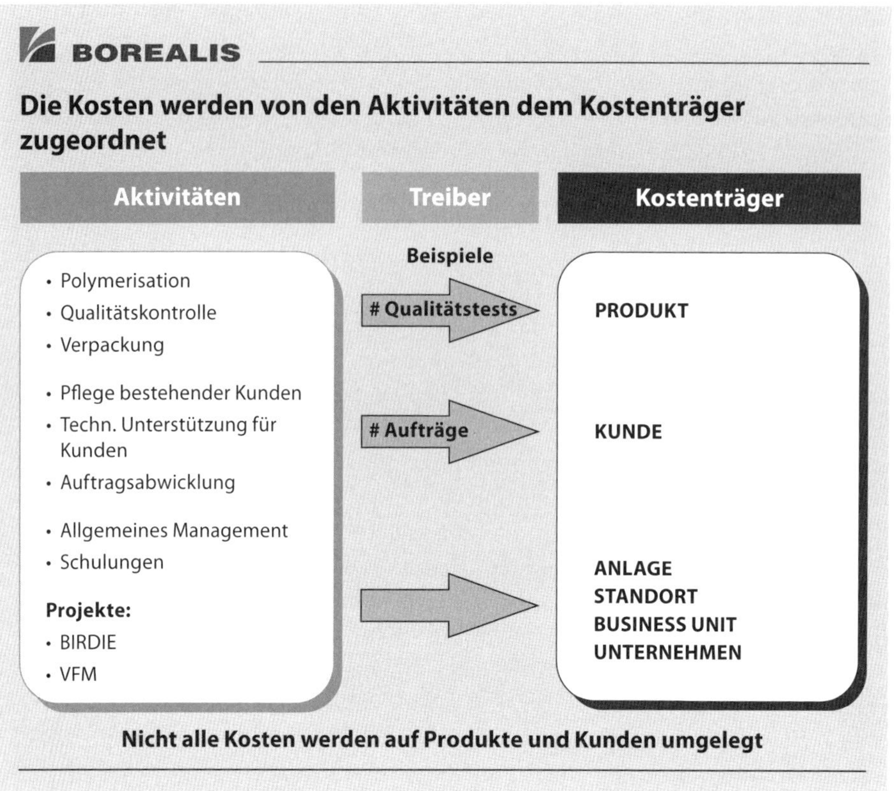

Abb. 3-11 *Von Aktivitäten zu Treibern*

Investitionsmanagement

Die Kapitalzuweisung ohne Jahresbudgets war fast eine Selbstverständlichkeit. Der Ausgangspunkt war der relative RoACE mit profitablen Investitionen als einer von mehreren Hebeln, die den Geschäftsbereichen zur Verfügung stehen, um ihre Leistung zu verbessern. Wir haben drei Investitionskategorien geschaffen:

1. **Kleine Projekte** wurden mehr oder weniger wie Betriebskosten behandelt, auch wenn sie buchhalterisch gesehen als Investitionen eingestuft wurden.
2. **Mittelgroße Projekte** wurden von Fall zu Fall entschieden. Die Hurdle-Rate (die »Zinsen«, mit denen künftige Cashflows reduziert werden, weil ein Dollar morgen weniger wert ist als ein Dollar heute) sollte der Hebel sein, den wir ansetzen mussten, wenn wir das Gesamtinvestitionsniveau in dieser Kategorie senken wollten. In der Praxis wurde dieser Mechanismus jedoch nie explizit genutzt. Wenn das Geld knapp war, gab es einfach weniger Vorschläge.
3. **Strategische Großprojekte** wurden noch nie über Jahresbudgets verwaltet. Bei diesen Projekten konnte es sich um Übernahmen, neue Anlagen oder andere große Kapitalverpflichtungen handeln. Solche Entscheidungen passten nur sel-

ten in ein herbstliches Entscheidungsschema. Sie wurden nach Bedarf getroffen, wobei die besten und aktuellsten Informationen, die wir über die wirtschaftlichen Annahmen, die Finanzkapazität und das Projekt selbst hatten, herangezogen wurden.

Sobald ein Projekt genehmigt war, wurde die in der Projektbewertung verwendete Investitionszahl zum Kostenauftrag oder Budget für das Projekt. Selbst wenn wir also noch Projektbudgets hatten, haben wir das jährliche Investitionsbudget abgeschafft.

Die rollierende Finanzprognose gab uns einen kontinuierlichen und aktualisierten Überblick über unsere kurzfristige Finanzkapazität, während eine längerfristige Prognose jährlich erstellt wurde. Die Investitionsprognose war eine Kombination aus genehmigten Projekten und Projekten in der Pipeline. Wenn die Prognose Kapazitätsengpässe anzeigte, wurde das tatsächliche und geplante Investitionsniveau durch die Verschiebung oder Streichung von Projekten reduziert.

Beurteilungen und Belohnungen

Wir waren davon überzeugt, dass das neue Modell nur dann funktionieren würde, wenn wir es mit Beurteilungen und Belohnungen (Boni) verbinden würden. Damals glaubte ich noch, dass ein individueller Bonus gut für die Motivation und die Leistung sei. Auch mein Glaube an das, was KPIs für uns tun können, war viel stärker als heute. In diesem Punkt habe ich seit den Borealis-Zeiten wahrscheinlich die längste Reise hinter mir.

Wir wählten einen einfachen Ansatz, der zumindest leicht zu kommunizieren und zu handhaben war. Die Boni wurden über die Anzahl der grünen KPIs mit der Scorecard verknüpft. »Grüner Prozentsatz« wurde zu einem neuen Ausdruck. Die Zielvorgabe lag in der Regel bei 80 Prozent, mit einer gleitenden Skala um den Zielwert herum mit Schwellen- und Höchstwerten. Anfänglich gab es keine Gewichtung, aber nach einer Weile führten wir »goldene KPIs« ein, die mehr zählten als andere.

Wie zu erwarten war, erregten die neuen Scorecards durch den Bonus-Link große Aufmerksamkeit. Aber schon bald hatten wir das KPI-Problem. Die Anstrengungen, die in die Entwicklung von Strategiekarten und strategischen Zielen gesteckt wurden, waren nicht immer die besten. Je mehr sich die Teams an den Aktivitäten ausgerichtet zeigten, desto mehr beeilten sie sich, an der aus ihrer Sicht akademischen Diskussion über die strategischen Ziele vorbei in die konkretere KPI-Diskussion einzusteigen. Bei der Zielsetzung, der Nachverfolgung, der Bewertung und den Belohnungen dominierten die KPIs und verursachten viele der bereits erwähnten negativen Nebeneffekte. Die Betonung der strategischen Ziele hat sich später verbessert, aber ich glaube nicht, dass sich das Modell jemals vollständig von unserem anfänglichen kurzsichtigen KPI-Fokus erholt hat.

3.5 Erfahrungen mit der Implementierung und Lessons Learned

Auch wenn es sich bei Borealis nicht um eine vollständige Beyond Budgeting-Implementierung handelte, war das, was wir taten, zu dieser Zeit ziemlich radikal. Abgesehen vom Beispiel der Handelsbanken sind wohl nur wenige andere Unternehmen unserer Größe so ins Ungewisse gesprungen wie wir. Wenn man bedenkt, wie früh wir den Schritt gemacht haben und wie wenig wir von anderen lernen konnten, bin ich stolz auf das, was wir erreicht haben. Natürlich hatten wir eine hervorragende Ausgangsbasis. Es war ein neues Unternehmen mit starken Werten, einem aufgeschlossenen CEO und CFO und einem starken Finanzteam.

Dennoch gibt es Dinge, die wir anders hätten machen sollen. Zunächst einmal hätten wir unsere Vision klarer und umfassender formulieren können, vor allem in Bezug auf Führungsaspekte. Wir hätten uns noch höhere Ziele setzen können. Aber im Nachhinein ist man immer schlauer. Beyond Budgeting bietet heute einen Rahmen, den es zu Beginn unserer Arbeit noch nicht gab.

Ich wünschte auch, wir hätten die Personalabteilung früher einbezogen. Das geschah erst später, als wir die Scorecard mit dem Bonus verknüpften. Die Personalabteilung hätte jedoch vom ersten Tag an dabei sein sollen, und zwar in einer umfassenderen Rolle. Unsere Zusammenarbeit hätten wir nicht mit dem Bonus beginnen sollen. Darauf werde ich später im Buch noch näher eingehen. Meine eigene Zeit in der Personalabteilung lag noch vor mir. Ich muss auch zugeben, dass ich damals an einige der eher negativen Dinge glaubte, die über diese Funktion gesagt wurden.

Der relative KPI RoACE wurde nach einigen Jahren aufgegeben. Er verlor im Bemühen um Relevanz und Präzision, war aber auch kompliziert in der Handhabung. Er wurde durch absolutere Finanzziele ersetzt, die aber immer noch auf einem hohen Niveau ohne viele Details festgelegt wurden.

Eine Folge des frühen Einsatzes von Balanced Scorecards war das Fehlen einer unterstützenden Software. Der Prozess bei Borealis bestand aus sehr viel Handarbeit, die durch zahlreiche Tabellenkalkulationen unterstützt wurde. Die Tatsache, dass die Scorecard ohne große Systemunterstützung überlebte, zeigt, wie stark das Konzept verankert war.

Eine wichtige Lektion, die wir gelernt haben, kam für uns ziemlich überraschend: *Entwerfen Sie nicht alles im Voraus.* Die Probleme und Herausforderungen können an unerwarteten Stellen auftauchen. Entwerfen Sie 80 Prozent und legen Sie los. Klären Sie die Probleme erst, wenn sie auftreten. Im Nachhinein hätte uns das eigentlich klar sein müssen, denn genau darum geht es bei Beyond Budgeting. Man kann nicht alles planen. Sie müssen aufspüren und darauf reagieren, wenn Sie vorangehen.

Damals war es unsere Philosophie, so viel wie möglich zu planen, bevor wir loslegten. Wir hatten das Gefühl, dass wir das tun mussten, weil so viele Fragen aus der Organisation kamen: »Wie sollen wir dies und jenes ohne Budget machen?« Wir hatten das Gefühl, dass wir all diese Fragen richtig beantworten mussten, um die Leute ins Boot zu holen. Die meisten bezogen sich natürlich auf das Kostenmanagement. Da wir uns selbst viele Gedanken machten, verbrachten wir viel Zeit mit der Entwicklung von Leistungsrechnungen, Trendberichten, Mandaten und anderen Mechanismen.

Was war geschehen? Die Kosten waren sowohl 1994 als auch 1995 über dem Budget geblieben. Dann haben wir die Budgets abgeschafft, aber die Kosten sind nicht explodiert. Sie sind sogar gesunken. Ich glaube nicht, dass dies nur auf unsere gründliche Arbeit im Vorfeld zurückzuführen ist. Ich schreibe die Kostensenkung auch nicht nur der Tatsache zu, dass wir die Budgets abgeschafft haben. Offensichtlich sind die Integrationskosten verschwunden und die Synergien sind zum Tragen gekommen. Aber ich glaube, dass das, was wir erlebt haben, viel damit zu tun hatte, dass die Menschen verantwortungsbewusster waren, als es das traditionelle Management annimmt.

Die erste Herausforderung war also nicht das Kostenmanagement, wie wir erwartet hatten. Sie kam aus einem ganz anderen Bereich, nämlich bei der *Investitionsprognose*. Für uns waren die rollierenden Prognosen ein Selbstläufer gewesen. Wir hatten der Organisation immer wieder erklärt, dass eine Prognose das erwartete Ergebnis widerspiegeln sollte und nichts anderes. Sie sollte *kein* Antrag auf Finanzmittel sein, denn das würde in einem separaten Prozess behandelt werden. Alle nickten und waren sich einig, dass es absolut sinnvoll war, zwischen diesen beiden sehr unterschiedlichen Zwecken zu unterscheiden.

Dann kam der große Tag, an dem wir unsere erste rollierende Prognose konsolidiert hatten. Das war ein wichtiger Meilenstein, und wir waren sehr gespannt darauf, wie die Zahlen aussehen würden. Es schien alles in Ordnung zu sein, bis wir zur Investitionsprognose kamen. Diese Zahl war zwei- oder dreimal so hoch wie alle bisherigen und überstieg unsere finanziellen und organisatorischen Möglichkeiten bei Weitem.

Es war nicht schwer zu verstehen, was geschehen war. Unsere Botschaft war zwar verstanden, aber nicht wirklich geglaubt worden. Auf dem Weg nach oben hatte jeder wie üblich ein wenig draufgelegt, um auf der sicheren Seite zu sein. Dieses Mal hatte niemand etwas weggenommen. Wir hatten die Controller gebeten, die Zahlen vorsichtig zu hinterfragen, um nicht den Eindruck zu erwecken, es handele sich um einen weiteren Budgetprozess. Was wir vor uns hatten, war also keine Prognose, sondern ein riesiger und ungefilterter Stapel von Investitionsvorschlägen.

Wir hatten nun zwei Möglichkeiten in Bezug auf die Zahlen, die wir dem Exekutivausschuss später in dieser Woche vorlegen sollten: Wir konnten zurück zu den Vorgesetzten gehen und die Zahlen auf ein vernünftigeres Niveau herunterhandeln. Sie erwarteten das ja alle von uns, weil sie wussten, dass sie überhöhte Zahlen geschickt hatten. Wir wussten auch, wie die Reaktion ausfallen würde: »Sie kommen, um unsere Investitionen zu kürzen? So viel zu einem neuen Prozess!«

Wir wählten daher den umgekehrten Weg. Wir brachten die überhöhten Zahlen ohne Korrekturen mit zum Exekutivausschuss. Die Antwort kam schnell von CEO Juha Rantanen: »Bjarte, das ist Unsinn!« »Das wissen wir«, antworteten wir, »aber das ist die Prognose, die wir von den Geschäftsbereichen erhalten haben, die hier am Tisch sitzen.« Im Raum wurde es mucksmäuschenstill, und wir bemerkten einige errötende Gesichter. Später passten wir einfach die Gesamtzahlen an, ohne das Unternehmen zu informieren. Im nächsten Quartal passierte fast das Gleiche, aber diesmal mit etwas niedrigeren Zahlen. Es dauerte vier Runden und vier Quartale, bis die Organisation endlich verinnerlicht hatte, dass es bei diesen Zahlen nur um Prognosen und nicht um Investitionsvorschläge und Finanzierungen ging. Das geschah nur, weil die Organisation ein neues und anderes Verhalten von unserer Seite erfahren hatte, und zwar nicht nur einmal, sondern immer wieder. Unser Ziel war es nicht gewesen, diese Zahlen zu kürzen, wie alle erwartet hatten.

Die Abschaffung der Budgets erwies sich als eine noch positivere Erfahrung für die Finanzfunktion, als wir erwartet hatten. Neben all den Vorteilen für das Unternehmen kamen wir auch in den Genuss von weniger Zahlendrehern und einer viel interessanteren Arbeit. Wir erlebten auch einen bemerkenswerten Effekt auf unser *Image*. Früher ähnelte es dem Image der meisten Finanzfunktionen am Markt. Unsere Prozesse und unsere Fähigkeit, Mehrwert zu schaffen, wurden nicht besonders respektiert. Als wir zum ersten Mal vorschlugen, das Budget zu streichen, waren viele tatsächlich ziemlich misstrauisch gegenüber unseren Motiven. »Warum sollten diese Leute ihr wichtigstes Kontrollinstrument aufgeben wollen?«, fragten sie sich. Was war unsere versteckte Absicht? Als sie erkannten, dass es keine Hintergedanken gab und dass unser einziges Ziel darin bestand, Borealis zu einem besseren Unternehmen zu machen, bekamen unser Ansehen und unser Image einen Schub. Das brachte uns einen großen Schritt vorwärts in Richtung der Rolle als Business Partner, die die meisten Finanzfunktionen so sehr anstreben.

3.6 Borealis heute

Die Jahre bei Borealis waren eine fantastische Erfahrung, und ich bin sehr dankbar, dass ich daran teilhaben durfte. Es war eine grandiose Zeit mit großartigen Menschen in einem außergewöhnlichen Unternehmen. Borealis war ein echter Pionier und hat den Wandel in einer Reihe von Bereichen vorangetrieben, nicht nur im Performance Management.

Es sollten noch weitere Veränderungen folgen. Im Jahr 1998 wurde Neste im Rahmen einer strategischen Neuausrichtung verkauft. Die österreichische OMV (früher Österreichische Mineralölverwaltung) und IPIC (International Petroleum Investment Company) aus Abu Dhabi stiegen ein. Die OMV hatte ihr eigenes europäisches Petrochemie-Geschäft, PCD Polymere, und nun war es wieder Zeit für die Integration. Svein Rennemo wurde zum neuen CEO ernannt. Ich wurde gebeten, das Integrationsprojekt zu leiten und ließ mich von meinem Finanzressort beurlauben. Obwohl das Projekt einen viel kleineren Umfang hatte, wies es einige Ähnlichkeiten mit der Fusion zwischen Statoil und Hydro zehn Jahre später auf. Der Name Borealis wurde beibehalten, aber die Absicht war eine echte Fusion unter Gleichberechtigten, auch wenn PCD ein viel kleineres Unternehmen war. Die Integrationsarbeit umfasste eine völlig neue Organisationsstruktur mit neuen Managementteams auf allen Ebenen, insbesondere in den Bereichen Vertrieb, Marketing, Logistik, Forschung und Entwicklung und anderen Bereichen mit erheblichen Überschneidungen und Synergien. Es gab viel positives Feedback zur Durchführung der Integration, sowohl von alten als auch von neuen Borealis-Kollegen, sogar von vielen, die das Unternehmen verlassen mussten. Für mich war dies eine weitere wichtige Lernerfahrung, die sich fortsetzte, als ich gebeten wurde, die Personalabteilung zu leiten, nachdem wir mit der neuen Organisation in den Echtbetrieb gegangen waren.

Allerdings gab es Spannungen zwischen den alten und den neuen Eigentümern. Dies ging weit über die Diskussionen und gelegentlichen Meinungsverschiedenheiten zwischen Statoil und Neste hinaus. Svein Rennemo verließ Borealis im Jahr 2001. Ich ging ein halbes Jahr später. Ich habe großen Respekt vor der Tatkraft des neuen CEO und den ehrgeizigen Zielen, die er sich für das Unternehmen gesetzt hat, aber wir hatten in zu vielen Dingen unterschiedliche Ansichten. »Ich brauche etwas, an das ich mich halten kann«, war seine Antwort, als ich ihm das Konzept der relativen Leistung erklärte.

Statoil veräußerte seine Borealis-Beteiligung im Jahr 2005. Das Unternehmen hat inzwischen seinen Hauptsitz von Kopenhagen nach Wien verlegt und auch seine norwegischen Vermögenswerte verkauft. Heute ist Borealis fest unter den Fittichen seines Hauptaktionärs OMV, der wiederum teilweise von Abu Dhabi aus gesteuert wird. Die nordischen Wurzeln sind nicht mehr so sichtbar.

Das Unternehmen hat einige Schritte auf dem Weg zu Beyond Budgeting wieder zurückgenommen. Viele Prozesse gibt es immer noch, wie z. B. die Balanced Scorecard und die rollierenden Prognosen. Ich habe jedoch den Eindruck, dass das Unternehmen heute mehr von einer traditionellen Managementkultur geprägt ist, als dies in den 1990er-Jahren der Fall war. Die Gründe dafür würden wahrscheinlich ein eigenes Buch füllen. Ich glaube, dass es viel mit der hohen Anzahl von externen Neueinstellungen im Vorstand zu tun hat, angefangen mit dem neuen CEO. Das waren alles kluge Leute, aber sie waren nicht Teil des ursprünglichen Weges gewesen. Ohne diese Vorgeschichte fiel es ihnen vielleicht schwer, die zugrunde liegende Philosophie und die Absichten zu verstehen und zu würdigen.

Es liegt auf der Hand, dass ein Beyond Budgeting-Modell bereits längere Zeit in Betrieb sein muss, um zu überleben, wenn die Führungsspitze eines Unternehmens häufiger wechselt. Dies gilt insbesondere dann, wenn nur wenige im neuen Team aus den eigenen Reihen stammen. Es dauert Jahre, bis derartige Prozessänderungen in den Köpfen und Herzen der Mitarbeiterinnen und Mitarbeiter angekommen sind und sich in Verhalten und Führung widerspiegeln. Die Transformation war bei Borealis bereits in vollem Gange, aber die siebenjährige Reise war vielleicht nicht lang genug, um die Auswirkungen so vieler neuer Leute an der Spitze auszugleichen.

Wie lange dauert es also, bis das Konzept Beyond Budgeting Wurzeln schlägt und so stark wird, dass es die Art von Veränderungen, die Borealis durchlaufen hat, übersteht? Ich glaube nicht, dass das schon jemand weiß. Es gibt nur wenige Fallbeispiele, die uns sagen könnten, wie lange es dauert, bis die Grundmauern dick genug sind, um ein paar Erdbeben zu überstehen. Handelsbanken gibt es seit 1970 und die Bank scheint ein felsenfestes Fundament zu haben. Dennoch, wenn in der Bank nach sieben Jahren etwas Ähnliches passiert wäre, sähen die Dinge heute vielleicht ganz anders aus. Glücklicherweise verfolgt Handelsbanken die Politik, das Topmanagement aus den eigenen Reihen zu rekrutieren, was einen großen Unterschied macht.

Man kann argumentieren, dass das Borealis-Modell in erster Linie auf die Prozessseite und weniger auf die Führungsseite von Beyond Budgeting ausgerichtet war und dass es dadurch weniger robust gegenüber späteren Änderungen im Management war. Dem stimme ich teilweise zu. Es stimmt, dass unser Ausgangspunkt das Budget selbst war und die Probleme, die sich unmittelbar aus diesem Bereich ergaben. Aber wir haben die Auswirkungen auf die Führung, wie z.B. Autonomie, Transparenz und Werte, klar erkannt und angesprochen. Die Fokussierung auf Werte war zum Beispiel vom ersten Tag an extrem stark.

Apropos Werte, lassen Sie uns dieses Kapitel mit einer wunderbaren kleinen Geschichte schließen. Ein paar Jahre nachdem ich das Unternehmen verlassen hatte, wollte der neue CEO die ursprünglichen Werte aktualisieren. Eine Gruppe von Beschäftigten aus dem gesamten Unternehmen wurde gebeten, einen Vorschlag zu erarbeiten. Zufälligerweise hatte keiner von ihnen Englisch als Muttersprache, im Gegensatz zu den meisten neuen Führungskräften. Als der erste Vorschlag präsentiert wurde, wurde ein Wort besonders hervorgehoben. Sowohl Beweglichkeit (Nimbleness) als auch Einfachheit (Simplicity) waren wichtige Themen in den Diskussionen gewesen, und die Gruppe war der Meinung, dass es ein Wort gab, das beides zusammenfasste: *Nimblicity*[6]. Nach viel Gelächter erkannten die Führungskräfte die Genialität dieses neuen und im englischen Wortschatz nicht existierenden Wortes. Heute ist Nimblicity einer der Werte von Borealis. Das Unternehmen hat das Wort sogar urheberrechtlich schützen lassen. Wunderbar!

Ich habe immer noch viele Freunde bei Borealis. Ich wünsche ihnen alles Gute, wohin auch immer ihre Reise sie seither geführt hat. Gemeinsam haben wir etwas bewegt!

6. *Anm. d. Übers.:* deutsch etwa »Flinkheit«.

4 Das Fallbeispiel Statoil

> *»Die Art und Weise, wie wir liefern, ist genauso wichtig wie das, was wir liefern.«*
>
> *Aus dem Statoil-Buch*

4.1 Einführung

Das Fallbeispiel Statoil Ihnen zu schildern, ist etwas ganz anderes, als es beim Beispiel Borealis war. Es ist ein großer Unterschied, ob man zum ersten Mal die Chance bekommt, etwas zu verändern, oder ein zweites Mal. Ich bin sehr dankbar für diese Gelegenheit. Der Weg bei Statoil hat mir geholfen, den Weg bei Borealis besser zu verstehen: was wir getan haben, was wir nicht getan haben und was wir hätten anders machen können. Damals gab es noch keinen Beyond Budgeting-Leitfaden, der uns geholfen hätte, die Dinge ins rechte Licht zu rücken.

Die Tage bei Borealis liegen lange genug zurück, um die notwendige Reflexion und das Lernen zu ermöglichen. Die Entwicklung bei Statoil befindet sich immer noch in einem fortlaufenden Prozess. Obwohl wir nun schon seit mehr als zehn Jahren auf unserer Beyond Budgeting-Reise unterwegs sind, sind wir immer noch dabei, uns weiterzuentwickeln, während ich schreibe und wahrscheinlich auch, während Sie dies lesen.

Statoil wurde 1972 als nationales Ölunternehmen gegründet, nachdem in den späten 1960er-Jahren auf dem norwegischen Festlandsockel bedeutende Öl- und Gasreserven entdeckt worden waren, Norwegen gehört zu den wenigen Ländern der Welt, in denen große natürliche Ressourcen ein Segen und kein Fluch sind. Selbst die Niederländer haben es vermasselt, als das Land vor vielen Jahren große Gasreserven entdeckte. Kluge norwegische Politiker haben nicht nur für eine gerechte Verteilung des neuen Reichtums gesorgt, sie haben auch der Versuchung widerstanden, gleich alles auszugeben. Der staatliche Pensionsfonds hat jetzt fast eine Billion Dollar in der ganzen Welt investiert, fast 200.000 Dollar pro Norweger.[1]

1. *Anm. d. Übers.:* Aufgrund von COVID-19 ist die Entwicklung des staatlichen Pensionsfonds derzeit sehr volatil. Im Jahr 2022 konnte der Fonds trotz negativer Rendite an Wert gewinnen. Informationen zur aktuellen Entwicklung finden sich unter *https://businessportal-norwegen.com/?s=Staatsfonds.*

Statoil startete direkt durch und wuchs in den 1970er- und 1980er-Jahren sehr schnell. Die internationalen Aktivitäten wurden in den 1990er-Jahren durch eine Allianz mit BP angekurbelt. Im Jahr 2001 ging das Unternehmen mit einer Börsennotierung in New York und Oslo an die Börse, obwohl der Staat die Mehrheit der Anteile behielt. Statoil wurde schnell zu einer attraktiven Investition, da das Unternehmen eine Erfolgsbilanz bei Wachstum und Rentabilität vorweisen konnte.

2007 fusionierte Statoil mit der Öl- und Gassparte von Hydro, einem norwegischen Mitbewerber. Das neue Unternehmen erhielt den Namen Statoil-Hydro, um zu unterstreichen, dass es sich um eine Fusion unter Gleichen handelte, obwohl das Öl- und Gasgeschäft von Hydro viel kleiner war. Der Name sollte auch eine potenziell hitzige Diskussion entschärfen. Nach einigen Jahren wurde der Name in aller Stille wieder in Statoil geändert, ohne dass die ehemaligen Beschäftigten von Hydro groß darauf reagiert hätten.

Statoil ist heute das größte Unternehmen Skandinaviens mit mehr als 20.000 Beschäftigten in weit über 30 Ländern weltweit (Abb. 4–1).[2]

Der Umsatz und die Marktkapitalisierung belaufen sich auf rund 100 Milliarden Dollar, was natürlich vom Ölpreis abhängt. Das Unternehmen ist der weltweit größte Offshore-Betreiber, der zweitgrößte Gaslieferant für Europa und ein führender internationaler Ölvermarkter. Statoil ist auch im Bereich der erneuerbaren Energien tätig, vor allem durch Offshore-Windkraftanlagen, bei denen wir auf unserer Offshore-Kompetenz aufbauen können.

Die Geschichte von Statoil hat nicht das gleiche Tempo und die gleichen entscheidenden Momente, wie wir sie bei Borealis erlebt haben. Statoil ist ein viel größeres Unternehmen. Obwohl es im Vergleich zu den meisten Mitbewerbern noch jung ist, hatte es bereits eine Geschichte und ein Vermächtnis, das die neugeborene Borealis mit ihrem Schlüsselwert »*Ein* Unternehmen – neu, anders und besser« nicht hatte.

Am 9. Mai 2005 beschloss der Vorstand von Statoil formell, die traditionelle Budgetierung abzuschaffen. Bis zu diesem Zeitpunkt war es ein schrittweiser und stetiger Veränderungsprozess gewesen.

In den 1990er-Jahren war Stein für Stein ein Fundament gelegt worden, das schließlich stabil genug war, um das Gewicht eines radikaleren Wandels zu tragen. Von nun an beschleunigten wir die Bauaktivitäten erheblich. Auch unsere Vision von dem, was wir bauen wollten, wurde mit jedem Schritt ehrgeiziger.

2. *Anm. d. Übers.:* Im März 2018 änderte Statoil seinen Namen in Equinor (*https://www.equinor.com/news/archive/15mar2018-statoil*). In diesem Buch wird der Name Statoil verwendet, da der Autor über die Implementierung von Beyond Budgeting bei Statoil vor 2018 berichtet.

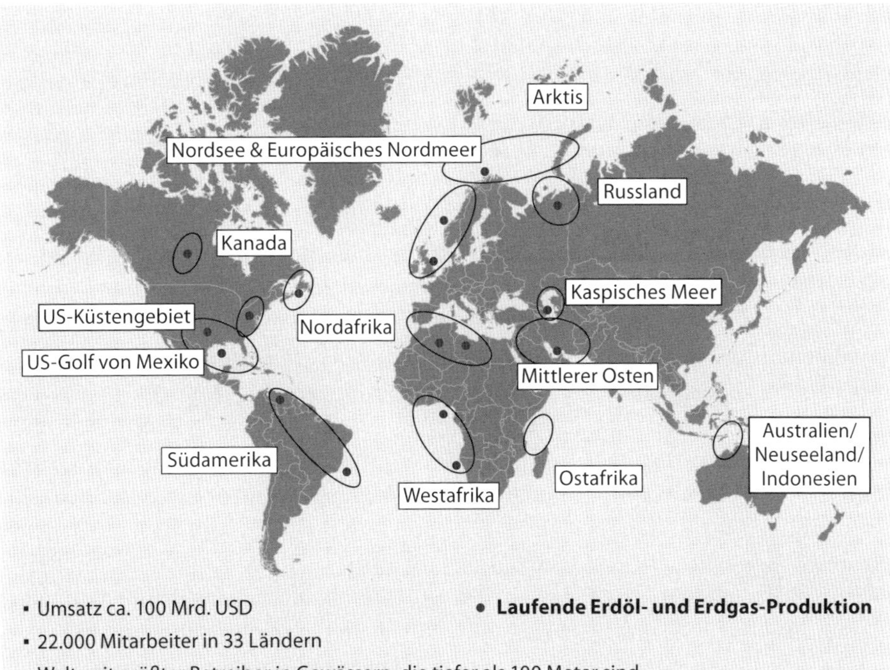

- Umsatz ca. 100 Mrd. USD
- 22.000 Mitarbeiter in 33 Ländern
- Weltweit größter Betreiber in Gewässern, die tiefer als 100 Meter sind
- Zweitgrößter Gasexporteur nach Europa
- Weltweit führend im Rohölverkauf
- Börsennotiert in New York und Oslo

Abb. 4-1 *Statoil im Überblick*

4.2 Die Grundlage schaffen

In den 1990er-Jahren unternahm Statoil mehrere wichtige Schritte, die zusammen den Weg für die Entscheidung im Jahr 2005 ebneten. Die meisten dieser Schritte fanden unter der Leitung und Führung von Eldar Sætre statt, der mehrere Schlüsselpositionen im Finanzbereich innehatte, bevor er CFO und, nachdem er einige Jahre lang einen der Geschäftsbereiche geleitet hatte, 2015 CEO wurde. Ich berichtete Eldar in meiner ersten Führungsposition bei Statoil im Jahr 1984 als Leiter der Finanzabteilung, in der ich seit einem Jahr tätig war.

Ich war bei Borealis beschäftigt, als viele dieser Veränderungen stattfanden. Die Schritte reichten von Kultur und Kompetenz bis hin zu Prozessen und Systemen. Es wurde ein starkes und professionelles Finanznetzwerk aufgebaut. Das Netzwerk wurde durch gemeinsame und konzernweite Finanzsysteme und -prozesse, regelmäßige Netzwerktreffen und Konferenzen, die Entwicklung funktionaler Kompetenzen und einer starken Beteiligung des Unternehmens bei der Besetzung von Schlüsselpositionen im Finanzbereich zusammengehalten. Ein wichtiger Schritt war die Neudefinition der Rolle des Controllers in Richtung eines aktiven Partners, Beraters und Herausforderers der Geschäftsteams. Um diese neue Rolle zu unterstützen, wurden die meisten transaktionalen Aufgaben zu Global Business Services, dem Shared Service Center von Statoil, verlagert. Die Controller der jeweiligen Geschäftsbereiche mussten sich nicht mehr mit der Datenproduktion und einem Großteil der grundlegenden Datenanalyse befassen.

1997 entschied sich Statoil für eine groß angelegte SAP-Implementierung. Zu dieser Zeit war es eines der größten SAP-Projekte in Europa. Im Vergleich zu vielen anderen ähnlichen Projekten war es ein Erfolg. Außerdem wurde etwas geschaffen, das für spätere Entwicklungen entscheidend wurde: ein gemeinsamer Satz von finanziellen und nicht finanziellen Geschäftsdaten im Data-Warehouse-Modul von SAP.

Bereits zu dieser Zeit gab es Überlegungen, etwas am Budgetprozess zu ändern. Aus verschiedenen Gründen endeten die Bemühungen jedoch nur mit einer Vereinfachung und wenig wirklichen Veränderungen. Das Budgetproblem war noch nicht vollständig verstanden worden. Nur einige wenige Unternehmen hatten dem Budget bislang den Kampf angesagt. Es gab auch eine entsprechende Balanced-Scorecard-Initiative, die aber nicht so richtig in Schwung kam. Es handelte sich um einen manuellen Prozess, der sich auf die Ebene der Konzerne und Geschäftsbereiche konzentrierte. Es war ein Anfang, aber zunächst kein Erfolg. Auch das Budget blieb weitgehend unangetastet. »Wir waren einfach noch nicht so weit«, wie Eldar Sætre es ausdrückte. Im Jahr 2000 begann ein weiteres Balanced-Scorecard-Projekt, dieses Mal an einem ganz anderen Ort. Bei einer der Offshore-Produktionseinheiten, dem gigantischen Troll-Feld, bestand der starke Wunsch nach besseren Informationen und Unterstützung für den täglichen Betrieb.

Dieses branchenorientierte Projekt war der Startschuss des Management Information System (MIS) bei Statoil. Es handelte sich um eine interne Anwendung, eine Webschnittstelle, die auf dem SAP Data Warehouse aufbaute. Der Hauptzweck bestand damals darin, den Teams an der Basis bessere Informationen zur Verfügung zu stellen, in erster Linie über operative Indikatoren, und ihnen dabei zu helfen, ihr eigenes Geschäft mit schnelleren und relevanteren Daten zu verwalten, ohne dabei auf externe Mitarbeiterinnen und Mitarbeiter angewiesen zu sein.

Die meisten Scorecard-Implementierungen beginnen an der Unternehmensspitze und werden kaskadenartig in die Organisation übertragen. Dabei geht es hauptsächlich um die Übertragung und Kommunikation von Konzernstrategien. Die frühere Corporate-Scorecard-Initiative gehörte zu dieser Top-down-Kategorie. Die Idee einer weniger zentralen Kontrolle war nicht sehr ausgeprägt. Die Berichte an den Exekutivausschuss und den Vorstand enthielten zwar KPIs, konnten aber kaum als vollständige Scorecard bezeichnet werden. Die ursprünglich guten Absichten dieses Projekts hatten sich langsam verflüchtigt.

MIS war eher ein Bottom-up-Phänomen. Die Troll-Implementierung war ein großer Erfolg. Das sprach sich herum, und andere Einheiten zeigten auch Interesse. Nach einiger Zeit beschloss der gesamte Geschäftsbereich »Exploration und Produktion Norwegen«, MIS einzuführen. Es dauerte nicht lange, bis andere Geschäftsbereiche folgten. Bald setzten alle MIS ein. Im Jahr 2004 wurde die naheliegende

Entscheidung getroffen, dass MIS im ganzen Unternehmenssystem implementiert werden würde, eine natürliche Folge des erfolgreichen Wachstums von der ersten Stunde an.

Gleichzeitig wurde der Umfang von MIS immer größer. So entstand die Vision, es zum »Managementportal« von Statoil zu machen. Ständig wurden neue Berichte und Informationen hinzugefügt: Benchmarking-Daten, Aktionsplanung und Nachverfolgung sowie verschiedene Monitoringberichte.

Auf diese Weise entstand »Ambition to Action«. Es war gedacht als Ort im MIS, an dem strategische Ziele, KPIs und Aktionen für lokale Einheiten dokumentiert wurden. Zunächst war es ein »totes« Dokument und eine freiwillige Möglichkeit, die den Teams helfen sollte, ihre KPIs zu entwickeln und die Arbeit zu dokumentieren. Es wurde bei keiner der Folgemaßnahmen verwendet und erst einige Jahre später mit Leben gefüllt. In Kürze werden Sie noch viel mehr über Ambition to Action hören.

Mein Kollege, Arvid Hollevik, war die treibende Kraft hinter dem MIS-System. Er war überall in der Organisation präsent, predigte, lehrte, begeisterte die Leute und führte sie in die Denkweise und das System ein. Er war auch die treibende Kraft bei der Erweiterung der Systemfunktionalitäten, war immer einen Schritt voraus und sah neue Möglichkeiten und Bereiche, in denen das System eingesetzt werden konnte. Ohne die MIS-Plattform und die Arbeit von Arvid und seinem Team hätten wir Beyond Budgeting niemals dorthin bringen können, wo wir heute stehen. Wir haben eng zusammengearbeitet. Man sagt, wir seien recht unterschiedlich, was wahrscheinlich der Grund dafür ist, dass wir uns so gut ergänzt haben. Niemand hat mich jemals stärker herausgefordert, auf nur einer Seite ein einfaches Bild zu erstellen, das erklärt, worum es bei Beyond Budgeting geht! Arvid hat sich inzwischen bei Statoil zur Ruhe gesetzt, ist aber immer noch damit beschäftigt, den Status quo infrage zu stellen. Danke, Kumpel!

Nach mehreren Jahren des kontinuierlichen Aufbaus und der Stärkung der Performance-Management-Plattform war die Situation im Jahr 2004 sehr gut:

- Ein kompetentes und vereintes Finanznetzwerk
- Gemeinsame Datendefinitionen in der gesamten Gruppe, vom Kontenplan bis hin zu KPIs
- Ein konzernweites und gemeinsames SAP-System
- Ein Scorecard-Prozess, der über mehrere Jahre von unten aufgebaut wurde, unterstützt durch ein hervorragendes MIS
- Eine aufstrebende Allianz zwischen der Finanzabteilung und dem Personalwesen
- Und nicht zuletzt eine Statoil-Organisation mit einer offenen Kultur und starken Werten, darunter mein persönlicher Favorit: »Hinterfrage akzeptierte Wahrheiten und betrete ungewohntes Terrain.«

Der letzte Punkt ist wichtig. Statoil war schon immer ein werteorientiertes Unternehmen, auch wenn diese Werte erst Ende der 1980er-Jahre zu Papier gebracht wurden. Seitdem gab es einige Aktualisierungen, aber alle Versionen betonten Transparenz, Vertrauen und Autonomie, kombiniert mit einer starken Ermutigung zu Veränderung und Verbesserung. Diese Werte haben ein Umfeld geschaffen, in dem die Infragestellung des Status quo erwartet und akzeptiert wird.

Statoil hat eine lange Tradition darin, seinen Beschäftigten schon zu einem frühen Zeitpunkt große Verantwortung und anspruchsvolle Aufgaben zu übertragen. Dies war einfach eine Notwendigkeit, da sich das Unternehmen so schnell entwickelte. Innerhalb von zehn Jahren nahm das junge und schnell wachsende Unternehmen Herausforderungen an, für die viele andere Ölkonzerne viel länger brauchten, um sie zu meistern. Das Vertrauen und die Autonomie aus diesen frühen Tagen haben die Kultur von Statoil entscheidend geprägt. Ich glaube auch, dass das Unternehmen dadurch besser auf den Weg hin zu Beyond Budgeting vorbereitet war als viele seiner Mitbewerber.

Im Jahr 2004 kam ein neuer CEO, Helge Lund, an Bord (damals 42 Jahre alt). Er holte sich Eldar Sætre als CFO. Ein neuer Personalchef, Jens R. Jenssen, wurde ebenfalls eingestellt. Die Weichen waren gestellt. Statoil war bereit, seine Managementprozesse auf die nächste Stufe zu heben.

4.3 Die Anfänge

Ich kehrte 2002 von Borealis zurück und begann als Corporate Controller (*diesen* Titel habe ich mir nicht selbst ausgesucht!), angesiedelt in der CFO-Organisation, aber mit Eldar Sætre als meinem Manager auch zuständig für den Geschäftsbereichs »International Exploration and Production (INT)«. Es war ein toller Job und eine schöne Zeit, trotz des Titels. Das Wachstum von Statoil musste international erfolgen. Der norwegische Kontinentalschelf ist eine relativ ausgereifte Öl- und Gasregion. Hier ist es die wichtigste Aufgabe, die Stellung zu halten und das aktuelle Produktionsniveau aufrechtzuerhalten. INT wurde daher damit beauftragt, diese Wachstumsambitionen zu verwirklichen. Der Geschäftsbereich hatte sich durch die inzwischen beendete Allianz mit BP bereits beträchtliche internationale Flächen und Fördermengen gesichert.

INT war ein sehr projektorientierter Geschäftsbereich, der Wachstumsmöglichkeiten auf der ganzen Welt verfolgte. Meine Aufgabe bestand darin, neue Projekte und Geschäftsmöglichkeiten zu prüfen und zu empfehlen. Außerdem koordinierte ich den Budgetierungs- und Planungsprozess zwischen dem Corporate Center und INT. Im Vergleich zu der für den norwegischen Kontinentalschelf zuständigen Geschäftseinheit operierte INT in einem noch dynamischeren und unvorhersehbareren Umfeld. Dies lieferte uns eine Fülle von eindrucksvollen Beispielen und Beweisen dafür, warum die traditionelle Budgetierung und Planung ein fehlerhafter Prozess ist. INT hatte keine Angst davor, sich hohe Ziele zu setzen und herausfordernde Aufgaben zu übernehmen. Die Sicherung des Zugangs zu Kapital und internen Ressourcen hatte eine hohe Priorität. Das beeinflusste eindeutig die geplanten Budget- und Planungszahlen, und zwar nur in eine Richtung.

Ich erinnere mich an ein Jahr, als die ersten Angaben zu den langfristigen Produktionsprofilen und den erforderlichen Investitionen sehr hoch waren. Wir alle wussten, dass diese Zahlen nicht einmal annähernd das erwartete Ergebnis widerspiegelten. Als herausforderndes Ziel wären sie daher viel sinnvoller gewesen, weil sie die Organisation anspornten und beflügelten. Aber der Prozess ließ nur die Angabe einer Zahl zu, die sowohl ein ehrgeiziges Ziel als auch ein realistisches erwartetes Ergebnis darstellen konnte. Das war hier einfach unmöglich. Es überrascht nicht, dass das Ergebnis ein ausgehandelter Kompromiss war, eine »Quersumme«, mit der niemand besonders glücklich war.

Eine weitere beliebte Diskussion waren die Kosten für die lokalen Büros in den verschiedenen Ländern. Zu dieser Zeit waren die meisten Büros Kostenstellen, ein »Hotel« und ein Dienstleister für die Geschäftsbereiche, die in dem Land tätig waren. Alle Geschäftseinheiten wollten, dass die Büros durch detaillierte Kostenbudgets straff geführt werden, weil sie die Rechnung dafür bezahlen mussten. Jedes Jahr wurde viel Zeit und Energie darauf verwendet, das Kostenbudget und die detaillierten Verteilungsschlüssel auszuhandeln, oft unter Beteiligung der Führungskräfte der »Hotelgäste«.

Dann begann das Jahr und die Realität kam zum Vorschein. Plötzlich ergab sich eine Geschäftsmöglichkeit. Diese kam oft aus heiterem Himmel und war selten planbar. Ich war immer wieder beeindruckt, wie schnell und professionell das Unternehmen diese Gelegenheiten ergriff, die oft mit erheblichen Kosten und Aktivitätsspitzen auch für das eigentliche Länderbüro verbunden waren. Jetzt waren die Budgetverhandlungen des letzten Jahres völlig vergessen. Der Fokus lag dort, wo er hingehörte: auf den richtigen und notwendigen Anstrengungen, um das Geschäft zu sichern und einen Mehrwert zu schaffen, auch wenn dies mit Kosten verbunden war, die über die vereinbarten Budgets hinausgingen. Aber als der Herbst kam, ging es zurück an den Verhandlungstisch, um wieder über das Budget und die Verteilungsschlüssel für das nächste Jahr zu streiten.

Ein weiterer Favorit von mir war das Budget für die Geschäftseinheit Exploration. Bei dieser geht es darum, neue Öl- und Gasreserven aufzufinden. Bevor ich diese Geschichte erzähle, möchte ich betonen, dass ich das Managementteam dieser Geschäftseinheit nicht kritisiere. Es waren (und sind) vortreffliche Menschen, und ich respektiere sehr die Arbeit, die sie leisten. Ich kritisiere das System, das wir ihnen auferlegt haben. Sie haben es nicht erfunden, das waren wir.

Die Liste der Argumente, warum das Budget der Geschäftseinheit Exploration im nächsten Jahr größer sein musste als im aktuellen Jahr, war immer lang und überzeugend. Aber es war mehr die Regel als die Ausnahme, dass die Geschäftseinheit am Jahresende verkündete, dass sie »dem Unternehmen Geld zurückgeben« würde. Das Budget, für das das Team so hart gekämpft hatte, war nicht ausgegeben worden. Wie Sie sich erinnern werden, hatten wir zu dieser Zeit auch Balanced Scorecards im Einsatz. Diese waren sehr stark von KPIs geprägt. Ein wichtiger KPI auf der Exploration-Scorecard war »Explorationskosten im Vergleich zum Budget«. Selbst ich, der mit Farben und der Unterscheidung von Rot und Grün Schwierigkeiten hat, konnte sehen, dass dieser KPI fast immer grün leuchtete. Die Scorecard war auch mit dem Bonussystem verknüpft: je grüner die KPIs, desto höher der Bonus.

Es war nicht schwer zu verstehen, warum das Exploration-Budget nicht ausgegeben worden war. Es lag nicht unbedingt an den Boni. Oft ging es darum, dass neue Explorationsgebiete nicht wie geplant erschlossen werden konnten (was teuer werden kann), und um Verzögerungen bei Explorationsbohrungen. Nichts davon konnte man wirklich als gute Leistung bezeichnen, obwohl einige der Gründe außerhalb der Kontrolle des Unternehmens lagen. Dennoch haben wir es geschafft, all dies in eine gute Leistung umzuwandeln, und zwar durch den nicht sehr aussagekräftigen KPI »Explorationskosten im Vergleich zum Budget«.

Meine Kolleginnen und Kollegen brachten ähnliche Geschichten aus anderen Geschäftsbereichen mit. Wir verbrachten mehr und mehr Zeit damit, darüber zu diskutieren, was wir beobachtet hatten und *warum* dies alles geschah. In diesen Diskussionen verwies ich oft auf das, was wir bei Borealis getan hatten. Damit hätte ich allerdings schon viel früher aufhören sollen. Es muss für die anderen sowohl irritierend als auch ermüdend gewesen sein, mir dabei zuzuhören, wie ich über die Geschichte von Borealis schwadronierte, einem Unternehmen, zu dem sie wenig Bezug hatten. Rückblickend wird mir klar, wie geduldig sie mit mir waren. Ich hatte einen wichtigen Grundsatz vergessen: Jeder braucht seine eigene Reise. Wären die Rollen getauscht worden, hätte ich wahrscheinlich den Typen gebeten, den Mund zu halten, oder sogar versucht, ihn rauszuschmeißen, wenn ich es gekonnt hätte. Also nochmals vielen Dank für die Geduld. Wir hatten einige großartige Diskussionen!

All dies setzte sich in den Jahren 2003 und 2004 fort. Allmählich entwickelte sich ein gemeinsames Verständnis für die zugrunde liegenden Probleme und es entstanden auch Entwürfe von möglichen Alternativen. Der Appetit, die Probleme auf radikale Weise anzugehen, wuchs. Das Team wurde immer zuversichtlicher, dass es eine Alternative gab, ein anderes Modell, das tatsächlich funktionieren würde. Anfang 2005 waren wir bereit, uns an den Exekutivausschuss zu wenden.

Unser Vorschlag war zweigeteilt: Zunächst sollten wir die verschiedenen Budgetzwecke *trennen* und *verbessern*. So wie wir es bei Borealis getan hatten. Darüber hinaus würden wir die von 2000 bis 2004 eingeführten Scorecards unter dem Namen »Ambition to Action« zum neuen Eckpfeiler des Managementprozesses machen. Letzteres schuf auf jeden Fall Vertrauen und half, ein *Ja* zu sichern. Es würde kein großes schwarzes Loch mehr geben an der Stelle, an der sich das Budget befunden hatte. Der Vorschlag würde auch ein anderes Problem lösen, nämlich den Konflikt zwischen Scorecards und Budgets. Wie wir in Kapitel 6 erörtern werden, gehen von beiden häufig widersprüchliche Signale aus. Fast immer siegt das Budget, wodurch die Bedeutung der Scorecard ausgehöhlt wird. Die Abschaffung des Budgets bei gleichzeitiger Fortführung der Scorecards beflügelte das Konzept auf eine neue und bessere Art und Weise.

Am 9. Mai bekamen wir grünes Licht mit starker Rückendeckung durch den CEO und den CFO. Eldar Sætre war natürlich sehr zufrieden mit dem Vorschlag, da er maßgeblich am Aufbau der Plattform beteiligt war und aktiv an unseren Diskussionen teilgenommen hatte. Von dem neuen CEO, Helge Lund, war es ein weitaus größerer Vertrauensvorschuss. Er bewies großes Vertrauen, sowohl gegenüber seinem Finanzvorstand als auch gegenüber uns und dem Rest des Unternehmens.

Einige Jahre später erzählte Helge von seinen damaligen Gedanken, als er ein Beyond Budgeting-Forschungsprojekt an der Norwegian School of Economics, NHH startete (mehr über dieses großartige Projekt später). Er beschrieb, wie er mit einer ziemlich langen To-do-Liste zu Statoil gekommen war. »Das Letzte, was ich brauche, ist ein weiterer Punkt auf dieser Liste«, war seine unmittelbare Reaktion, als wir mit ihm die Idee testeten, die Budgets zu streichen. Auch er wusste, dass es ein fehlerhaftes Verfahren war. Er verstand nicht unbedingt, wie die Dinge funktionieren würden (wir auch nicht!). »Aber die Ideen gefielen mir«, sagte er, »also beschloss ich, der Sache eine Chance zu geben.« Danke dafür, Helge! Mit einem weniger vertrauensvollen und mutigen CEO hätte dieses Kapitel des Buches nicht geschrieben werden können.

Kurz darauf übernahm ich eine Vollzeitstelle für die Implementierung von Beyond Budgeting. Steve Morlidge, der einst eine ähnliche Funktion bei Unilever innehatte, behauptet, dass es zu dieser Zeit nur drei von uns in solchen Funktionen gab. Der dritte war bei der Weltbank in New York. Zum Glück ist diese Zahl jetzt deutlich höher!

4.4 Das Statoil-Modell

Einführung

Bevor wir uns dem Statoil-Modell zuwenden, möchte ich daran erinnern, dass es sich bei den folgenden Ausführungen um eine Beschreibung handelt, wie das Modell funktionieren soll. All das ist auch im sogenannten Statoil-Buch nachzulesen. Der Vorstand hat seit 2005 kein Budget mehr genehmigt. Das bedeutet nicht, dass dies bei allen und in jeder Ecke von Statoil angekommen ist. Viele aus dem Management empfinden das neue Modell als recht anspruchsvoll, vor allem in Bezug auf die Führung. Wie weit wir gekommen sind, hängt davon ab, welche Brille Sie aufsetzen und wo Sie in der Organisation stehen. Wir haben immer noch Managerinnen und Manager, die mit einem Fuß in der alten Welt stehen, oder auch solche, die mit ihrem ganzen Körper und ihrer Denkweise fest in der Vergangenheit verwurzelt sind. Dies bedeutet nicht unbedingt, dass sie die neuen Werkzeuge und Prozesse nicht nutzen. Es ist vielmehr die *Art und Weise*, wie diese eingesetzt werden, die manchmal mehr dem traditionellen Management ähnelt als Beyond Budgeting.

Ich werde also keine Geschichte erzählen, in der alles gelöst und alles perfekt ist. Solche Fälle gibt es vielleicht in ausgefeilten Fallstudien und in Hochglanzpräsentationen auf Konferenzen, aber nur selten in der realen Welt. Zumal wir es im

Vergleich zu den meisten anderen Unternehmen oder zu unseren Anfängen im Jahr 2005 dennoch sehr weit gebracht haben. Ich möchte auch betonen, dass das, was Sie jetzt lesen werden, *unsere Art* der Umsetzung von Beyond Budgeting ist. Es ist nicht der *einzige* Weg. Andere Unternehmen haben andere Wege gefunden.

Wenn die Leute hören, dass wir die traditionelle Budgetierung abgeschafft haben, lautet die unmittelbare Frage oft: »Was machen Sie stattdessen?« Ich antworte nur ungern, bevor ich nicht die Gelegenheit hatte, zu erklären, wovon wir wegkommen wollten und, was noch wichtiger ist, die Philosophie hinter unserem Modell. Es kann nur dann vollständig verstanden werden, wenn dieser Hintergrund und auch die Beyond Budgeting-Ideen verstanden werden.

In Kapitel 1 haben wir bereits eine lange Liste von Budgetproblemen identifiziert: schwache Verbindungen zur Strategie, ein zeitraubender Prozess, unethische Verhaltensweisen, überholte Annahmen, Illusionen über die Kontrolle, Entscheidungen, die zu früh und zu weit oben getroffen werden, Budgetierung, als ob die Welt am 31. Dezember endet, und Budgets, die sich schlecht für die Leistungsbewertung eignen. Bei Statoil konnten wir jedes einzelne dieser Probleme abhaken und wir wollten sie alle dauerhaft lösen. Wir brauchten jedoch mehr als nur diese Problemlisten. Wir mussten die Grundsätze eines neuen Modells beschreiben, am besten auf einer Seite, wie Arvid es von uns gefordert hatte.

Einer unserer Versuche ist in Abbildung 4–2 dargestellt. Ambition to Action, über die Sie später noch mehr hören werden, ist unsere Version der Balanced Scorecard und auch der Name unseres Managementprozesses.

Ambition to Action – die wichtigsten Grundsätze

- Bei Leistung geht es darum, besser zu sein als diejenigen, mit denen wir uns vergleichen.
- Tun Sie in der jeweiligen Situation das Richtige und lassen Sie sich dabei vom Statoil-Buch, Ihrer Ambition to Action, den Entscheidungskriterien und -befugnissen sowie einem soliden geschäftlichen Urteilsvermögen leiten.
- Innerhalb dieses Ausführungsrahmens werden Ressourcen zur Verfügung gestellt oder von Fall zu Fall zugewiesen.
- Die Geschäftsnachverfolgung ist vorausschauend und handlungsorientiert.
- Die Leistungsbewertung umfasst eine ganzheitliche Beurteilung von Leistung und Verhalten.

Abb. 4–2 *Ambition to Action – wichtige Grundsätze*

Sie werden den Gedanken, der hinter vielen dieser Aussagen steht, wiedererkennen, und auch die Inspiration von Beyond Budgeting. Bei »das Richtige tun« geht es darum, den Handlungs- und Leistungsspielraum zu vergrößern, aber nicht ohne Grenzen. Es gibt immer noch feste Wände in diesem Raum. Wir nennen ihn den »Ausführungsrahmen«, der in Abbildung 4–3 dargestellt ist.

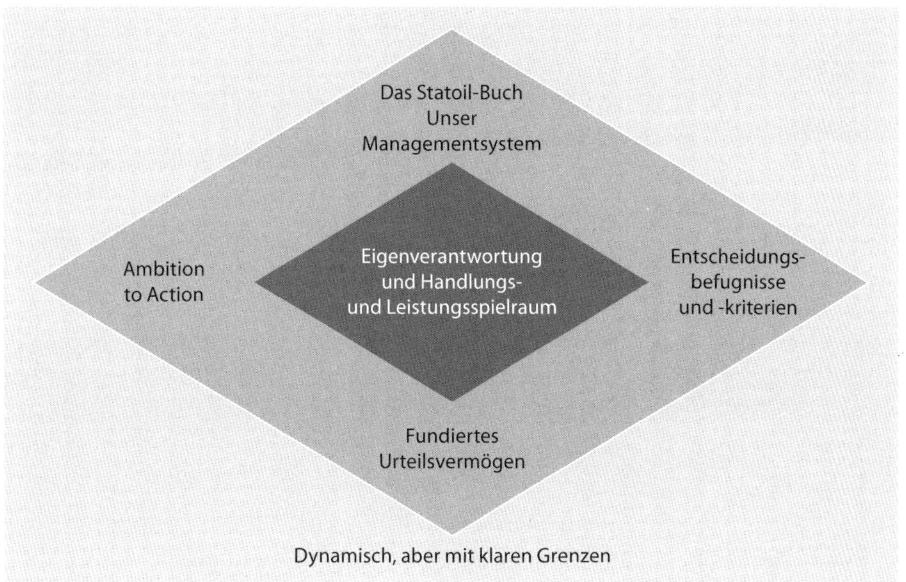

Abb. 4–3 *Der Ausführungsrahmen*

Die *erste* Wand in dem größeren Raum ist das Statoil-Buch (eine Broschüre), die alle Beschäftigten des Unternehmens erhalten und in der es darum geht, wer wir sein wollen und wie wir die Dinge bei Statoil angehen. Es beginnt folgerichtig mit Werten und Führungsprinzipien. Dann wird unser Betriebsmodell beschrieben, einschließlich des Prozesses Ambition to Action. Das Statoil-Buch enthält auch einige wichtige Unternehmensrichtlinien, aber es ist kein umfangreicher Leitfaden. Es bietet Anleitung und Orientierung, keine Mikroanweisungen.

Darüber hinaus gibt es eine Reihe von Anforderungen an die Arbeitsprozesse des Unternehmens. Diese wurden von Prozessverantwortlichen entwickelt, die für die Gestaltung und die Standards innerhalb ihres eigenen Prozesses verantwortlich sind, und im Managementsystem Aris dokumentiert. Sie werden später mehr darüber erfahren, wie diese Anforderungen radikal vereinfacht wurden und die Verantwortung auf die Linie verlagert wurde.

Es war eine kluge Entscheidung, das Statoil-Buch in gedruckter Form herauszugeben, um es von allem anderen, was online zu finden ist, abzuheben (Abb. 4–4). Es ist schön zu sehen, wie viele das Buch auf ihrem Schreibtisch liegen haben. In Besprechungen und Diskussionen hört man oft: »Im Statoil-Buch steht …«

Die *zweite* Wand ist die Ambition to Action der einzelnen Abteilungen, die durch strategische Ziele, KPIs und Aktivitäten eine konkretere Anleitung und Richtung vorgibt.

The Statoil
Book

Abb. 4-4 *Das Statoil-Buch*

Die *dritte* Wand besteht aus einer Reihe von finanziellen und nicht finanziellen Entscheidungskriterien, kombiniert mit einer Reihe von Entscheidungsbefugnissen, die angeben, wie weitreichend eine einzelne Entscheidung einer Führungsperson sein darf, bevor sie sich an eine Ebene höher wenden muss. Diese Wand hat es schon immer gegeben. Neu ist, dass es keine »doppelte Entscheidungsfindung« mehr gibt, wenn es z. B. um die Genehmigung der jährlichen Investitionsbudgets geht.

Die *vierte* Wand ist ein fundiertes Urteilsvermögen. Die Macht des gesunden Menschenverstands sollte niemals unterschätzt werden. Ich misstraue jedem Modell, in dem diese wichtige Komponente fehlt.

Innerhalb dieses Rahmens werden die Ressourcen von Fall zu Fall zur Verfügung gestellt oder zugewiesen. Alle Prinzipien werden später ausführlicher erläutert, einschließlich der dynamischen Ressourcenzuweisung, der vorwärts- und handlungsorientierten Geschäftsnachverfolgung und der ganzheitlichen Leistungsbewertung.

Vielleicht sind Sie enttäuscht von unserem einfachen Modell, das viele Elemente enthält, die vielleicht schon in Ihrer eigenen Organisation existieren. Ein Großteil des Unterschieds liegt in der Art und Weise, wie wir das handhaben, was man als Standardkomponenten in einem Managementprozess ansehen könnte. Eine Balanced Scorecard zum Beispiel ist keineswegs einzigartig. Die Vorgehensweise, wie sie implementiert und betrieben wird, macht jedoch einen großen Unterschied. Eine Scorecard kann ein Befehls- und Kontrollsystem schützen und verstärken, oder sie kann das Gegenteil bewirken. Zu viele Unternehmen gehören zu der ersten Kategorie. Unser Ziel ist die zweite Kategorie.

Die Art und Weise, wie alles zusammenhängt und wie wir die verschiedenen Schritte im Managementprozess integriert haben, macht ebenfalls einen Unterschied. Die Teile sind nicht einzigartig, aber sie sind gut miteinander verbunden, von der Strategie bis zu den Menschen, vom Unternehmen bis zur Basis.

Vielleicht sind Sie trotzdem enttäuscht. Und das ist auch in Ordnung, denn dahinter steckt keine Raketenwissenschaft, sondern nur eine Menge gesunder Menschenverstand und harte Arbeit über viele Jahre hinweg.

Wie bereits erwähnt, waren die Trennung des Budgetzwecks und die Einführung von Ambition to Action die beiden Schritte, mit denen wir begonnen haben. Schauen wir uns zunächst die Trennung an.

Trennung der Budgetzwecke

In früheren Kapiteln haben wir die verschiedenen Zwecke eines Budgets – Zielsetzung, Prognose und Ressourcenzuteilung – erörtert und erklärt, warum die Kombination dieser drei Zwecke ernsthafte Probleme verursacht. Lassen Sie uns kurz rekapitulieren.

Jeder einzelne dieser Zwecke stellt kein Problem dar, solange alle auf sinnvolle Weise durchgeführt werden. Das Problem entsteht, wenn die drei Zwecke in einem Prozess kombiniert werden, der nur einen Satz von Zahlen zulässt, nämlich die Budgetzahlen. Dieses »Überraschungsei« des Managements mag sehr effizient erscheinen: drei Dinge zur gleichen Zeit! Diese Effizienz hat jedoch einen hohen Preis, denn die drei Zwecke haben unterschiedliche und oft widersprüchliche Ziele. Nehmen Sie Zielsetzung und Prognosen. Ein Ziel ist ein *Bestreben*, also das, was wir erreichen *wollen*. Eine Prognose ist eine *Erwartung*, also das, was wir *glauben*, was passieren wird. Eine gute Umsatzprognose kann nicht gleichzeitig ein ehrgeiziges Umsatzziel sein. Prognosen, die gleichzeitig Anträge für Ressourcen sind, neigen dazu, systematisch »zu hoch« zu sein, da das Management hortet und sich Verhandlungsspielraum sichert, bevor es die Axt ansetzt.

Wie wir bei Borealis gelernt haben, gibt es glücklicherweise eine sehr einfache Lösung. Wir können und sollten mit diesen drei Managementaktivitäten fortfahren, aber in getrennten und unterschiedlichen Prozessen, die unterschiedliche Zahlen zulassen. Wir können sie sogar zu unterschiedlichen Zeiten und mit unterschiedlichen Zeithorizonten durchführen.

Sobald die drei Ziele aus der Zwangsjacke befreit sind, eine einzige Zahl in einem einzigen Prozess produzieren zu müssen, eröffnen sich enorme Verbesserungsmöglichkeiten. Wenn wir jeden Zweck einzeln betrachten, können wir uns von geschäftlichen und menschlichen Gegebenheiten inspirieren lassen und unsere Gestaltung vorantreiben. Wir können die Realität ernst nehmen und nicht nur als VUCA-Welt bezeichnen. Wir sollten auch unsere Überzeugungen über Menschen in unsere Entscheidungen einfließen lassen. Wenn das die Theorie Y ist (hoffentlich ist sie das), hat das erhebliche Konsequenzen. Hier sind einige wichtige Fragen, die wir uns jetzt stellen sollten:

- Wie können wir Ziele setzen, die die Menschen inspirieren und motivieren, die sie fordern, ohne dass sich jemand überfordert fühlt? Wie können wir Ziele setzen, die robuster gegen all die VUCA da draußen sind?

- Wie können wir schnell eine Reihe von unvoreingenommenen Prognosezahlen auf den Tisch legen, ohne eine Unmenge Details, von denen wir wissen, dass wir ihnen vertrauen können, weil wir die Gründe für das Spiel mit den Zahlen beseitigt haben?
- Wie können wir effektivere und intelligentere Wege finden, die Kosten zu verwalten und die knappen Ressourcen zu optimieren, als es das traditionelle Budget bietet?

Vielleicht erinnern Sie sich an das Bild, das wir in Borealis erstellt haben, um die Trennung dieser Zwecke zu erklären (Abb. 3–4). Bei Statoil haben wir versucht, die Botschaft weiter zu verfeinern und zu schärfen. In Abbildung 4–5 sehen Sie, wie es heute aussieht und wo wir uns auf unserer Reise befinden.

Organisationen gehen bei der Erkundung von Verbesserungsmöglichkeiten unterschiedlich weit, und das sollte auch so sein. Einige gehen nur wenig über die Trennung hinaus, was immer noch große Vorteile mit sich bringt. Andere gehen noch weiter und stellen fest, dass sie jeden Prozess radikal verbessern können. Einige entscheiden sich für die ultimative Vereinfachung, indem sie keine oder nur wenige Ziele setzen und auch die Prognosen fallen lassen. Auch hier gibt es nicht die eine richtige Antwort, sondern eine Menge guter Alternativen, die zur Auswahl stehen oder noch entdeckt werden müssen. Viele stellen auch fest, dass sie im Laufe der Zeit mutiger werden und sich für radikalere Veränderungen entscheiden, nachdem sie eine Zeit lang nur mit getrennten Zahlen gearbeitet haben.

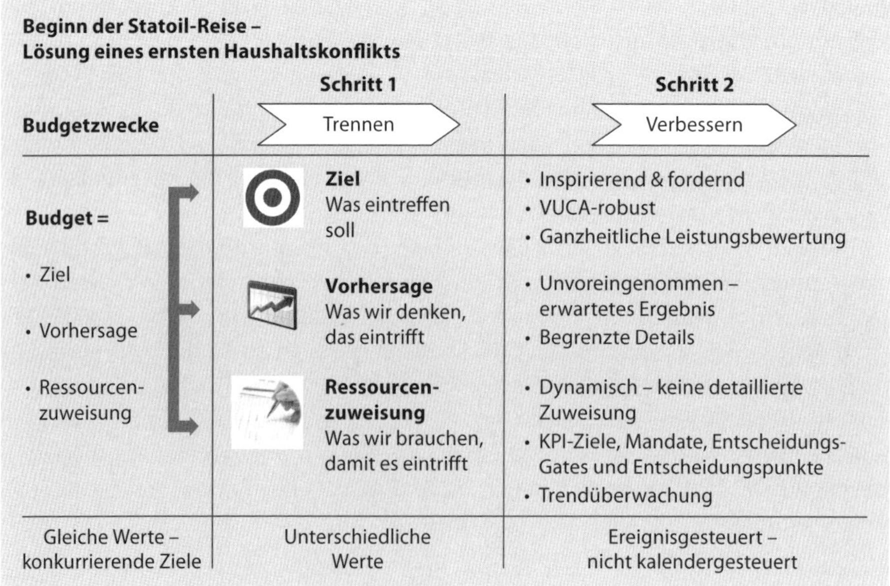

Abb. 4–5 *Trennung von Budgetzielen*

Hier ist eine Möglichkeit, Zielsetzung und Prognose voneinander zu trennen: Legen Sie zuerst die Ziele fest, und zwar auf der Grundlage eines Blicks von außen auf das, was möglich ist. Was haben andere geschafft? Was bedeutet großartig? Es geht um hohe Ambitionen, um Streben und darum, was wir erreichen wollen. Sobald dies feststeht, können wir darüber nachdenken, wie wir diese Ziele erreichen können. Es geht zunächst um die Planung von Maßnahmen und darum, die Folgen unseres Handelns durch Prognosen zu verstehen. Werden sie uns zu unseren Zielen führen?

Die Fusion von Statoil und Hydro war ein Beispiel für die Anwendung dieses Prinzips. Als die Fusion im Dezember 2006 angekündigt wurde, wurde versprochen, dass das neue Unternehmen bis Oktober 2007 einsatzbereit sein würde. Zu diesem Zeitpunkt gab es noch keinen Plan, wie das geschehen sollte. Damals durften wir uns noch nicht austauschen. Der Plan kam erst später, angetrieben von diesem ehrgeizigen Ziel. Aber wir haben es geschafft. Wäre es andersherum gelaufen, d.h., wären keine Startverpflichtungen eingegangen worden, bevor ein vollständiger Masterplan vorlag, hätten wir vielleicht immer noch im Oktober starten können, aber wahrscheinlich erst im Jahr 2008.

Ich kann nicht genug betonen, wie wichtig und effektiv eine Trennung der einzelnen Budgetzwecke für den Einstieg in eine Beyond Budgeting-Reise sein kann. Die daran anschließenden Verbesserungsdiskussionen führen oft zu größeren und grundlegenderen Diskussionen, bei denen die Beyond Budgeting-Prinzipien auf eine weniger beängstigende Weise Anleitung und Ratschlag darstellen. Der Schwerpunkt liegt zunächst auf den Managementprozessen, geht dann aber ganz natürlich zu den größeren Themen Menschen und Führung über.

Diese Trennung beruhigt auch die Ängstlichen. Es wird immer Managerinnen und Manager geben, die sich vor der Abschaffung von Budgets fürchten. Durch die Trennung und anschließende Verbesserung können wir ihnen versichern, dass wir weiterhin das tun werden, was das Budget für uns zu tun versucht hat, nur auf viel bessere Weise. Das klingt doch nicht allzu beängstigend, oder?

Lassen Sie uns nun zu Ambition to Action übergehen, dem Prozess, in dem unter anderem die drei Aktivitäten stattfinden. Wir hätten auch ohne Ambition to Action lediglich eine Trennung vornehmen und trotzdem erhebliche Vorteile erzielen können, wie es in vielen Beyond Budgeting-Unternehmen der Fall ist. Ambition to Action fügt unserem Modell allerdings wichtige neue Dimensionen hinzu und macht es noch leistungsfähiger.

Ambition to Action (Ehrgeiz zum Handeln)

Ambition to Action ist eine Kombination aus Beyond Budgeting und der Balanced Scorecard. Auch wenn es wie eine Standard-Balanced-Scorecard aussieht, gibt es mindestens vier Gründe, warum Ambition to Action mehr zu bieten hat als die typische Scorecard:

1. Wir haben sie nicht einfach auf das aufgesetzt, was wir bereits hatten. Wir haben auch etwas entfernt. Das Budget war ein ernst zu nehmender Konkurrent, der fast immer gewann, wenn die beiden Konzepte aufeinandertrafen. Die Abschaffung der Budgets war ein deutliches Signal an die Organisation, dass wir es mit Ambition to Action ernst meinten, denn das ist alles, was es gibt.
2. Wir haben hart daran gearbeitet, Ambition to Action zu einem Prozess zu machen, der den Teams hilft, ihr eigenes Geschäft zu managen, und nicht nur ein weiteres Befehls- und Kontrollinstrument an der Spitze geschaffen.
3. Als die Scorecards bei Statoil eingeführt wurden, ging es nur um KPIs. Es entwickelte sich ein müder Zynismus gegenüber diesen KPIs, weil wir sie mehr förderten, als sie es verdienten. Indem wir neben den KPIs auch strategische Ziele und Maßnahmen aufstellten, bekamen wir eine breitere und aussagekräftigere Leistungssprache. Wir wurden weniger abhängig von den KPIs und Ambition to Action wurde zu einem Prozess, der die geschäftlichen Realitäten und die tatsächliche Funktionsweise des Unternehmens besser widerspiegelte.
4. Wir haben Ambition to Action genutzt, um Brücken zu bauen, nicht nur zum Strategieprozess, sondern auch zur Personalabteilung und zum Personalprozess. Die Fokussierung auf ein *integriertes* Performance Management ist in der Organisation sehr gut aufgenommen worden, auch weil es die Realität, wie die Dinge in der Linie tatsächlich funktionieren, besser wiedergab. Diese Integration hat zu Synergieeffekten geführt, die unsere Erwartungen weit übertroffen haben. Ambition to Action ist jetzt sowohl in der Strategie als auch in der Personalabteilung ein gängiger Begriff.

Abbildung 4–6 zeigt das Konzept »Ambition to Action« in Kurzform.

Abb. 4-6 *Ambition to Action*

Ambition to Action hat drei Ziele:

- Umsetzung der Strategie von Ambitionen in Aktionen
- Sicherung von Flexibilität – Handlungs- und Leistungsspielraum
- Aktivierung von Werten und Führungsprinzipien

Der Ausgangspunkt für Ambition to Action ist die festgelegte Strategie. Bei der Strategie geht es darum, Entscheidungen zu treffen. Wer niemals *Nein* sagt, hat keine Strategie. Wenn Sie also das nächste Mal jemandem zuhören, der seine Strategie vorstellt, fragen Sie ihn, wozu er *Nein* gesagt hat. Wenn er das nicht beantworten kann, gibt es keine Strategie. Keine noch so ausgefallene Präsentation kann das ändern. Aber *Nein* zu sagen ist nicht genug. Wir müssen auch in der Lage sein, das auszuführen, wozu wir *Ja* gesagt haben. An diesem Punkt setzt Ambition to Action an und hilft dabei, strategische Entscheidungen durch eine *horizontale* Übersetzung auf jeder Organisationsebene zu implementieren:

- Wohin gehen wir und wie sieht der Erfolg aus? (Ambitionen und strategische Ziele)
- Wie kommen wir dorthin? (Aktionen)
- Wie messen wir den Fortschritt? (KPIs)

Wir stellen diese Fragen innerhalb jeder der vier Standardperspektiven der Balanced Scorecard: Finanzen, Markt, Betrieb sowie Menschen und Organisation. Wir haben eine fünfte hinzugefügt: Gesundheit, Sicherheit und Umwelt (Health, Security, Environment – HSE), da diese Dimension in unserer Branche extrem wichtig ist.

Schließlich gibt es noch die *vertikale* Übersetzung zwischen den Organisationsebenen. Dies soll die notwendige Abstimmung in der gesamten Organisation sicherstellen, vom Unternehmen bis zu den Teams an der Basis. Wir dürfen jedoch nicht so viel Klebstoff zur Sicherung dieser Ausrichtung verwenden, um nicht das zu verlieren, was genauso wichtig ist: Eigenverantwortung und Engagement sowie die Autonomie und Flexibilität, um etwas zu erkennen und darauf zu reagieren. Bei Ambition to Action geht es auch darum, den Teams an der Basis dabei zu helfen, ihre täglichen Aufgaben zu erfüllen und Ergebnisse zu erzielen. Es ist wichtig, das richtige Gleichgewicht zwischen beiden zu finden, da die Teams manchmal in unterschiedliche Richtungen zielen.

Der Prozess sollte eher eine *Strategieübersetzung* als eine *Kaskadierung* sein, wobei jede Ebene interpretiert und übersetzt, was andere relevante Ambition-to-Action-Ebenen um sie herum für sie bedeuten sollten. Sie müssen auf die übergeordnete Einheit blicken und vielleicht noch weiter nach oben, manchmal sogar bis hinauf zum Unternehmensziel »Ambition to Action«. Es kann auch notwendig sein, nach links und rechts zu schauen, wenn es Schnittstellen zu benachbarten Einheiten gibt. Darüber hinaus sollte jede Einheit bei Bedarf ihren eigenen Strategieprozess durchführen. Dadurch können Themen und Ziele hinzugefügt werden, die nicht aus den Meldungen von oben herausgelesen werden können. Dabei können auch neue strategische Fragen aufgeworfen werden, die die übergeordneten Strategien beeinflussen könnten. Für die Eigenverantwortung und das Engagement ist es entscheidend, dass die Teams das Gefühl haben, nicht nur passive Beifahrer zu sein, wenn ihre eigene Ambition to Action entwickelt wird. Das ist durchaus möglich, auch wenn es klare Vorgaben und Anweisungen von oben gibt.

Wir haben viele Diskussionen über die richtige Reihenfolge bei der Einführung von Ambition-to-Action-Prozessen geführt. Einige plädieren für einen strikt sequenzierten Prozess, bei dem keine Ebene beginnt, bevor die darüber liegende Ebene abgeschlossen ist. Heute ist dieser Teil des Prozesses recht fließend und wird kaum von oben orchestriert. Je mehr sich der Prozess selbst reguliert, desto besser. Die Abkehr von den jährlichen Versionen im Jahr 2010 hat den Prozess noch kontinuierlicher gemacht, wie wir später noch erläutern werden.

Ambition to Action konzentriert sich offensichtlich auf wichtige Bereiche, in denen wir *Veränderungen* anstreben. Es kann jedoch auch wichtige Bereiche geben, in denen wir keine Veränderungen wollen, weil die Situation in Ordnung ist. In diesem Fall haben wir im MIS außerhalb von Ambition to Action einen Monitoringbereich eingebaut, in dem wir die Entwicklung der »wichtigen, aber in Ordnung« befindlichen Bereiche überwachen können. Wenn einer dieser Bereiche eine negative Entwicklung zeigt und sich zu einem Problem entwickelt, können wir ihn in Ambition to Action mit entsprechenden Maßnahmen aufnehmen, bis das Problem wieder gelöst ist.

Vor einigen Jahren haben wir die herkömmliche Reihenfolge der fünf Perspektiven umgedreht. Die meisten Scorecards beginnen mit der Finanzperspektive. Wir beginnen nun mit Menschen und Organisation, gefolgt von HSE und enden mit den Finanzen. Wir haben umgeschaltet, weil wir gesehen haben, was in Besprechungen zur Unternehmensbewertung passiert, wenn die Tagesordnung knapp und die Zeit begrenzt ist. »Lassen Sie uns beim nächsten Mal auf Menschen und Organisation zurückkommen ...« Dahinter steckte kein böser Wille, aber das sind nicht die Signale, die wir aussenden sollten, wenn wir eine Organisation sein wollen, in der der Mensch im Mittelpunkt steht. Also haben wir Menschen und Organisation an die Spitze gesetzt. Eine weitere kleine Lücke zwischen dem, was wir sagen, und dem, was wir tun, wurde somit geschlossen.

In letzter Zeit haben wir weitere Anpassungen vorgenommen. Wir haben festgestellt, dass viele die Finanzperspektive für alles verwenden, was mit Geld zu tun hat, z.B. für Kosten-KPIs, die normalerweise in die Betriebsperspektive gehören. Daher haben wir Finanzen in Ergebnisse umbenannt. Das entspricht eigentlich der Intention einer Balanced Scorecard: Ursache und Wirkung zu verbinden, indem wir in den anderen Perspektiven ansprechen, worin wir gut sein müssen, um Ergebnisse und einen Wert zu schaffen. Bei Profitcentern funktioniert das ganz gut. Da wir eine Organisation mit einer Wertschöpfungskette sind, haben viele Geschäftseinheiten keine wirkliche Verantwortung für das Endergebnis, wie zum Beispiel unsere Geschäftsbereiche Technologie und Projektentwicklung, die den anderen Geschäftsbereichen dienen. Jede Einheit sollte jedoch darüber nachdenken, warum sie existiert, welchen Beitrag sie leisten und welche Ergebnisse sie erzielen sollte, auch wenn sich diese nicht immer direkt in der Gewinnspanne definieren lassen.

Darüber hinaus haben wir den Bereich Gesundheit, Sicherheit und Umwelt (HSE) in Sicherheit, Schutz und Nachhaltigkeit umbenannt und an die erste Stelle gesetzt, ohne die Bedeutung von Menschen und Organisation zu schmälern. Das Thema Sicherheit wurde nach einem Terroranschlag auf unsere Betriebe in Algerien im Jahr 2013, bei dem fünf Statoil-Mitarbeiter ums Leben kamen, deutlich nach oben auf die Tagesordnung gesetzt.

Abbildung 4–7 zeigt ein Beispiel für eine Ambition to Action, nämlich einen Screenshot direkt aus dem MIS. Er ist schon ein paar Jahre alt, spiegelt also nicht die jüngsten Anpassungen wider.

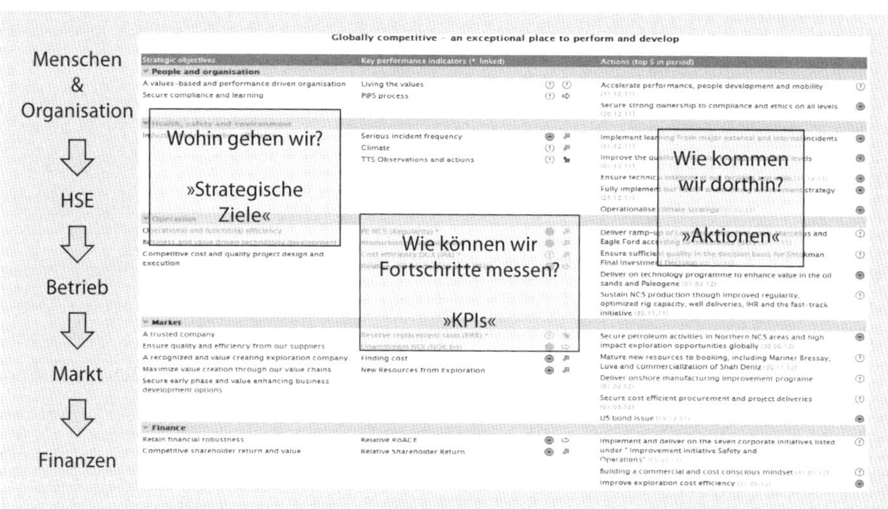

Abb. 4–7 *Beispiel für Ambition to Action*

Jede Ambition to Action beginnt mit einer Aussage zu den Zielen. Auf Unternehmensebene wäre dies unsere Vision von »Die Zukunft der Energie gestalten«. Die Diskussion über die korrekte Verwendung von *Ambitionen*, *Missionen* und *Visionen* taucht immer wieder auf. Mir ist es eigentlich egal, wie wir es nennen. Wichtig ist, dass wir etwas Sinnvolles über den Gesamtzweck oder die Richtung sagen, etwas, das die Menschen bewegt und eine Orientierung für den Rest von Ambition to Action bietet. Ich glaube, den meisten Beschäftigten ist der Unterschied zwischen Mission und Vision völlig egal. Sie wollen einfach nur abgeholt und inspiriert werden! Heute gibt es etwa 800 Ambition-to-Action-Initiativen im Unternehmen. Es waren sogar mal mehr, aber die Geschäftsbereiche haben schon vor einiger Zeit aufgeräumt, da es wahrscheinlich mehr waren als nötig. Die meisten Organisationseinheiten ab einer gewissen Größe haben jedoch ihre eigenen. Die Ambition to Action von Statoil hat der Vorstand anstelle eines Budgets bewilligt. Darüber hinaus genehmigt der Vorstand natürlich auch unsere größten Projekte, aber kontinuierlich und nicht durch ein jährliches Investitionsbudget.

Es ist nicht zwingend erforderlich, eine Ambition to Action zu haben. Führungskräfte fragen uns oft, ob ihr Team eine haben sollte. Wir empfehlen auf jeden Fall, es auszuprobieren, raten aber nur dann zu einem Ja, wenn es das Team selbst als eine sinnvolle und wertschöpfende Art der Selbstverwaltung erlebt. Wenn nicht, ist es ohne besser dran. Die Aufgabe des Managements muss aber immer noch erledigt werden: die Richtung vorgeben, Maßnahmen planen und ausführen sowie messen, ob sich die Dinge in die richtige Richtung bewegen. Wenn das Team aber PowerPoint, Word und Excel bevorzugt, ist das seine Entscheidung.

Einige Managerinnen und Manager glauben immer noch, dass sie eine Ambition to Action haben müssen, was oft zu einer geringen Eigenverantwortung führt. Das beste Anzeichen für fehlende Eigenverantwortung ist, wenn die Ambition to Action nur vor den Geschäftsbesprechungen mit der übergeordneten Ebene aktualisiert wird. Wir sind sogar auf einen Manager gestoßen, der glaubte, er müsse sie haben, um am Bonussystem teilnehmen zu können. Ich kann mir kaum eine schlechtere Motivation vorstellen.

Es besteht natürlich die klare Erwartung, dass das Konzept auf den höheren Ebenen der Geschäftsbereiche und -einheiten Anwendung findet, aber ich glaube nicht, dass sich hier jemand dazu gezwungen fühlt. Eine Reihe von Stabsstellen hat sich ebenfalls für Ambition to Action entschieden. In der Abteilung »Performance Management and Risk«, in der ich tätig bin, verfügen wir schon seit einigen Jahren über ein solches Konzept. Es gibt zwar nur wenige KPIs, aber es funktioniert trotzdem, weil wir klare und aussagekräftige strategische Ziele und Maßnahmen haben.

Alle Ambition-to-Action-Prozesse werden im MIS-System eingerichtet, nachverfolgt und gepflegt. Wir werden später noch ausführlicher auf das MIS und die Geschäftsnachverfolgung eingehen.

Wie in den meisten Organisationen entstehen auch bei Statoil Akronyme. Es hat nicht lange gedauert, bis *AtA* aufgetaucht ist. Dann kam *A2A*, und ich habe auch *AtoA* gesehen. Ich persönlich bin der Meinung, dass es einige Dinge gibt, die es verdienen, vollständig ausgeschrieben zu werden. Niemand hat zum Beispiel die Werte von Statoil oder unsere Führungsprinzipien abgekürzt. Es ist kein Zufall, dass im Statoil-Buch nur von Ambition to Action die Rede ist. Früher habe ich die Leute darauf hingewiesen, aber ich habe es aufgegeben. Sie sollten sich Ihre Konflikte selbst aussuchen. Nicht alle sind es wert, ausgefochten zu werden!

Der Prozess von Ambition to Action

Abbildung 4–8 zeigt, wie Ambition to Action im Statoil-Buch dargestellt wird. Gehen wir den Prozess Schritt für Schritt durch.

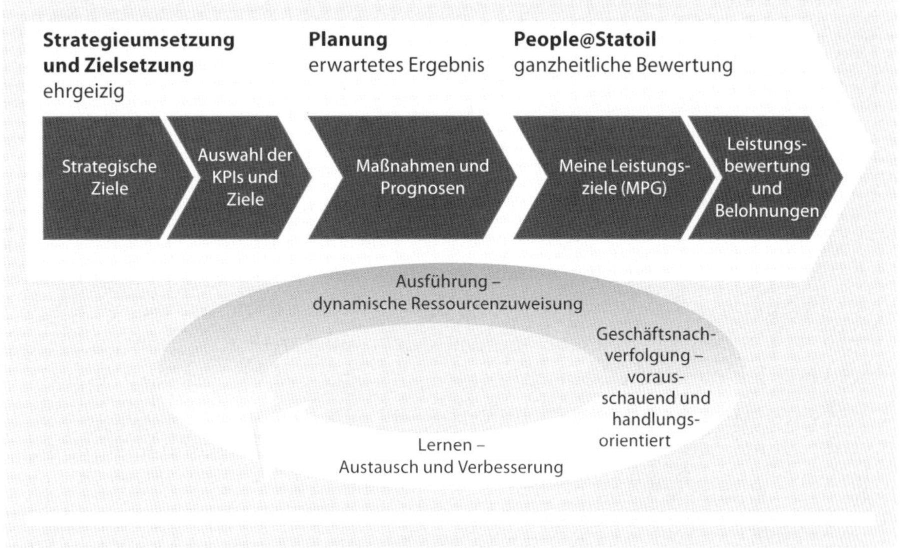

Abb. 4–8 *Der Ambition-to-Action-Prozess*

Strategieumsetzung und Zielsetzung

Stretegische Ziele

Der erste Teil von Ambition to Action, die strategischen Ziele, entsteht im Rahmen des Strategieprozesses und könnte im Sinne der Balanced Scorecard als unsere Strategielandkarte bezeichnet werden. Der Strategieprozess ist innerhalb des Unternehmens etwas unterschiedlich. Auf Konzernebene handelt es sich eher um einen kontinuierlichen und themenorientierten Prozess, bei dem strategische Themen je nach Bedarf oder in regelmäßigen und längeren Strategiesitzungen des Exekutivausschusses, in der Regel alle sechs Monate, besprochen werden.

Die strategischen Ziele beschreiben, wie der Erfolg in einem mittelfristigen Zeithorizont aussieht. Wie lang dieser ist, hängt vom Rhythmus des aktuellen Geschäfts ab. Einmal festgelegt, bleiben die strategischen Ziele relativ stabil, es sei denn, es kommt zu größeren Änderungen in der strategischen Ausrichtung.

Im Folgenden finden Sie einige Fragen, die wir Teams bei der Entwicklung und Überprüfung der Qualität ihrer strategischen Ziele empfehlen:

- Entsprechen sie der Ambition und der Strategie, und enthalten sie Bereiche, die sowohl wichtig sind als auch verändert werden müssen?
- Bieten sie eine klare Orientierung und Richtung?
- Sind sie in einer Sprache geschrieben, die die Menschen ohne zu viele Schlagworte anspricht?
- Unterstützen sie sich gegenseitig (Ursache und Wirkung durch die fünf Perspektiven)?
- Stimmt der Zeithorizont, spiegelt dieser eine relevante Lieferfrist wider?

Die Bedeutung von Ton und Sprache, die bei der Formulierung von Zielen verwendet werden, wird oft unterschätzt. Strategische Botschaften können sich leicht in zu vielen Worten verlieren, wobei »korrekt und präzise« über »spricht die Leute an« siegt. Die Sprache der Berater ist voll von Wörtern, die man vermeiden sollte, weil sie die Menschen nicht so erreichen, wie wir es denken. Nehmen Sie zum Beispiel die beliebte *Excellence*. Es ist ein abgenutzter Begriff, der meiner Meinung nach mehr Menschen abschreckt als anspricht. *Weltklasse* könnte in eine ähnliche Kategorie fallen. Tatsächlich würde es viele mehr begeistern, wenn es hieße: »Überragen wir die Konkurrenz haushoch!« Welche Sprache Sie auch immer verwenden, bemühen Sie sich um das Einfache und Natürliche, aber malen Sie große Bilder, die fesseln und mit denen die Menschen etwas anfangen können und an die sie glauben. Welche Art von Sprache ist es, die Sie anspricht? Vertrauen Sie mehr auf Ihren Instinkt als auf Schlagworte. Fordern Sie Ihre Mitarbeiterinnen und Mitarbeiter nicht auf, Bullshit-Bingo zu spielen. Sie haben es richtig gemacht, wenn die Leute reagieren mit einem lauten »Ja, das ist eine Reise, bei der ich dabei sein möchte!«.

Manche Managementteams werden bei der Arbeit an strategischen Zielen ungeduldig. Sie wollen zu den KPIs und Maßnahmen übergehen, die sie im Vergleich zu den längerfristigen strategischen Zielen als konkreter und greifbarer empfinden. Es ist jedoch von entscheidender Bedeutung, sich ausreichend Zeit für die Entwicklung strategischer Ziele zu nehmen, und dies muss gemeinsam geschehen. In diesen Diskussionen, in denen Strategien geschärft und herausgearbeitet werden, kommen oft unterschiedliche Interpretationen der strategischen Ausrichtung auf den Tisch, die sonst vielleicht unbemerkt und unbehandelt geblieben wären. Dag Larsson, Mitglied des BBI-Kernteams, drückt es so aus: »Geschwindigkeit kann niemals die Richtung ersetzen.«

Es ist auch viel schwieriger, gute KPIs zu identifizieren, wenn die Vorarbeit für die strategischen Ziele nicht geleistet wurde. Denken Sie daran, dass der Hauptzweck eines KPIs darin besteht, zu messen, dass wir uns auf diese Ziele hinbewegen. Wenn wir direkt zu den KPIs übergehen, ohne uns darüber im Klaren zu sein und uns darauf zu einigen, was diese sind, wie können wir dann wissen, welche wir auswählen sollen?

Aus der Konzernperspektive werden die strategischen Ziele immer operativer, je näher wir an die Basis kommen. Das ist genau das, was wir wollen, eine Übersetzung in etwas Konkreteres und »Ausführbares«. Die Beschäftigten an der Basis sehen ihre Ziele immer noch als strategisch an und geben ihnen eine Richtung vor. Wir haben einmal erwogen, die Bezeichnung »strategische Ziele« in diesem Teil der Organisation in etwas Operatives zu ändern. Aber wo sollten wir das ändern und wie sollten wir das erklären? »Ihr solltet euch auf das Heute konzentrieren und die Richtung und das Morgen vergessen.« Ich bin froh, dass wir diese Idee nicht aufgegriffen haben.

Key Performance Indicators: Auswahl und Zielsetzung

Es ist mehr als 20 Jahre her, dass wir bei Borealis als eines der ersten europäischen Unternehmen Balanced Scorecards eingeführt haben. Ich kann mich noch gut daran erinnern, wie aufgeregt ich war, als ich dieses neue Managementtool entdeckte. Besonders fasziniert war ich von dem KPI-Teil. Endlich würden wir in der Lage sein, alle wahren Leistungsfaktoren in unserem Unternehmen zu verstehen. Wir hätten wissen müssen, dass es nicht so einfach sein würde. Diese perfekten KPIs, die die ganze Wahrheit enthüllten, waren ziemlich schwer zu finden, zumindest wenn man sich außerhalb der Finanzperspektive bewegte. Ich kann manchmal stur sein, und meine Jagd nach diesen perfekten KPIs dauerte viele Jahre an. Irgendwann habe ich aufgegeben, weil es sie einfach nicht gibt. Noch einmal: Sie heißen nicht KPTs – Key Performance Truths. Das bedeutet **nicht**, dass sie unnütz sind. Wir müssen uns nur an ihre Grenzen erinnern.

Wir haben bereits einige der Merkmale guter KPIs besprochen. Hier ist die Checkliste, die wir verwenden:

- Messen sie den Fortschritt in Richtung strategischer Ziele?
- Messen sie die tatsächliche Leistung?
- Gibt es eine gute Mischung aus Früh- und Spätindikatoren?
- Sprechen sie Bereiche an, in denen wir Veränderungen oder Verbesserungen anstreben (oder reicht Monitoring aus)?
- Werden die KPIs auf der Ebene, auf der sie verwendet werden, als aussagekräftig wahrgenommen?
- Können die Daten leicht erhoben werden?

Viele haben uns nach der richtigen Anzahl von KPIs in Ambition to Action gefragt. Es gibt keine richtige Antwort. Sie hängt davon ab, wie viele strategische Ziele es gibt und wie messbar das Unternehmen ist. Sie hängt auch von der Qualität der strategischen Ziele und Maßnahmen ab. Je klarer diese sind, desto weniger sind wir darauf angewiesen, zusätzlich über KPIs zu messen. Die Leute haben immer wieder nachgefragt, und am Ende haben wir auf Erklärungen verzichtet und gesagt »zwischen 5 und 15«.

Wenn die Teams KPIs auswählen, können sie zwischen »automatischen« und »manuellen« wählen. Wir haben mehrere Hundert vordefinierte KPIs im MIS. Wenn einer davon ausgewählt wird, erhält das Team die Berichte kostenlos, da die Daten automatisch aus dem SAP Data Warehouse gezogen werden. Wenn aus irgendeinem Grund keiner dieser Werte als gut genug angesehen wird, können die Teams ihre eigenen KPIs definieren. Die Berichterstattung muss dann manuell vom Team selbst vorgenommen werden, das beurteilen muss, ob ein solcher maßgeschneiderter und manueller KPI den zusätzlichen Arbeitsaufwand rechtfertigt.

Wie bereits erwähnt, können *relative* KPIs sehr effektiv sein. Es gibt hierbei zwei Arten von relativen KPIs. Bei der ersten Art geht es um Input/Output-Relationen, z.B. um Stückkosten anstelle von absoluten Kosten; bei der zweiten geht es um Benchmarking und Vergleiche mit anderen. Die beiden können auch kombiniert werden.

Es kann manchmal schwierig sein, Vergleiche mit anderen Teams zu finden, vor allem extern, aber manchmal auch intern. Input/Output- oder Produktivitäts-KPIs sind oft einfacher zu definieren. Die besten sind oft eine Kombination: Benchmarking von Produktivitäts-KPIs. Eine Beyond Budgeting-Implementierung hängt jedoch nicht von der Suche nach solchen KPIs ab, wie einige zu glauben scheinen. Sie machen die Umsetzung nur ein wenig einfacher.

Damit Benchmarking und Ranglisten funktionieren, muss eines immer gegeben sein: Sie müssen als *fair* und *zuverlässig* angesehen werden. Wenn das nicht der Fall ist, können Sie es vergessen. Es wird endlose Diskussionen darüber geben, dass sie nicht vergleichbar sind. Ein Grund dafür können strukturelle Unterschiede zwischen den zu vergleichenden Einheiten sein, bei denen Nachzügler, die noch am Anfang stehen, nie in der Lage sein werden, die Spitzenposition zu erreichen. Nehmen Sie als Beispiel die Regelmäßigkeit der Produktion, ein wichtiger KPI sowohl für Offshore-Plattformen als auch für Onshore-Anlagen. Diese sind unterschiedlich alt, von brandneu, aber mit überstandenen Startschwierigkeiten, bis hin zu 30 Jahre alten Einrichtungen. Die Letzteren haben in der Regel mehr Probleme mit der Regelmäßigkeit der Produktion. Wie können wir also ein Benchmarking durchführen? Eine Lösung ist das »indirekte Benchmarking«: Vergleichen Sie, wie gut jede Einheit ihre eigene Leistung verbessert. So erhalten alle einen gemeinsamen und fairen Ausgangspunkt (Abb. 4–9).

Akzeptanz ist der Schlüssel – zwei Alternativen

Alternative 1 – Direkt

Eigene Leistung vs. andere	
Unit C	1.6
Unit A	1.7
Unit D	1.9
Unit F	1.9
Unit G	2.0
Unit U	2.1
Unit M	2.3
Unit K	2.4

Wenn leicht zu vergleichen und hohe Akzeptanz für direkte Vergleiche besteht

Alternative 2 – Indirekt

Eigene Verbesserung vs. andere	
Unit D	+20%
Unit F	+18%
Unit U	+15%
Unit A	+10%
Unit C	+2%
Unit K	-2%
Unit M	-4%
Unit G	-6%

Wenn schwer zu vergleichen und geringe Akzeptanz für direkten Vergleich besteht

Abb. 4-9 *Direktes und indirektes Benchmarking*

Die beiden wichtigsten finanziellen KPIs in Statoils Ambition to Action sind beide relativ, wobei der erste die relative Rendite auf das durchschnittlich eingesetzte Kapital (relativer RoACE) ist. Welche Rendite können wir auf das investierte Kapital erwirtschaften? Und wie sieht diese Rendite im Vergleich zu unseren Mitbewerbern aus?

Vor 2005 war dieser KPI nur relativ im ersten Sinne, d.h. nur eine absolute Prozentzahl. In einem Jahr lag das Ziel bei 12 Prozent, angepasst an die Entwicklung des Ölpreises. Die Finanzabteilung liebt solche Ziele, bei denen der monatliche Fortschritt genau angegeben werden kann. In einem Jahr kletterte der RoACE-Wert immer weiter nach oben, je näher das Jahresende rückte: 11,5, 11,7, 11,9, bis er im Dezember schließlich 12 Prozent erreichte. Yeah! Tolle Leistung! Ja, wirklich? Was wäre, wenn die Konkurrenz Renditen von 13, 14 oder 15 Prozent erzielt hätte? Oder war es vielleicht mehr als eine großartige Leistung, weil fast alle Mitbewerber schlechter abschnitten?

Wir haben daher eine Rangliste mit 11 anderen, einigermaßen ähnlichen Öl- und Gasunternehmen erstellt. Wir haben unsere eigene RoACE-Leistung mit dieser Vergleichsgruppe verglichen. Das Ziel liegt ungefähr dort, wo wir sein wollen, und das ist nicht am unteren Ende! Das Gleiche haben wir mit dem anderen finanziellen KPI, dem relativen Total Shareholder Return (TSR), gemacht, der unsere dividendenbereinigte Aktienkursentwicklung im Vergleich zur gleichen Vergleichsgruppe darstellt. Diese beiden KPI-Ziele sind die wichtigsten Finanzziele, die der Vorstand genehmigt. Es besteht keine Notwendigkeit für ein großes jährliches Manöver. Wir nennen sie »immergrüne« Ziele. Sie haben so lange Bestand, bis sie geändert werden müssen. Seit ihrer Einführung vor fast zehn Jahren haben wir dies nur wenige Male getan. Diese beiden KPIs sind auch die Grundlage für unser Bonusprogramm für unsere Beschäftigten, auf das wir später noch eingehen werden. Alle sitzen im selben Boot; wir gegen die Konkurrenz. Keiner dieser KPIs ist perfekt; sie haben definitiv ihre Schwächen. Dies wird zum Teil dadurch ausgeglichen, dass wir auch viele andere KPIs bei Ambition to Action haben und eine ganzheitliche Leistungsbewertung vornehmen, wie später erläutert wird.

In Abbildung 4–10 ist unsere Vergleichsgruppe aufgelistet. Die Unternehmen sind nicht alle gleichartig wie Statoil. Einige von ihnen haben eher sogenannte »Down-Stream«-Aktivitäten wie Raffinerie und auch den Einzelhandel über eigene Tankstellen. Solche Geschäfte dienen in der Regel als Puffer und entwickeln sich gut, wenn die Ölpreise niedrig sind. Dennoch sind dies unsere Konkurrenten. Dieser Vergleich ist weniger präzise als ein absolutes Ziel, aber zehnmal relevanter. Diese Art der Leistungsdefinition ist zudem recht robust gegenüber einem stark schwankenden Ölpreis.

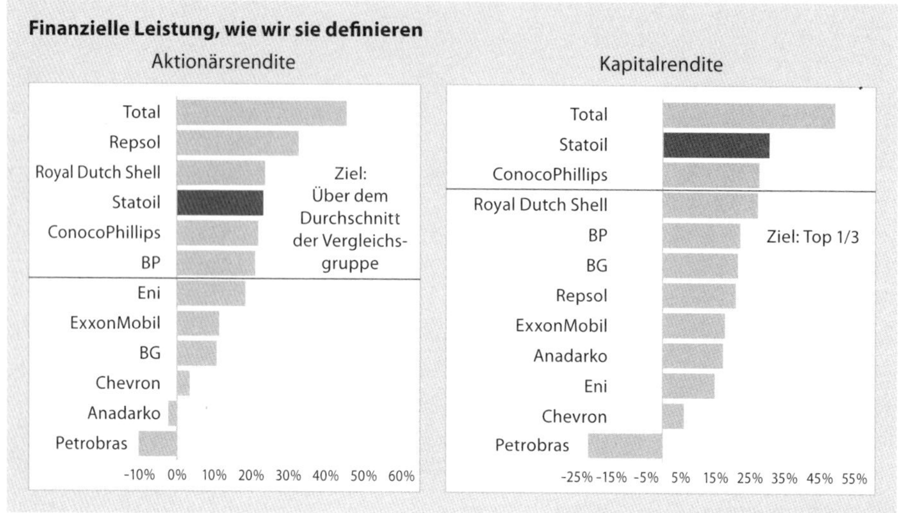

Abb. 4–10 *Relative Finanzleistung*

Ich habe einmal auf einer Konferenz gesprochen, als jemand im Publikum darauf bestand, dass mit diesem Bild etwas nicht stimmt: »Die Rechnung ist falsch, sie geht nicht auf!« Ich konnte einfach nicht verstehen, was er meinte, bis er auf die Spitze der beiden Rankings zeigte. Nicht jeder weiß also, dass Total ein französischer Ölkonzern ist! Es ist nur eher ein Zufall, dass er in beiden Ranglisten ganz oben steht. Im Laufe der Zeit ergibt sich ein ziemlich dynamisches Bild, bei dem Statoil im Vergleich zu seinen Konkurrenten im Allgemeinen gut abgeschnitten hat.

Ich erinnere mich, dass unsere Kolleginnen und Kollegen aus dem Bereich Investor Relations ziemlich besorgt waren, als wir diese neuen Kennzahlen zum ersten Mal am Markt kommunizierten. Würden Investoren und Analysten denken, dass wir versuchen, uns ihrer strengen Prüfung zu entziehen, indem wir uns nicht mehr auf feste und konkrete Renditeziele festlegen, sondern lediglich eine wettbewerbsfähige Rendite versprechen? Sie zuckten kaum mit der Schulter. Das machen wir doch die ganze Zeit, sagten sie: Wir vergleichen die Leistung eines Unternehmens mit der anderer potenzieller Investitionskandidaten. Sie bewerten uns wahrscheinlich nach mehr Parametern als wir selbst!

Diese relativen Finanzziele werden nicht mathematisch auf die Geschäftsbereiche umgelegt, da dies weder wünschenswert noch möglich ist. Stattdessen werden sie auf verschiedene Weise umgesetzt. Ein Geschäftsbereich hat sein wichtigstes finanzielles Ziel einmal mit »RoACE auf Konzernebene« angegeben. Andere haben von Zeit zu Zeit einfach das relative RoACE-Ziel des Konzerns als Maßstab für den gemeinsamen Erfolg übernommen. Andere haben keine Gesamtrentabilitätsziele, da sie keine Profitcenter sind. Aber wenn sie ihre eigenen Ambitionen erfüllen, werden sie auf jeden Fall dazu beitragen, dass Statoil gut abschneidet und die Konkurrenz schlägt.

Fast alle unsere relativen KPIs sind intern und nicht extern wie die beiden eben genannten. Wie wir bereits besprochen haben, glauben einige Organisationen, dass sie nicht Beyond Budgeting umsetzen können, weil sie Schwierigkeiten haben, relative KPIs zu finden. Das tun wir in vielen Bereichen auch. Die meisten unserer KPIs sind in der Kategorie »absolut« angesiedelt. Wir versuchen lediglich, dort, wo es möglich und sinnvoll ist, relative KPIs zu verwenden, aber auch hier gilt, dass eine Beyond Budgeting-Reise nicht davon abhängt. Wenn absolute KPIs und Ziele verwendet werden, sind *Spannen* oder *gerundete Zahlen* in der Regel besser als Zahlen mit Dezimalstellen. Je mehr absolute KPIs und Zielvorgaben verwendet werden, desto wichtiger ist es, auch eine ganzheitliche Leistungsbewertung vorzunehmen, bei der wir uns auch ansehen, was die Messung nicht erfasst. Dazu später mehr.

Wie wir bereits besprochen haben, kann Benchmarking ein effektiver und selbstregulierender Weg sein, um die Leistung zu steigern, denn niemand ist gerne ein Nachzügler. Wir dürfen jedoch nicht den ursprünglichen Zweck des Benchmarkings vergessen, nämlich das Lernen. Es geht darum, leistungsstarke Einheiten zu identifizieren, von denen wir lernen können. Wir sollten das *Lernen* als den wichtigsten Zweck ansehen und den sanften, aber effektiven Leistungsschub als netten und willkommenen Nebeneffekt betrachten.

Wir diskutieren ständig darüber, wie ehrgeizig unsere Ziele sein sollten. Dabei zitieren wir oft Michelangelo und seine weisen Worte, dass Ziele zu hoch gesteckt sind und verfehlt werden könnten, im Vergleich dazu, dass sie zu niedrig angesetzt sind und erreicht werden, wobei das Letztere das Problem ist, nicht das Erstere. Wir tun dies, weil wir leicht den *Zweck* von Zielen und Vorgaben vergessen. Der Zweck ist es, zu motivieren und anzuspornen, die bestmögliche Leistung zu erzielen, auch wenn diese geringer ausfällt als angestrebt. Was ist unter gleichen Umständen die beste Leistung (und hoch ist gut): 100 zu erreichen gegenüber einem Ziel von 90 oder 105 gegenüber einem Ziel von 110?

Die meisten würden zustimmen, dass eine gewisse Spanne in einem Ziel vorhanden sein muss. Die Frage ist nur, wie viel? Darauf gibt es keine einfache Antwort. Je ehrgeiziger ein Ziel ist, desto weniger darf es als von oben aufgezwungen wahrgenommen werden. Ohne Eigenverantwortung und Engagement sind ehrgeizige Ziele nichts weiter als ein Zahlenspiel. Leider scheinen der Markt und die Außenwelt diese Art der Betrachtung von Leistung und Zielen nicht immer zu schätzen. Hier kommt »niedrig angesetzt und zu erreichen« oft besser an, als ein anspruchsvolles Stretch Goal nicht zu erreichen. Manchmal scheint es sogar so, als ginge es bei der Leistung darum, die konsensualen Erwartungen der Analysten zu erfüllen, denn diese mögen keine Überraschungen. Es gibt Unternehmen, denen es gelungen ist, aus diesem Spiel auszusteigen, indem sie keine Versprechungen machen, keine Prognosen abgeben und keinen »Capital Market Day« für Investoren und Analysten abhalten. Der Weg dorthin führt nur über eine konstant gute Leistung. Der Haken an der Sache ist, dass der ganze Aufwand um Prognosen und Quartalsergebnisse die Unternehmen daran hindern könnte, das Leistungsniveau zu erreichen, das erforderlich ist, um aus dem Spiel auszusteigen.

Eine letzte Überlegung zu den Zielen. Wie bereits erwähnt, ist ein Ziel eigentlich nicht das Ziel oder der Zweck. Was wir wirklich wollen, ist *die bestmögliche Leistung unter den gegebenen Umständen.* Das Setzen von Zielen ist eine Möglichkeit, dies zu erreichen, aber es ist eine Medizin, die oft eine Reihe negativer Nebenwirkungen mit sich bringt. Dazu gehören Unterbietungen, Verhandlungen und versteckte (oder auch nicht so versteckte) Absichten, und noch mehr, wenn ein Bonus an die Zielerreichung gekoppelt ist. Der rationale (oder zynische) Manager hat überhaupt keinen Grund, sich ehrgeizige Ziele zu setzen. Im Gegenteil, es verringert nur die Chance, die anvisierte Zahl zu erreichen und die Belohnung zu erhalten.

Was wäre, wenn wir andere Wege finden könnten, um die Menschen ohne diese Nebenwirkungen zu Höchstleistungen zu bewegen? Relatives Benchmarking von KPIs ohne Zielvorgaben ist eine Alternative. Diejenigen, die in Zielvereinbarungen geübt sind, sind oft sehr wettbewerbsorientierte Menschen. Ich habe noch nie jemanden getroffen, der sagt: »Ich bin vollkommen zufrieden, wenn ich im vierten Quartal in Rückstand gerate.« Wie bereits erwähnt, legen einige Unternehmen überhaupt keine Ziele fest; sie haben andere und bessere Wege gefunden.

Lassen Sie uns diesen Abschnitt mit ein paar Worten zur Häufigkeit der Zielsetzung und zu den Zeithorizonten abschließen. Als wir 2005 anfingen, haben wir Zielsetzung und Prognose zeitlich getrennt. Die strategischen Ziele und KPIs wurden vor dem Sommer überprüft und bei Bedarf angepasst. Als diese Arbeit abgeschlossen war, wurden die KPI-Ziele festgelegt, einige vor und einige nach dem Sommer. Das Wichtigste war, die Richtung vorzugeben und die Zielsetzung abzuschließen, *bevor* man im Herbst in die Planungsphase der Maßnahmen und Prognosen eintrat. Die KPI-Ziele wurden für das kommende Jahr und gegebenenfalls für längere Zeiträume festgelegt, z.B. für die Produktion.

Als wir 2010 zu einer dynamischeren und kontinuierlich aktualisierten Ambition to Action übergingen, wussten wir, dass wir diesen Sequenzierungsmechanismus als Möglichkeit zur Trennung von Zielsetzung und Prognosen aufgeben mussten. Der Preis war es wert, ihn zu zahlen, wie wir später noch erläutern werden.

Bei einigen KPIs haben wir rollierende Dreijahresdurchschnitte eingeführt. Dies geschah in der Regel dort, wo das Geschäft langfristig angelegt ist (z.B. bei der Geschäftseinheit Exploration). Es dauert mehrere Jahre, sich den Zugang zu einem Gebiet zu sichern, seismische Aufnahmen zu machen und zu interpretieren, zu planen, zu bohren und die Ergebnisse zu analysieren. Einjährige Zeiträume und Ziele machen hier wenig Sinn. Das Problem ist, dass wir im dritten Jahr eines dreijährigen Durchschnittsziels wissen, was im letzten Jahr erreicht werden muss. Bei einem gleitenden Durchschnitt befinden wir uns immer im letzten Jahr und wissen auch hier, was zu leisten ist. In beiden Fällen waren wir also nicht in der Lage, dem Jahresziel zu entkommen. Wenn ein längerfristiges Ziel dagegen für einen festen Zeitpunkt festgelegt wird, wird die Zeit immer kürzer, je näher wir dem Zieltermin kommen. Bei einigen KPIs haben wir einfach aufgegeben und sind zu Jahreszielen zurückgekehrt.

Planung: Maßnahmen und Prognosen

Wenn wir wissen, was wir anstreben, ist es an der Zeit zu planen, wie wir dorthin gelangen. Bei der Planung geht es um Folgendes:

- Welche Maßnahmen müssen wir ergreifen, um die strategischen Zielsetzungen und KPI-Vorgaben zu erreichen?
- Was sind die erwarteten Folgen dieser Maßnahmen, ausgedrückt als Prognose, entweder im Hinblick auf KPI-Ziele oder in anderen finanziellen oder operativen Bereichen, in denen wir wissen müssen, was auf uns zukommt (z.B. Finanzkapazität)?

Bei der Planung geht es nicht um die Festlegung von Zielen, denn dies liegt bereits hinter uns. Es geht auch nicht um die Zuteilung von Ressourcen, denn dies wird in einem separaten Prozess geregelt.

Die Maßnahmen müssen ehrgeizig sein, denn was wir anstreben, ist eine Herausforderung. Die Konsequenz dieser Maßnahmen, die Prognose, muss jedoch das *erwartete Ergebnis* widerspiegeln, unabhängig davon, ob uns das, was wir sehen, gefällt oder nicht. Wir prognostizieren auch, um Probleme früh genug zu erkennen, damit wir die erforderlichen Maßnahmen ergreifen können. Es kann sinnvoll sein, zwischen diesen beiden Arten von Prognosen zu unterscheiden. Bei der letzten Kategorie geht es um »*Outside/in*«- oder externe Prognosen, d.h. wir versuchen, die Entwicklungen in unserem Umfeld und deren Auswirkungen auf uns zu verstehen. Diese Prognosen können Handlungen auslösen, deren Folgen wir ebenfalls verstehen müssen. Man könnte sie als »*Inside/out*«- oder interne Prognosen bezeichnen. Im Folgenden werden beide Arten von Prognosen behandelt.

Es ist ganz normal, dass es *Lücken* zwischen ehrgeizigen Zielen und realistischen Prognosen gibt. Das Ziel ist es natürlich, solche Lücken zu schließen, da Fristen und Liefertermine immer näher rücken. Eine Lücke ist nicht unbedingt etwas Negatives; sie zeigt nur, dass wir uns hohe Ziele setzen und gleichzeitig eine realistische Vorstellung davon haben, wo wir aus heutiger Sicht landen werden. Je früher Lücken erkannt werden, desto einfacher ist es, etwas dagegen zu unternehmen. Keine Lücken zu haben, ist eher fragwürdig, vor allem wenn die Lieferzeit in der Zukunft liegt. Dies könnte auf zu niedrige Ambitionen oder zu optimistische Prognosen hindeuten.

Wenn die Ziele jedoch zu ehrgeizig gesteckt sind, können die Lücken zu groß werden. Die Leute könnten aufgeben oder unsinnige Dinge tun, um die Ziele zu erreichen. Deshalb haben wir einen »Zielüberprüfungsmechanismus« eingerichtet. Dies ist eine Möglichkeit, die Ziele anzupassen, wenn sich herausstellt, dass es zu schwierig ist, die Lücken zu schließen. Er wird nicht sehr oft genutzt, aber die Organisation weiß, dass es ihn gibt und dass er ernst gemeint ist. Er funktioniert in beide Richtungen; auch die Ambitionen können erhöht werden.

Es kann unangenehm sein, sich Ziele zu setzen, bevor man weiß, wie man sie erreichen kann, und das gilt umso mehr, wenn die Ziele auch noch ehrgeizig sein sollen. Wir brauchen daher Mechanismen, die für mehr *Sicherheit* sorgen. Die Zielüberprüfung ist ein solcher Mechanismus. Ein anderer ist die ganzheitliche Leistungsbewertung, bei der das Streben in Richtung Ziel belohnt anstatt bestraft wird (und umgekehrt) und Veränderungen der Annahmen berücksichtigt werden können. Wir werden manchmal gefragt, welchen Mechanismus wir anwenden sollen: eine Zielüberprüfung während der Umsetzung oder die ganzheitliche Bewertung danach? Nehmen wir an, eine Geschäftseinheit ist auf halbem Weg und die Prognose zeigt, dass sie wahrscheinlich viel besser abschneiden wird als geplant. Sollte das Ziel durch eine Zielüberprüfung erhöht werden? Das hängt von den Umständen ab. Wenn der Grund dafür positive Ereignisse sind, die unumkehrbare Auswirkungen hatten, könnte es in Ordnung sein, das Ziel auf halbem Wege anzupassen. Wenn das bevorstehende Endergebnis mit großer Unsicherheit behaftet ist, ist es vielleicht besser, die ganzheitliche Bewertung abzuwarten. Die Motivation ist eine weitere zu berücksichtigende Dimension. Wenn die Einheit sich wahrscheinlich zurücklehnt, weil das Ziel ein Kinderspiel geworden ist, ist das natürlich ein Problem. Es ist auf jeden Fall immer besser, wenn die Einheiten ihre eigenen Ziele anpassen, anstatt dass jemand anderes dies für sie tut.

Der ganzheitliche Bewertungsansatz wird später im Abschnitt »Leistungsbewertung und Belohnungen« (Seite 144) näher erläutert.

Obwohl unsere Prognoseprinzipien einfach sind, ist dies in der Praxis aus mehreren Gründen nicht unbedingt der Fall. Der erste Grund hat mit unserem Vermächtnis aus der Zeit des Budgets zu tun, die noch gar nicht so lange zurückliegt. In dem alten Prozess gab es nur »eine Zahl«. Diese wurde je nach dem Hauptzweck optimiert: in eine »hohe« Zahl, wenn der Hauptzweck darin bestand, Geld zu fordern, und in eine »niedrige« Zahl, wenn der Hauptzweck die Zielverhandlung war.

Jetzt sollte eine Prognose einfach nur eine Prognose sein und sonst nichts. Wenn Sie mit Ihrer Prognose spielen, täuschen Sie am Ende nur sich selbst. Auch wenn die meisten Menschen den Unterschied verstehen und zu schätzen wissen, sehen wir immer noch verzerrte Prognosen. Wie wir bei Borealis über Investitionsprognosen erfahren haben, braucht es Zeit, um alte Verhaltensweisen hinter sich zu lassen, und zwar viel länger, als wir denken. Einige Managerinnen und Manager lassen ihre Prognosen immer noch in die Richtung zielen, die sich im alten System ausgezahlt hätte. Wir sehen das zwar immer weniger, aber es kommt immer noch vor. Wir sprechen hier von einer bewussten oder unbewussten *Voreingenommenheit* bei der Prognose. Dabei handelt es sich um einen systematischen Fehler. Voreingenommenheit ist etwas anderes als *Rauschen*. Als Rauschen bezeichnen wir zufällige Schwankungen oberhalb und unterhalb des tatsächlichen Ergebnisses, ohne systematische Muster. Rauschen ist unvermeidlich, und wir müssen den Unterschied zwischen den beiden kennen.

Eine Prognose ist *kein* Versprechen, nichts, was man erreichen muss. Wer diesen Ausdruck verwendet, hat den Unterschied zwischen einer Prognose und einem Ziel nicht verstanden. Noch einmal: Eine Prognose ist das, was wir glauben, was eintreten wird, eine *Erwartung*; ein Ziel ist das, was wir erreichen wollen, ein *Bestreben*. Manchmal wollen wir unsere Prognosen auf keinen Fall erreichen. Nehmen wir an, wir sind auf einem Segeltörn. Das Ziel ist klar: Wir wollen den nächsten Hafen erreichen. Unser Radarschirm liefert uns Vorhersagen über das, was vor uns liegt, und jetzt sagt er uns, dass wir auf einen Felsen auflaufen werden. Das ist definitiv keine Prognose, die wir einhalten wollen! Im Gegenteil, wir wollen alles tun, um die Kollision mit dem Felsen zu vermeiden. Wir nutzen Prognosen für unsere Entscheidungsfindung, damit wir Häfen und keine Felsen ansteuern.

Manche würden »auf Kurs, einen Felsen zu treffen« als schlechte Prognose bezeichnen. Angenommen, sie stimmt, dann ist es eine gute Prognose, auch wenn sie schlechte Nachrichten enthält. Das Einzige, was eine gute Vorhersage in eine schlechte verwandeln kann, ist, wenn wir sie zu spät erhalten und keine Zeit mehr haben, zu reagieren. Das Verhalten von Führungskräften ist oft schuld daran, dass aus guten Prognosen schlechte werden. Was für einen Empfang erleben wir in der Regel, wenn wir gute Prognosen mit schlechten Nachrichten überbringen? Es gibt selten Beifall, im Gegenteil! Solche Erfahrungen ermutigen kaum jemanden, es noch einmal zu tun, oder es eher früher als später zu tun, was oft zu spät bedeutet.

Bleiben wir auf See. Ein Supertanker braucht einen riesigen Radarschirm. Er braucht lange, um zu wenden, also ist es wichtig, Gefahren und Hindernisse frühzeitig zu erkennen. Ein Schnellboot hingegen braucht selten einen Radarschirm. Es kann in der Sekunde, in der etwas beobachtet wird, reagieren und wenden. Das Schnellboot ist viel *agiler* als der Supertanker, der seine mangelnde Wendigkeit durch Prognosen kompensiert. Vielleicht sollten Unternehmen sich weniger darum bemühen, bessere Prognosen zu erstellen, sondern mehr darum, agiler zu werden?

Dynamische Prognosen und dynamische Ressourcenzuweisung sind eng miteinander verbunden. Was nützt der größte Radarschirm der Welt und die Fähigkeit, etwas sofort zu erkennen und darauf zu reagieren, wenn es keine dynamische Ressourcenzuweisung gibt, die sicherstellt, dass die notwendigen Ressourcen auch sofort abgerufen oder neu zugewiesen werden können, anstatt in einem detaillierten Jahresbudget festgeschrieben zu sein?

Viele versuchen, die Qualität oder *Genauigkeit* von Prognosen zu messen: »War unsere Prognose richtig?« Diese Frage ist allerdings nur sinnvoll, wenn wir das Ergebnis *nicht beeinflussen* können. Die Wettervorhersage ist ein gutes Beispiel. Wir können das Wetter für morgen vorhersagen und morgen überprüfen, wie gut unsere Vorhersage war. Hier ist es sinnvoll, die Genauigkeit der Vorhersage zu messen, weil wir das Ergebnis nicht beeinflussen können. Wenn wir uns irren, sollten wir auch versuchen, herauszufinden und zu verstehen, warum.

Das Segelbeispiel ist ganz anders. Hoffentlich haben wir reagiert und die Kollision mit dem Felsen vermieden. Zu messen, wie weit wir sie verpasst haben, und dies als Ungenauigkeit der Vorhersage zu bezeichnen, ist sinnlos. Es war genau das, was wir wollten, und es ist passiert, weil wir das Ergebnis beeinflussen konnten.

Die zuvor gemachte Unterscheidung zwischen externer (»Outside/in-«) und interner (»Inside/out-«) Prognose ist hier anwendbar. Die Messung der Prognosegenauigkeit ist normalerweise nur für externe Prognosen relevant, bei denen wir das Ergebnis nicht beeinflussen können (Ölpreise, Wechselkurse usw.).

Obwohl die Prognostik (die Beschreibung der Zukunft) eine Wissenschaft für sich ist, gibt es bei ihr nur wenig von dem, was die Buchhaltung (die Beschreibung der Vergangenheit) in Hülle und Fülle hat: internationale Standards, dicke Handbücher, gut dokumentierte Verfahren und detaillierte Audits zur Überprüfung der Qualität. Eine Ausnahme in unserer Branche bilden die Bauprojekte, bei denen die regelmäßige Aktualisierung der erwarteten Gesamtkosten, die »Master Control Estimation«, ein eigener Berufszweig ist. Auch hier können wir gelegentliche Spielereien beobachten, die Abneigung, die Kostenschätzungen zu senken, weil dies als Rückgabe von Geld empfunden wird, das für einen regnerischen Tag benötigt werden könnte und das möglicherweise wieder angefordert werden muss. Mit anderen Worten: Prognosen werden mit der Zuteilung von Ressourcen verwechselt.

Natürlich ist es wichtig, über korrekte und zuverlässige Buchhaltungsdaten zu verfügen. Genauso wichtig kann es aber sein, eine hohe Prognosequalität zu haben. Prognosen bilden die Grundlage für Entscheidungen über neue Projekte, neue Initiativen und Korrekturmaßnahmen: wertschöpfende Aktivitäten, die sich später hoffentlich in einem Gewinn niederschlagen, über den wir genau Buch führen können. Prognosen sind vielleicht wichtiger als die Buchhaltung, wenn es um Wertschöpfung geht.

Wir sollten die Prognosen jedoch nicht in eine neue Form der Buchhaltung verwandeln. Nicht alles sollte prognostiziert werden. Viele Parameter sind mit so viel Unsicherheit behaftet, dass sie nicht sinnvoll vorhergesagt werden können. Als ich in der Rohölvermarktungsabteilung von Statoil arbeitete, gab es ein beeindruckendes Wissen über die Grundlagen der Ölmärkte und die Mechanismen, die die Ölpreise antreiben. Dennoch bin ich mir nicht sicher, ob die durchschnittliche Trefferquote bei der Vorhersage sowohl kurz- als auch langfristiger Preisbewegungen sehr unterschiedlich war von dem, was sich durch Würfeln ergeben hätte. Natürlich müssen wir Annahmen über den Ölpreis und andere wichtige Parameter treffen, aber mehrere Szenarien, Bandbreiten und Was-wäre-wenn-Analysen sind oft aussagekräftiger als nur eine Zahl. Bei einer Preis- und Währungsprognose geht es jedoch nicht nur darum, »richtig« zu liegen. Es geht auch darum, sicherzustellen, dass alle Beteiligten die gleichen Annahmen verwenden, damit Projekte und Entscheidungen vergleichbar werden.

Viele würden argumentieren, dass je größer die Entscheidung ist, desto mehr Prognosen und Analysen sind erforderlich. Die größte Entscheidung, die viele von uns treffen, nämlich zu heiraten, scheint jedoch einen ganz anderen Prozess zu durchlaufen, bei dem keine oder nur wenige Analysen stattfinden. Ich empfehle keineswegs, die Auswirkungen zu prognostizieren und aus dieser wichtigen Entscheidung einen Business Case zu machen! Es ist nur eine weitere Überlegung dazu, wie unterschiedlich wir uns verhalten, je nachdem, auf welcher Seite der Unternehmenstore wir stehen.

Hier sind ein paar einfache, aber wichtige Grundsätze für die Prognose. Prognosen sollten Sie in erster Linie *für sich selbst* erstellen, um Ihre eigenen geschäftlichen Dinge zu managen. Wenn ein Großteil Ihrer Prognosen durch Anfragen von oben ausgelöst wird, bei denen Sie um Daten gebeten werden, um die Sie sich sonst für Ihr Business nicht gekümmert hätten, dann stimmt etwas nicht. Warum brauchen andere diese Informationen, wenn Sie sie nicht benötigen? Lokale Eigenverantwortung ist der Schlüssel zu einer guten Datenqualität. Die Qualität ist immer besser, wenn diejenigen, die die Prognose erstellen, selbst von der Qualität abhängig sind.

Eine Prognose sollte auch *umsetzbar* sein. Wenn die Informationen nicht dazu verwendet werden können, Maßnahmen auszulösen, warum machen wir dann Prognosen? Oft scheinen Anfragen vom oberen Management auf Autopilot zu laufen: »Das haben wir schon immer verlangt.« Bei solchen Anfragen wird oft wenig oder gar nicht erklärt, warum die Informationen benötigt werden, was sowohl für die Anfragenden als auch für die Angefragten nützlich wäre: »Wenn es das ist, was Sie wollen, sollten Sie hiernach fragen und nicht danach. Und Sie haben bereits letzte Woche ein paar leicht abweichende Zahlen erhalten, die für diesen Zweck gut genug sein sollten. Nächstes Mal sollten Sie vielleicht selbst eine grobe Schätzung vornehmen, anstatt alle anderen zu bitten, Ihnen Prognosen vorzulegen, die Sie dann addieren müssen.«

Es ist erstaunlich, wie viele Prognosen gemacht werden, wenn diese einfachen Fragen nicht gestellt werden oder nicht sehr überzeugend beantwortet werden können. Die unnötigen Anfragen kommen oft von Finanzfachleuten, die nicht genug über das Geschäft an der Basis wissen und sich nicht trauen, selbst eine annähernd richtige Schätzung vorzunehmen. Ein weiterer Grund für unnötige Prognosen sind »Kontroll«-Manager, die viel mehr verlangen, als sie brauchen, verstehen oder damit etwas tun können. Es geht darum, eine Unmenge Details zu verlangen, nur für den Fall, dass jemand von oben fragen sollte. Mehr Manager sollten den Mut haben, zu antworten: »Diese Informationen liegen mir nicht vor, aber ich kann sie besorgen, wenn sie wirklich gebraucht werden.«

Was ist mit relativen Benchmarking-KPIs und Prognosen? Selbst wenn die eigene Leistung prognostiziert werden kann, woher wissen wir, wie unsere Kolleginnen und Kollegen abschneiden werden? Ist das ein Problem? Nicht unbedingt. Es bedeutet lediglich, dass man sich darauf konzentrieren sollte, so gut wie möglich abzuschneiden und darauf basierende Prognosen zu erstellen. Von Zeit zu Zeit ist die Leistung der Mitbewerber verfügbar. Wenn diese hinterherhinken, ist das Ergebnis hoffentlich eine zusätzliche Anstrengung. Und das ist genau das, was wir wollen. Das Ziel ist eine gute Leistung; eine Prognose ist nur ein Hilfsmittel, um dies zu erreichen.

Einige von Ihnen haben vielleicht auf eine Beschreibung eines rollierenden Prognoseprozesses bei Statoil gewartet. Tatsächlich haben wir das, was inzwischen eine recht gängige Lösung ist, damals nicht eingeführt. Anfangs hatten wir das Gefühl, wir hätten schon genug zu tun, als wir 2005 begannen. Wir warteten jedoch auf einen passenden Zeitpunkt, um auch diesen Teil zu starten. Wir sind froh, dass wir gewartet haben, denn später stellten wir fest, dass die rollierende Vorhersage nicht die richtige Lösung für uns war. Stattdessen führten wir 2010 etwas ein, das wir »dynamische Prognosen« nannten. Dazu später mehr!

People@Statoil – meine oder unsere Leistungsziele

Die allerersten Worte im Statoil-Buch lauten wie folgt: »Bei Statoil ist die Art und Weise, *wie* wir liefern, genauso wichtig wie das, *was* wir liefern.«

Ambition to Action definiert, direkt oder indirekt, das »Was«: Geschäfts- oder *Lieferziele* für alle Beschäftigten des Unternehmens (siehe Abb. 4–11).

Wenn auf Managementebene gemeinsam eine Ambition to Action entwickelt wurde, wurden auch die Lieferziele definiert, für die das Management rechenschaftspflichtig ist. Es gibt keine zweite, private Verhandlung, die zu einer Reihe von unterschiedlichen Zielen führt, wie es früher oft der Fall war. Ein solcher doppelter Satz von Zielen würde die Glaubwürdigkeit von Ambition to Action vollständig untergraben, selbst wenn die tatsächlichen Unterschiede gering sein sollten. Welche Art von Motivation und Engagement bewirkt eine solche Führungsperson, wenn sie das Team auf die gemeinsamen Ziele von Ambition to Action einstimmt, während alle wissen, dass es ein privates und geheimes Stück Papier in der Hosentasche gibt, auf dem noch etwas anderes steht? Wenn dann noch ein Bonus im Spiel ist, wird es noch schlimmer. Noch einmal: Transparenz ist der Schlüssel. Es mag Ausnahmen geben, in denen sensible geschäftliche oder organisatorische Ziele nicht weitergegeben werden können, aber die allgemeine Regel ist Transparenz.

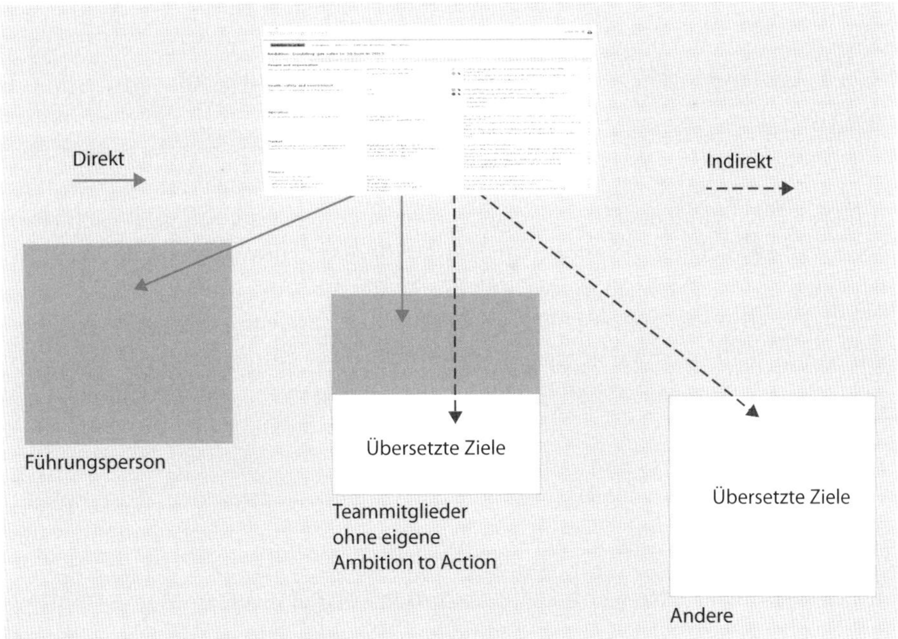

Abb. 4–11 *Die Umsetzungsziele basieren auf Ambition to Action – direkt oder indirekt.*

Wenn Sie Mitglied eines Managementteams mit einer Ambition to Action sind, aber keine eigene haben, werden Ihre Lieferziele von dieser Ambition to Action abgeleitet. Manche übernehmen für alles Verantwortung: »Als Teammitglied trage ich die kollektive Verantwortung dafür, dass wir unsere Ziele erreichen.« Andere wählen strategische Ziele, KPI-Ziele oder Maßnahmen aus oder sie übersetzen und personalisieren sie. Für diejenigen, die weiter von der nächsten Ambition to Action entfernt sind, gibt es weniger direktes Kopieren und eher eine persönliche Übersetzung.

Zurück zum Statoil-Buch. Bei »Wie wir liefern« geht es um Werte und Verhaltensweisen. Damit soll sichergestellt werden, dass die Werte und Führungsprinzipien bei der Umsetzung von Ambition to Action gelebt und angewendet werden. Die Verhaltensziele basieren auf den Werten, die für die Umsetzung von Ambition to Action am wichtigsten sind, wobei der Schwerpunkt auf den Werten mit dem größten Verbesserungspotenzial liegt. Wenn ein Team vor großen Veränderungen steht, könnten sich die Verhaltensziele beispielsweise auf Beteiligung, Kommunikation und Motivation beziehen. Wir wollen unsere Werte und Führungsprinzipien *in die Tat* umsetzen. Sie sind alle viel zu wichtig, um als gut gemeinte Worte im Statoil-Buch stehen zu bleiben.

Nicht alle verstehen den Grund für die starke Betonung der Werte; sie glauben, es gehe nur um gemütliches »Umarmen und Küsschengeben«. Es gibt jedoch einen triftigen geschäftlichen Grund dafür. Wenn wir in einem Umfeld mit immer höheren Erwartungen an Unternehmen und Konzerne unsere Ambition to Action behalten wollen, dann können wir Werte und Verhaltensweisen nicht ignorieren. CEO Helge Lund hatte eine klare Botschaft, als er anfing: Zwei Dinge können diesem Unternehmen das Genick brechen – ein schwerer Integritätsverstoß oder ein schwerer Unfall. Die Liste der Unternehmen, die aufgrund von Integritätsverletzungen nicht mehr unter uns weilen, ist länger als die Liste der Unternehmen, die aufgrund von Unfällen verschwinden. Um sicherzugehen, dass alle verstanden, dass er es todernst meinte, setzte er die Gewichtung zwischen dem *Was* und dem *Wie* auf 50/50, für die Beförderung, das Basisgehalt und den Bonus. Es war eine mutige Entscheidung, denn nicht allzu viele andere Unternehmen haben etwas Ähnliches getan. Andererseits war es auch eine naheliegende Entscheidung. Wie können wir sagen, dass wir versuchen, ein werteorientiertes Unternehmen zu sein, wenn die Werte in unserem Managementprozess völlig fehlen? Das wäre eine ziemlich große Lücke gewesen zwischen dem, was wir sagen, und dem, was wir tun.

Manche finden es schwierig, sich gute Verhaltensziele zu setzen. Ich stimme zu, ich habe selbst oft damit zu kämpfen. Dennoch ist die 50/50-Botschaft stark und die meisten Menschen wissen das sehr zu schätzen.

Ziele können entweder als individuelle oder als Teamziele im People@Statoil-System festgelegt werden. Dieses ist mit dem MIS verknüpft, so kann die Ambition to Action ganz oder teilweise kopiert werden. Es ist auch möglich, Verhaltensziele für das Team zu setzen. Sowohl Liefer- als auch Verhaltensziele können für alle sichtbar als »offen« eingestellt werden. Die Ziele können auch dynamisch geändert werden, obwohl der Beurteilungsdialog weiterhin im Jahresrhythmus stattfindet. Dieser verstärkte Fokus auf »Team, Transparenz und Dynamik« wurde eingeführt, als die Personalabteilung 2013 die IT-Plattform von People@Statoil änderte. Die Inspiration dazu kam eigentlich von Ambition to Action, wo dies seit dem ersten Tag zu den wichtigsten Prinzipien gehört. Im Rahmen dieser Systemänderung haben sich die Finanz- und die Personalabteilung erneut zusammengetan, um einen noch stärker integrierten Statoil-Leistungsprozess zu entwickeln, auf den wir später in diesem Kapitel zurückkommen werden.

Dynamische Ressourcenzuweisung

Was dem Management von Statoil bei Ambition to Action zweifellos am schwersten fällt, ist das Kostenmanagement ohne ein traditionelles Budget. Kostenbudgets sind definitiv viel einfacher, wenn das das Ziel ist. Aber das ist es nicht! Das Ziel ist eine *optimale Nutzung der knappen Ressourcen*, und wir brauchen etwas viel Effektiveres als ein jährliches, vorab zugewiesenes und detailliertes Kostenbudget. Auf der Suche nach etwas Besserem machen sich viele sofort auf die Suche nach neuen KPIs oder anderen Tools und Prozessen, die das Budget ersetzen sollen. Das müssen wir auch tun, aber die Einführung des ausgefeiltesten Beyond Budgeting-Modells ist keine Garantie für den Erfolg, wenn nicht auch noch etwas anderes vorhanden ist. Es muss ein Fundament aus starken Werten und einer verantwortungsbewussten Denkweise geben. Wir müssen eine *kostenbewusste* Kultur fördern, in der *Sparsamkeit* jede Entscheidung durchdringt. Je besser wir das tun, desto weniger Instrumente und Vorschriften werden benötigt (Abb. 4–12).

Die Denkweise, von der wir uns verabschieden müssen, drückt sich in der Frage »Habe ich ein Budget dafür?« aus, die die wichtigste und manchmal auch die einzige Frage ist, die gestellt wird, wenn eine Entscheidung mit Kostenfolgen getroffen werden soll. Die Antwort lautet in der Regel *Ja*, wenn Budgetmittel zur Verfügung stehen; andernfalls lautet sie *Nein*. Ich weiß, dass die Entscheidungsfindung in einer Budgetregelung etwas anspruchsvoller ist, aber in dieser Beobachtung steckt dennoch ein wahrer Kern.

Stattdessen wollen wir aber, dass sich die Menschen fragen: »Tun wir damit das Richtige? Was ist gut genug? Wie wird dadurch Wert geschaffen? Liegt dies innerhalb meines Handlungsrahmens?« Im Zweifelsfall ist es ein guter Test, sich vorzustellen, dass die Antwort »Ja« lautet und das Geld ausgegeben wurde. Wenn später jemand Ihre Entscheidung infrage stellt, wie wohl werden Sie sich dabei fühlen, sie zu verteidigen? Sollte das nicht der Fall sein, denken Sie noch einmal darüber nach oder sprechen Sie mit jemandem darüber. Unsere Ethikrichtlinien empfehlen dieselbe Art von Test, wenn Sie sich in einem ethischen Dilemma befinden.

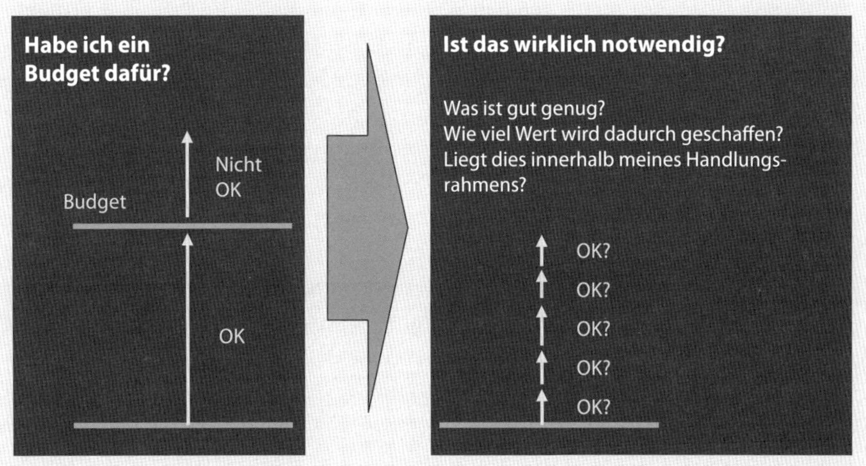

Abb. 4–12 *Die erforderliche Einstellung – Kostenbewusstsein vom ersten Cent an*

Wir möchten, dass diese Fragen immer und bei jedem ausgegebenen Cent gestellt werden. Solche Fragen werden auch in einer Budgetregelung gestellt, aber hauptsächlich im November und Dezember und nur selten im Januar und Februar. Ich weiß auch warum. Zu Beginn des Jahres ist die Haushaltskasse voll. Kein Grund zur Sorge! Gegen Ende des Jahres wird der Boden sichtbar, denn der Geldbeutel ist fast leer. Dann kommt zumindest etwas Kostenbewusstsein auf, aber zu wenig und zu spät.

Es gibt hier eine interessante Parallele zur Sicherheitsleistung. Sicherheit ist in unserem Geschäft extrem wichtig. In den Anfangsjahren von Statoil lag der Schwerpunkt auf der technischen Absicherung unseres Betriebs. Wir haben gute Arbeit geleistet, aber wir hatten immer noch zu viele Zwischenfälle und Unfälle. Die Ursache dafür war oft das Verhalten der Menschen, die bewusst oder unbewusst technische Hindernisse umgingen. Es wurde daher beschlossen, unsere Bemühungen neu auszurichten. So wurde ein umfangreiches Programm ins Leben gerufen, das sich auf Denkweisen und Verhaltensweisen konzentrierte. Langsam begann es, sich auszuzahlen. Heute liegt der KPI »Schwere Zwischenfälle« (Zwischenfälle pro Million Arbeitsstunden) bei 0,5, einem Wert, der damals undenkbar war, als wir eine Häufigkeit von drei oder vier für ziemlich gut hielten. Heute wird es nicht nur *akzeptiert*, sondern auch *erwartet*, dass Sie sich zu Wort melden, wenn Sie sehen, dass ein Kollege etwas tut, was die Sicherheit gefährdet.

Genau die gleiche Einstellung streben wir beim Kostenbewusstsein an. So weit sind wir aber noch nicht. Die soziale Barriere, sich gegen unkluge oder unsinnige Ausgaben auszusprechen, ist immer noch höher als bei der Sicherheit. Eines Tages jedoch ...!

Eine kostenbewusste Denkweise ist *notwendig*, aber nicht immer *ausreichend*. Bei Statoil ist angesichts unserer Größe und der Kapitalintensität des Geschäfts mehr erforderlich. Wir glauben nicht, dass wir allein durch die richtige Einstellung eine optimale Nutzung der knappen Ressourcen sicherstellen können, obwohl es durchaus Organisationen gibt, bei denen dies der Fall ist. Wir haben daher einen Werkzeugkasten mit alternativen Mechanismen eingerichtet. Diese Instrumente lassen sich in zwei Kategorien einteilen: solche für größere Projekte und Kapitalinvestitionen und solche, die für andere Kosten wie Betriebskosten, Verwaltungskosten und Ähnliches gelten. Glücklicherweise ist es umso einfacher, je größer der Betrag ist, um den es geht.

Lassen Sie uns mit der letzten, der schwierigsten Kategorie beginnen. Was wir wollen, ist eine *dynamische* Zuweisung von Ressourcen, die sich so weit wie möglich *selbst reguliert*. Was wir nicht wollen, ist eine detaillierte Budgetzuweisung, bei der alle Einheiten einen Geldbeutel erhalten, der in detaillierte Kostenposten aufgeteilt ist: Gehalt, Überstunden, Reisen, Berater und all die anderen Kostenarten im Kontenplan, die oft noch weiter in monatliche Budgets unterteilt sind. Auf diese Weise entstehen in großen Organisationen die Millionen von vorab zugewiesenen Geldbeutel. Es sollte nicht nötig sein, zu wiederholen, warum dies ein Problem ist. Abbildung 4–13 zeigt unsere Alternativen zu dieser überholten Art des Kostenmanagements.

Von links beginnend sind die Optionen, die der Organisation zur Verfügung stehen, folgende:

- Ein *Richtwert für die Burn-Rate* oder ein Gesamtrahmen. Es gibt zwar immer noch eine Zahl, aber sie lautet »rund 1.000« und nicht »1.003,4« mit einer Menge kleinerer Geldbeutel darin. Bei dieser Alternative handelt es sich um eine Orientierungshilfe, damit die Teams nicht völlig im Dunkeln tappen, innerhalb welcher Aktivitätsstufe sie arbeiten sollen. Die Zahl kann auch die erwartete Bezahlbarkeit widerspiegeln, wenn die Einkommensseite vorhersehbar ist. Innerhalb dieser allgemeinen Beschränkung hat die Geschäftseinheit volle Flexibilität, um zu handeln und zu optimieren. Die »1.000« müssen keine jährliche Zahl sein, sondern es kann sich auch um ein Durchschnittsziel für 12 Monate handeln, das so lange gilt, bis es nach oben oder unten geändert werden muss. Der Verzicht auf Details innerhalb der Gesamtzahl ist auf jeden Fall ein Schritt in die richtige Richtung. Einige der Budgetprobleme könnten noch ungelöst bleiben. Wenn viel Ungewissheit besteht und die Einnahmenseite nicht vorhersehbar ist, wie können wir dann wissen, dass 1.000 die richtige Zahl ist? Vielleicht sollten es 800 sein? Oder 1.200?
- Dieses Problem lässt sich lösen, indem wir von absoluten zu *relativen Kennzahlen* übergehen. Ein Stückkostenziel ist flexibler als ein absolutes Ziel. Je höher der Output, desto mehr kann für den Input ausgegeben werden und umgekehrt. Es ist ein selbstregulierender Mechanismus.
- Das *Stückkosten-Benchmarking* ist sogar noch selbstregulierender. Ziele können als »besser als der Durchschnitt«, »erstes Quartil« usw. festgelegt werden. Jeder versucht, sich zu verbessern, während Änderungen in den Annahmen, die sich auf alle anderen Unternehmen auswirken, neutralisiert werden, z.B. Marktschwankungen bei der Nachfrage oder den Rohstoffpreisen.

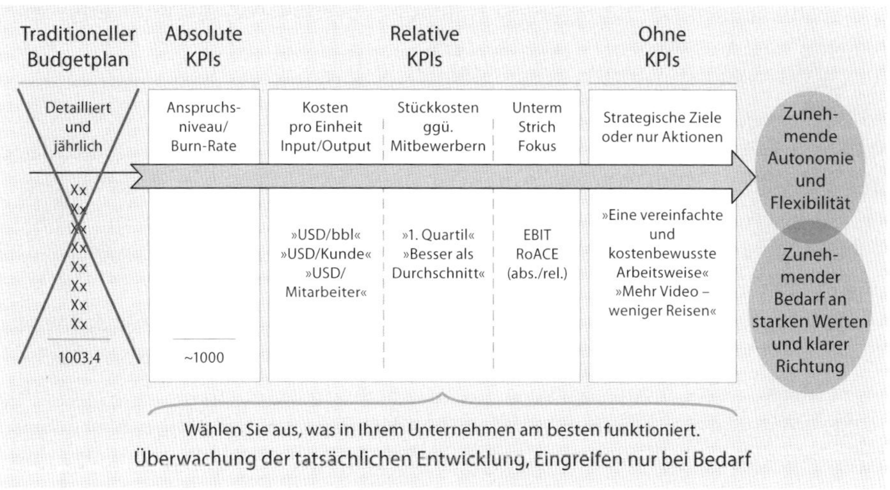

Abb. 4–13 *Werkzeuge für die dynamische Ressourcenzuweisung*

- Es ist auch möglich, ganz auf Kosten-KPIs zu verzichten und sich stattdessen auf die selbstregulierende Wirkung eines *anspruchsvollen Ziels* wie Betriebsergebnis oder RoACE, absolut oder relativ, zu verlassen. Sie können mehr ausgeben, wenn Sie mehr einnehmen, und andersherum. Gute Kosten sind in Ordnung, schlechte sind es nicht.
- Schließlich ist es auch möglich, die Kosten ganz *ohne Ziele* zu verwalten. Stattdessen verlassen wir uns auf die beiden anderen Dimensionen in Ambition to Action. Strategische Ziele können zum Beispiel ausdrücken, welche Art von Kostenmentalität wir uns wünschen, wie z.B. »Wir geben das Geld des Unternehmens so aus, als wäre es unser eigenes«. Maßnahmen können konkreter sein: »Mehr Video, weniger Reisen«. Dies kann natürlich auch in Kombination mit einigen der oben bereits diskutierten Alternativen formuliert werden.

Es handelt sich hier um ein Auswahlmenü, bei dem es nicht die eine richtige Antwort darauf gibt, welche Alternative eine Geschäftseinheit verwenden sollte. Es hängt von der Situation ab, von der Art der Tätigkeit und auch davon, wo sich die Teams auf ihrem eigenen Weg befinden. Einige Alternativen können auch in Kombination verwendet werden. Je weiter wir uns nach rechts bewegen, desto mehr sind wir auf eine solide Wertebasis angewiesen und darauf, dass Strategie und Richtung verstanden und angenommen werden.

Darüber hinaus verlangen wir, dass die Entscheidungen unseren Entscheidungskriterien entsprechen und innerhalb der festgelegten Entscheidungsbefugnisse liegen (besonders wichtig bei größeren Projekten und wichtigen neuen Aktivitäten) und dass wir über die notwendigen finanziellen und organisatorischen Kapazitäten verfügen.

Die Finanzkapazität ergibt sich aus unseren dynamischen Prognosen. Mit dem Verständnis unserer organisatorischen Kapazität haben wir immer noch zu kämpfen, wie in Kapitel 1 erläutert.

Unabhängig davon, welche Auswahlalternativen wir verwenden, beobachten wir stets die tatsächlichen Trends und Entwicklungen und betrachten dabei sowohl die tatsächlichen als auch die prognostizierten Kosten. Wenn die Trends gut aussehen, unternehmen wir nichts. Wenn sich die Trends in eine möglicherweise falsche Richtung bewegen, stellen wir die notwendigen Fragen. Meistens gibt es solide und gute geschäftliche Begründungen. Aber es wird auch Fälle geben, in denen unsere Fragen das Gegenteil offenbaren: Manager, die unbewusst den Fokus auf die Kosten verloren haben oder, schlimmer noch, die ihnen gewährte Autonomie bewusst missbraucht haben.

Das Modell basiert auf Vertrauen, auf der Überzeugung, dass die Mehrheit der Menschen mündig ist und man ihnen zutrauen kann, Geld sinnvoll auszugeben. Das Einzige, was wir bei Vertrauen aber mit Sicherheit wissen, ist, dass jemand es früher oder später missbrauchen wird. Bei Statoil ist das geschehen und es wird wieder passieren. Wie in so vielen Führungssituationen gibt es eine einfache (aber falsche) Antwort und eine schwierigere (aber richtige). Einfach und falsch ist es, alle ins Gefängnis zu stecken, weil jemand etwas falsch gemacht hat. »Diese Vertrauenssache funktioniert nicht! Jetzt ist es schon wieder passiert!« Mit einer einfachen, pauschalen Entscheidung kann das alles rückgängig gemacht werden. Sie müssen mit niemandem reden. Die richtige, aber auch anspruchsvollere Reaktion besteht darin, mit den Beteiligten ein sehr entschlossenes Gespräch zu führen und die notwendigen Konsequenzen daraus zu ziehen. Vertrauen heißt nicht, sanft zu sein.

Die Stabsstelle, in der ich tätig bin, ist kein Profitcenter, und es macht keinen Sinn, in Stückkosten zu denken. Daher haben wir viele Jahre lang am äußersten rechten Ende der Skala gearbeitet. Kein Budget, kein Ziel. Die Kosten sind nicht explodiert. Wir fanden es oft *schwieriger*, Geld auszugeben, ohne ein Budget zu bekommen. Wir beobachten die tatsächliche Kostenentwicklung und erstellen auch einige einfache Prognosen. Größere Entscheidungen würden wir mit dem CFO absprechen, dem wir unterstellt sind, wie z.B. die Organisation einer globalen Netzwerkkonferenz, die ziemlich teuer ist. Die Entscheidung würde getroffen werden auf der Grundlage der Notwendigkeit einer solchen Konferenz und in dem Umfang, wie wir es uns leisten könnten. Eigentlich sollte es für unseren CFO nicht allzu schwierig sein, uns bei den Kosten zu vertrauen. Wenn man uns nicht vertrauen kann, dass wir unsere eigenen Reisekosten im Griff haben, wie kann man uns dann vertrauen, wenn wir bei Millionen- und Milliarden-Dollar-Projekten beraten und Empfehlungen abgeben?

Hier erfahren Sie, was unser ehemaliger CFO Torgrim Reitan im Jahr 2010 (er hat später die Leitung unseres US-Geschäfts übernommen) dazu sagte: »Wir könnten einfach ein Kostenprogramm einführen, das alle Geschäftsbereiche anweist, die Kosten um einen bestimmten Betrag zu senken. Ich glaube, das würde unserer Absicht, eine kostenbewusste Kultur aufzubauen, zuwiderlaufen. Wenn wir fitter werden wollen, funktioniert eine Crash-Diät nicht. Es braucht eine Änderung des Lebensstils. Ich bin davon überzeugt, dass Statoil aus kompetenten, verantwortungsbewussten und wirtschaftlich orientierten Menschen besteht, die die richtigen Kostenentscheidungen treffen werden. Das bedeutet, dass sie immer hart daran arbeiten, schlechte Kosten zu reduzieren und gleichzeitig gute Kosten zu schützen. Sie wissen besser als ich, welche das sind und wo sie liegen.«

Manche würden behaupten, dass das, was später folgte, diesen weisen Worten widersprach. Ich bin anderer Meinung, und lassen Sie mich erklären, warum. Im Jahr 2011 führte Statoil ein umfassendes externes Benchmarking von Kosten und Qualität in den Bereichen Personal und Supportfunktionen durch. Wir haben bei der Qualität sehr gut abgeschnitten, aber Qualität hat ihren Preis. Im Vergleich zu unseren Mitbewerbern lagen wir im Allgemeinen in einer höheren Kostenkategorie. Die »dunklen Mächte« meldeten sich sofort und gaben unserem Managementmodell die Schuld. Neben dem hohen Qualitätsniveau war ein Hauptgrund das geringere Outsourcing. Vor vielen Jahren haben wir Support- und transaktionsorientierte Arbeiten in den Bereichen Finanzen, Personal, IT, Kommunikation und Facility Management in unser Shared-Service-Center verlagert. Aus verschiedenen Gründen wurde der Großteil dieser Arbeit immer noch in Norwegen oder an anderen Standorten mit höheren Kosten wie Houston erledigt. Unsere Konkurrenten waren bei der Auslagerung dieser Dienstleistungen an billigere Standorte viel aggressiver vorgegangen.

Das Benchmarking führte dazu, dass alle Funktionen gefragt wurden, was nötig wäre, um die Kosten in der Größenordnung von 30 Prozent zu senken. Das war kein Ziel, sondern ein ehrgeiziges Vorhaben, das alle zum Nachdenken anregte.

Eine der Maßnahmen, die getroffen wurden, war mehr Outsourcing und auch mehr Offshoring, zum Beispiel im IT-Bereich. Ich hoffe, dass dies die richtigen Entscheidungen waren und dass die eher unsichtbaren Kosten der Koordination nicht die sehr sichtbaren Einsparungen wettmachen. Glücklicherweise haben wir lange vor dem Ölpreisverfall damit begonnen, als die Notwendigkeit solcher Maßnahmen noch dringlicher wurde.

Eine weitere Folge war, dass die meisten Funktionen, einschließlich unserer, eine »Burn-Rate-Richtlinie« eingeführt haben, die mit dem übereinstimmt, was wir schon seit Langem im Statoil-Buch beschrieben haben:

> »Kostenziele werden bei Bedarf aufgestellt. Diese werden in erster Linie anhand relativer KPIs (Stückkosten oder Ranglisten) festgelegt. Absolute Kostenziele können aufgestellt werden, wenn eine signifikante Änderung des Aktivitäts- und Kostenniveaus erforderlich ist, müssen aber eher auf der Gesamt- als auf der Detailebene festgelegt werden, um die notwendige Flexibilität zu gewährleisten. Auch wenn keine Kostenziele festgelegt werden, werden sowohl die tatsächlichen als auch die prognostizierten Kostentrends beobachtet und bei Bedarf Korrekturmaßnahmen ergriffen. Alle Einheiten sollten ihre eigene Effizienz, ihr Aktivitätsniveau und ihren Ressourcenverbrauch kontinuierlich hinterfragen.«

In diesem Moment gibt es also eine Zahl, aber keine Details. Kein Reisebudget oder Ähnliches. Dennoch wäre dies nicht das letzte Mal, dass diejenigen, die unser Managementmodell nicht verstehen, sagen würden: »So viel zum Thema Beyond Budgeting!«

Ein paar Jahre später zeigten unsere Prognosen, dass die erwarteten Investitionen so hoch waren wie nie zuvor in der Geschichte von Statoil. Das war zum Teil ein Luxusproblem. Wir hatten ein riesiges und großartiges Portfolio an Projekten, neu entdeckte Gebiete, die entwickelt und in Produktion gebracht werden konnten. Aber diese hohen Zahlen waren auch das Ergebnis einer Kostenexplosion in der Branche, von den Bohrtürmen, die wir mieten, bis hin zu den Dienstleistungen, die wir einkaufen. Wir alle wussten, dass wir weder finanziell noch organisatorisch in der Lage waren, all diese Projekte durchzuführen. Der CEO und der CFO forderten die Geschäftsbereiche auf, ihre Investitionspläne zu überprüfen. Sie kamen alle mit etwas niedrigeren Prognosen zurück, aber die Kapazität war immer noch ein Problem. Nach einigen weiteren Runden baten mehrere Geschäftsbereiche einfach darum, eine Zahl zu erhalten, die auf dem basierte, was sich Statoil leisten konnte. Sowohl der CEO als auch der CFO zögerten, auch wenn sie ungefähr wussten, wie hoch die Gesamtzahl für Statoil sein musste. Sie waren sich einfach unsicher über die richtige Aufteilung dieser Investitionskapazität auf die Geschäftsbereiche. Eine Zeit lang gab es fast ein Tauziehen. Wer würde zuerst blinzeln? Am Ende gaben sie auf, und es wurde eine Zahl pro Geschäftsbereich festgelegt, unter der Bedingung, dass diese Zahl beibehalten wird. Es handelte sich dabei nicht um eine Vorabgenehmigung für bestimmte Projekte, die immer noch im Capital Value Process, der später beschrieben wird, stattfinden würde. Eine solche Burn-Rate-Vorgabe steht im Einklang mit unserem Modell, aber meine Sorge war eine schleichende Verteilung dieser Zahlen unterhalb der Ebene der Geschäftsbereiche. Die Geschäftseinheit Exploration wollte zum Beispiel ihre Zahlen eine Ebene tiefer auf Business-Cluster verteilen. Davon haben wir dringend abgeraten, aber wir konnten kein Veto einlegen. Man kann Command & Control nicht durch Command & Control loswerden. Ein halbes Jahr später haben sie aufgegeben. Es gab einfach zu viele Dynamiken, die eine ständige Umverteilung von Kapital zwischen den Clustern erforderten.

Die Art und Weise, wie wir sprechen, und die Worte, die wir verwenden, sind wichtig. Als die ersten Investitionsbeschränkungen für Geschäftsbereiche eingeführt wurden, wurde häufig der Begriff »Rahmen« verwendet. Später begann Eldar, den Begriff »Level« zu verwenden, um zu unterstreichen, dass die Zahl auf der Tabelle »im Bereich von« liegt und keine Vorabzuteilung von Mitteln darstellt, sondern jederzeit geändert werden kann, wenn dies erforderlich ist.

Bleiben wir bei der Geschäftseinheit Exploration und sehen wir uns an, wie sie ihre Kosten verwaltet. Dies ist ein gutes Beispiel für die Kombination von Werkzeugen, die für das Kostenmanagement zur Verfügung stehen. Auch hier gibt es einen »Level« oder einen Richtwert für die Burn-Rate, der derzeit bei 3 Mrd. USD liegt. Es handelt sich eher um eine Kapazitätsbeschränkung, weniger um einen Leistungsindikator. Die wichtigsten KPIs für die Verwaltung dieses Geschäfts sind ein Volumen-KPI, ein Stückkosten-KPI und ein Wertschöpfungs-KPI. Bei dem ersten geht es darum, wie viel neue Öl- und Gasreserven wir entdecken müssen, um mehr als die Menge, die wir fördern, zu ersetzen, damit wir wachsen. Beim KPI für die Stückkosten geht es um die Effizienz und darum, wie viel es im Durchschnitt kosten sollte, ein neues Barrel zu finden. Bei der Wertschöpfung wird festgestellt, wie viel Wert jedes neue Barrel für das Unternehmen bringt. Bei der Leistung geht es letztlich darum, wie viel Wert die Geschäftseinheit Exploration bei einem Aktivitätsniveau von etwa 3 Mrd. USD schafft. Es besteht ein enormer Leistungsunterschied zwischen dem Auffinden von 300 Mio. Barrel bei 10 USD/Barrel und dem Auffinden von 600 Mio. Barrel bei 5 USD, obwohl beide Ergebnisse das gleiche Ausgabenniveau erfordern.

Darüber hinaus müssen alle Projektentscheidungen innerhalb der festgelegten Entscheidungsbefugnisse getroffen werden und den Entscheidungskriterien des Unternehmens entsprechen. Schließlich werden alle großen Entscheidungen von der »Arena« der Geschäftseinheit Exploration auf Herz und Nieren geprüft. Dabei handelt es sich um ein unabhängiges Gremium, das relevante Kompetenzen aus dem gesamten Unternehmen einbezieht, um strukturierte Projektprüfungen durchzuführen, wenn die Projekte vordefinierte Entscheidungspunkte passieren. Bei diesen Überprüfungen werden die Projektrisiken aus vielen Blickwinkeln betrachtet: geologische, technische, HSE-, Finanz-, Personal- und politische Risiken. Die Arena hat keine Entscheidungsbefugnis, aber nur wenige beantragen die endgültige Genehmigung ihres Projekts mit einer negativen Empfehlung der Arena. Ähnliche Bereiche bestehen für Investitionsprojekte und für IT-Projekte.

Lassen Sie uns diesen Abschnitt damit abschließen, was Beyond Budgeting für das Investitionsmanagement und Kapitalprojekte bedeutet, den »einfachsten Teil«, wie bereits erwähnt. Die Kosten für Projekte können leicht Milliarden von Dollar erreichen. »Johan Sverdrup«, unser derzeit größtes Projekt in der Nordsee in der Nähe unseres Hauptsitzes in Stavanger, wird rund 14 Mrd. USD kosten.[3]

Vereinfacht lässt sich der Prozess wie folgt beschreiben. Und beachten Sie dabei, dass es nach wie vor keine jährliche Vorabgenehmigung für alle Projekte gibt. Die Genehmigungen erfolgen im Rahmen unseres Capital Value Process, bei dem die Projekte durch Entscheidungspunkte (Decision Gates) in Bezug auf ihre Umsetzung entwickelt werden. Am »Entscheidungspunkt 3« wird die endgültige Entscheidung getroffen. Wenn ja, werden die Ressourcen zugewiesen. Ein Projekt kann jederzeit zur Genehmigung zum Entscheidungspunkt 3 weitergeleitet werden. Die Bank ist 12 Monate im Jahr geöffnet. Wie weit es nach oben gehen muss, wird durch einen Befugnisplan geregelt. Ja oder Nein hängt von zwei Dingen ab. Erstens: Erfüllt es unsere strategischen, operativen und finanziellen Entscheidungskriterien? Zweitens: Können wir es uns leisten? Die Antwort finden Sie in unseren jüngsten Prognosen, die freie Investitionskapazitäten innerhalb unserer selbst auferlegten Burn-Rate-Richtlinie zeigen, die derzeit bei 15–16 Mrd. USD jährlich liegt.

Wie sieht es mit der Portfolio-Optimierung und der Priorisierung von Projekten aus? Woher wissen wir, wenn wir heute Ja zu einem Projekt sagen, dass sich nicht morgen eine bessere Gelegenheit ergibt? Dieses Dilemma wird uns immer begleiten, aber wir lösen es definitiv nicht, indem wir die Priorisierung zu einem jährlichen Kunststück machen. Im Gegenteil, je länger wir warten können, desto bessere Informationen haben wir, nicht nur über das Projekt selbst, sondern auch über unsere Fähigkeit, es durchzuführen.

Der Konflikt zwischen Zielen, Prognosen und Ressourcenzuweisung ist auch bei Projekten vorhanden. Deshalb lassen wir nicht mehr nur *eine* einzige »Budget«-Zahl genehmigen. Stattdessen haben wir eine Trennung vorgenommen und arbeiten auch hier mit drei Zahlen:

1. Die *Projektschätzung* (z.B. 1.000) ist die erwartete Kostenschätzung, die in der Rentabilitätsanalyse des Projekts verwendet wird. Da es sich hierbei lediglich um eine Prognose handelt, wird diese Zahl während des gesamten Projekts beibehalten.

---

3. *Anm. d. Übers.:* Die Kosten konnten für die erste Phase signifikant gesenkt werden (*https://akerbp.com/en/development-costs-goes-down-on-johan-sverdrup/*). Inzwischen hat die zweite Phase von Johan Sverdrup begonnen: *https://www.equinor.com/energy/johan-sverdrup*.

2. Die ehrgeizigeren *Zielkosten* (z.B. 900) sind das Kostenniveau, das das Projektteam anstrebt.
3. Die *Schätzung der Ressourcenzuweisung* (z.B. 1.100) oder das Mandat für die Ausgaben wird höher angesetzt als die 50/50-Projektschätzung, um zu vermeiden, dass im Durchschnitt für jedes zweite Projekt mehr Geld nachgefordert werden muss.

Infolgedessen ist der Ausdruck »Projektbudget« nicht mehr sehr aussagekräftig und verschwindet langsam (aber sehr langsam) aus unserem Wortschatz.

Eine letzte Überlegung zu Investitionen: Es hat mich schon immer verwundert, dass wir über diese Projekte nach Kriterien entscheiden, die wir mehr oder weniger hinter uns lassen, sobald wir über die Genehmigung hinausgehen. Normalerweise werden Projekte so analysiert und entschieden, wie sie sein sollten, nämlich mit dem Fokus auf Wertschöpfung und mit dem Kapitalwert als wichtigstem finanziellem Kriterium. Nach der Genehmigung verengt sich der Fokus. Jetzt geht es fast nur noch um *Zeit* und *Kosten*.

Die Folge ist oft kein oder nur wenig Spielraum für gute Kosten oder mehr Zeit, selbst wenn dies den Wert des Projekts erhöht hätte. In der Geschichte von Statoil haben Wertschöpfung und »das Richtige tun« oft gewonnen. Leider schienen die Medien und die Außenwelt nur »Budget« und »Termin« zu verstehen. Für sie ging es um Kostenüberschreitungen und Verzögerungen, um nichts anderes. Wir haben zwei großartige und mutige CEOs durch diese engstirnige Denkweise verloren. Die Projekte, die sie zu Fall brachten, gehören heute zu den ranghöchsten im Portfolio von Statoil. Eines von ihnen hat sich in weniger als zwei Jahren bezahlt gemacht.

Es ist leicht, das Aktivitätsniveau zu senken. Es ist schwieriger, aber viel nachhaltiger, die Art und Weise, wie wir arbeiten, zu ändern. Dies war der Hintergrund für die Initiative Statoil Technical Efficiency Project (STEP). In den Jahren 2014 und 2015 hat dieses Projekt den Geschäftsbereichen geholfen, in einer Reihe von operativen Bereichen erhebliche Einsparungen zu erzielen. Das Projekt ist nun abgeschlossen, aber die Optimierungsaktivitäten werden durch die Einrichtung der Rolle eines COO (Chief Operating Officer) fortgesetzt. Die Lean-Philosophie ist ein wichtiger Teil des Weges in die Zukunft.

Der verstärkte Kostenfokus, die Investitionsbeschränkungen und das STEP haben einige zu der Frage veranlasst, ob wir nun Beyond Budgeting aufgegeben haben. Wir haben einige Zeit damit verbracht, die Leute daran zu erinnern, dass Beyond Budgeting nicht bedeutet, dass die Kosten nicht wichtig sind, und dass die eingeführten Beschränkungen auf einem sehr hohen Niveau angesetzt sind. Einige mussten auch daran erinnert werden, dass es bei Beyond Budgeting um so viel mehr geht als um Kostenmanagement. Es gibt tatsächlich 11 weitere Prinzipien!

Wir haben eine Studentin von der Norwegian School of Economics, NHH, gebeten, genauer zu untersuchen, wie die Vorgesetzten über die Situation denken. Ihre Masterarbeit zu diesem Thema kam zu einem interessanten Ergebnis. Eine deutliche Mehrheit gab an, dass sie Beyond Budgeting nach wie vor für gut halten. Diese Gruppe hatte auch das beste Verständnis dafür, worum es bei Beyond Budgeting geht. Je geringer das Verständnis war, desto wahrscheinlicher war die Antwort, dass das Modell abgeschafft wurde. In meinen eigenen Gesprächen mit Mitarbeiterinnen und Mitarbeitern in der gesamten Organisation konnte ich dieses Muster deutlich erkennen.

Geschäftsnachverfolgung

Die Geschäftsnachverfolgung basiert auf monatlichen Berichten und regelmäßigen, in der Regel vierteljährlichen Besprechungen zur Überprüfung der Geschäftszahlen. Ambition to Action spielt dabei eine Schlüsselrolle. Viele Reviews werden live im MIS-System durchgeführt und nur bei Bedarf durch andere Quellen unterstützt. Darüber hinaus wird ein kurzer wöchentlicher Statusbericht auf der Ebene der Geschäftseinheiten ebenfalls im MIS erstellt.

Ein wichtiger Grundsatz unserer Geschäftsnachverfolgung ist »vorausschauend und handlungsorientiert«. Der KPI-Status (rot/gelb/grün) wird daher durch einen Vergleich der *Prognosen* mit den *Zielvorgaben* und nicht durch einen Vergleich des aktuellen Werts (Ist) mit dem Budget oder dem bisherigen Jahresziel bestimmt. »Grün« bedeutet, dass die Prognose besser ist als das Ziel, und »Rot« bedeutet das Gegenteil. Der Zweck besteht darin, den Fokus nach vorne zu verlagern, weg von der Vergangenheit und von der Erklärung historischer Abweichungen. Das bedeutet nicht, dass wir uns nicht auf unsere tatsächlichen Zahlen konzentrieren. Es ist der Vergleich mit einem zunehmend veralteten Referenzpunkt seit Jahresbeginn, den wir übersprungen haben.

Dieser Fokus löst eine von zwei Fragen aus:

1. Wenn der KPI grün ist, welche Risiken können das gefährden, was gut aussieht, und wie werden diese Risiken angegangen?
2. Wenn der KPI rot ist, welche Maßnahmen müssen ergriffen werden, um wieder auf Kurs zu kommen?

Ich muss zugeben, dass ich der Verwendung von KPI-Farben ambivalent gegenüberstehe. Es funktioniert gut in Teams, die Farben vor allem als einfache Möglichkeit sehen, den Status untereinander mitzuteilen. Weniger gut funktioniert es, wenn sie als Teil eines Top-down-Kontroll- und Belohnungssystems wahrgenommen werden, was manchmal zu Spielereien und unethischem Verhalten führt, um von Rot zu Grün zu wechseln.

Womit wir wieder bei der Führung angelangt sind. Den Farben selbst ist wahrscheinlich keine Schuld zu geben.

Wo es relevant ist, wird der KPI-Status in rollierenden Fenstern berichtet, die in der Regel 13 Monate umfassen, sodass der aktuelle Monat mit dem gleichen Monat des Vorjahres verglichen werden kann. Der Zweck besteht darin, eine bessere Trendberichterstattung zu liefern als in einem Januar-Dezember-Bild, das im Durchschnitt halb leer ist. Vergleichen Sie die Diagramme in den Abbildungen 4–14 und 4–15. Welches liefert bessere Informationen?

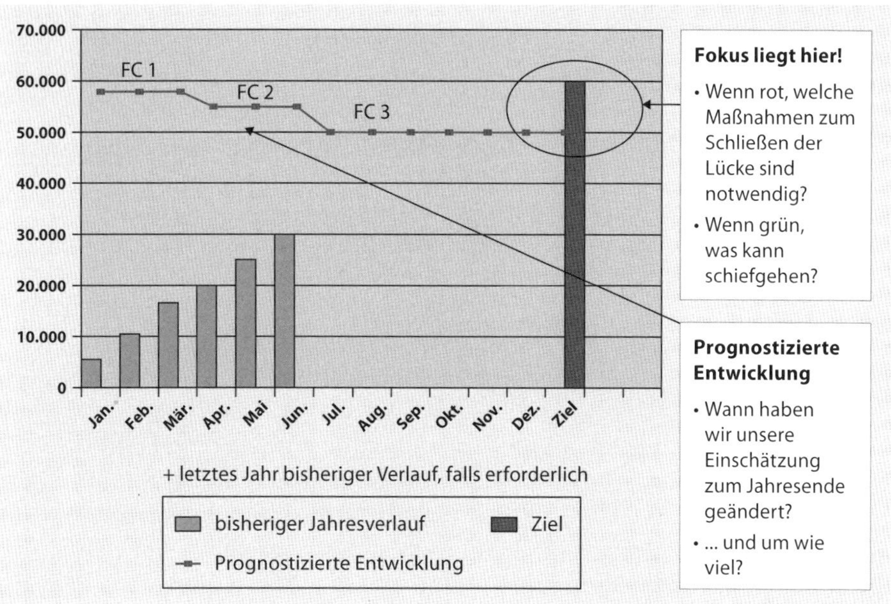

Abb. 4–14 *Bericht – Beispiel 1*

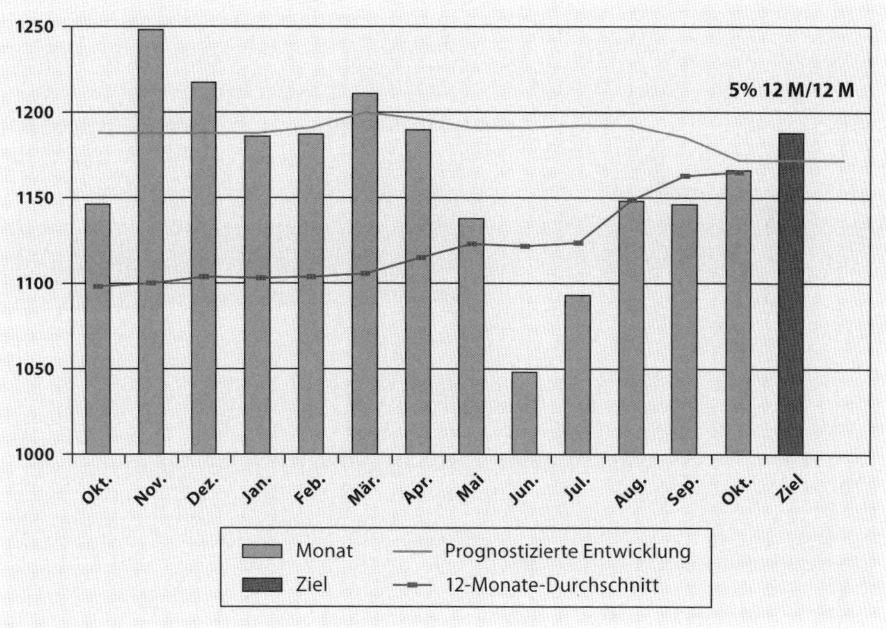

Abb. 4–15 *Bericht – Beispiel 2*

Unternehmensbewertungen konzentrieren sich nicht nur auf den KPI-Status, sondern auf die gesamte Ambition to Action. Die strategischen Ziele dienen als ständige Erinnerung daran, was wir längerfristig anstreben, etwas, mit dem die KPI-Ergebnisse und Aktionen ständig abgeglichen werden müssen. Die Aktionen sind ebenfalls farblich gekennzeichnet: Liegt die Aktion im Zeitplan oder wird sie voraussichtlich das geplante Ergebnis liefern? Aktionen werden im System dynamisch verwaltet. Abgeschlossene Aktionen werden geschlossen, laufende Aktionen werden überwacht und neue Aktionen werden bei Bedarf eingerichtet. All dies wird von dem Team erledigt, das für die Ambition to Action verantwortlich ist, und nicht von irgendwelchen zentralen Mitarbeitenden.

Leistungsbewertung und Belohnungen

Ein Hauptziel von Ambition to Action ist es, eine umfassendere und reichhaltigere Sprache für die Beschreibung und Bewertung von Leistung zu schaffen. Die »alte Sprache« war recht einfach. Gute Leistung bedeutete, das Budget einzuhalten – ja oder nein. Dann führten wir KPI-Scorecards ein und bekamen einen neuen Ausdruck im Leistungsvokabular: »grüner oder roter KPI«. Als wir die Budgets abschafften, blieb wieder nur ein Wort übrig: die KPI-Farbe. Auch hier bestanden die einzigen Qualifikationen, die für die Bewertung der Leistung erforderlich waren, darin, nicht farbenblind zu sein und die Anzahl der roten gegenüber den grünen KPIs zählen zu können.

Ambition to Action hat uns eine reichhaltigere und umfassendere Sprache für die Leistung gegeben. Erstens basiert die Bewertung der erzielten Ergebnisse nicht mehr nur auf KPIs, sondern auf einer ganzheitlichen Bewertung. Zweitens hat uns die Einführung von Verhalten mit einer Gewichtung von 50 Prozent eine völlig neue Dimension in unserer Leistungssprache ermöglicht.

Die Lieferziele werden durch einen *Belastungstest* der gelieferten Ergebnisse bewertet, die zunächst als KPI-Ergebnisse an den KPI-Zielen gemessen werden. Diese sind nun lediglich ein Ausgangspunkt, nicht der Endpunkt, denn KPIs sind lediglich Indikatoren (Abb. 4–16).

Wir empfehlen diese fünf Fragen, um die gemessenen KPI-Ergebnisse zu testen:

1. *Haben die erzielten Ergebnisse zur Erreichung der strategischen Ziele beigetragen?* Wie sieht es aus, wenn wir berücksichtigen, was der KPI nicht erfassen konnte? Im Nachhinein stehen normalerweise viele Informationen zur Verfügung. Die Antwort könnte bestätigen, was der KPI anzeigte, oder ein positiveres oder negativeres Bild ergeben.
2. *Wie ehrgeizig waren die Ziele?* Stellen Sie sich zwei Teams vor. Das eine hat sich ein ehrgeiziges Ziel gesetzt, das es aber knapp verfehlt hat. Das andere setzte sich ein viel niedrigeres Ziel, das es auch erreichte. Wir sollten nicht das erste Team bestrafen und das zweite belohnen.

3. *Gibt es Änderungen in den Annahmen, die berücksichtigt werden sollten?* Gab es erheblichen Rücken- oder Gegenwind, der nichts mit der Leistung zu tun hatte? Gab es ein Erdbeben in Japan, das alles noch schwieriger machte? Gab es einen Konkurs eines Mitbewerbers, der das Umsatzziel zu einem Kinderspiel machte?
4. *Wurden vereinbarte oder notwendige Maßnahmen ergriffen?* Wurden die Maßnahmen kontinuierlich festgelegt und bei Bedarf durchgeführt?
5. *Sind die Ergebnisse nachhaltig?* Oder gab es Suboptimierungen oder Abkürzungen, um das Ziel zu erreichen?

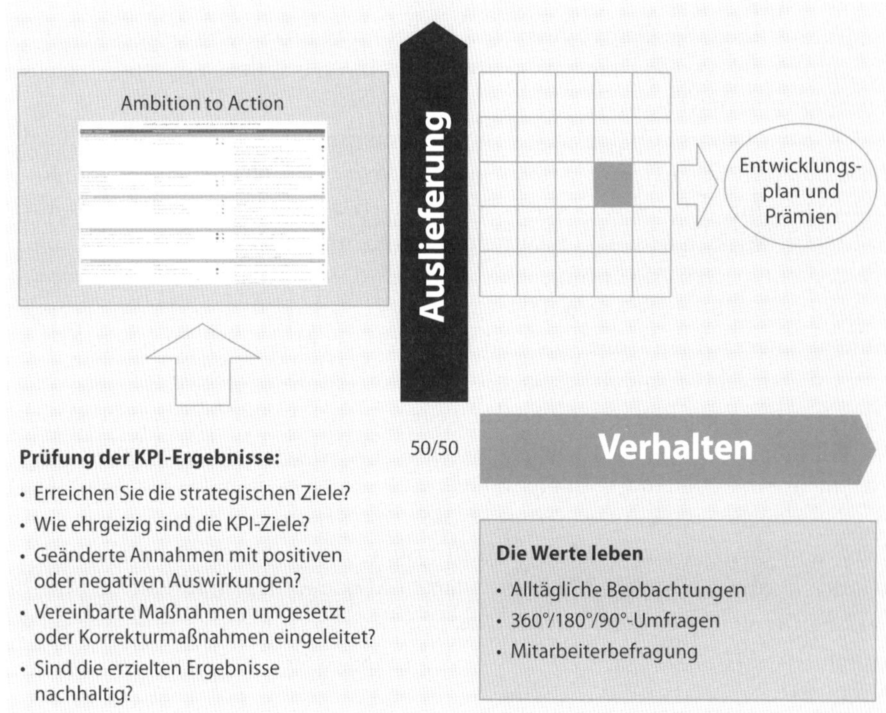

Abb. 4–16 *Leistungsbewertung von der engen Messung zur ganzheitlichen Bewertung*

Bei diesen Fragen geht es nicht darum, eine lange Liste von Ausreden für das Nichterreichen der Ziele zu erstellen, sondern darum, relevante Hintergrundinformationen zu verstehen und dann zu entscheiden, wie viel davon berücksichtigt werden sollte. Das funktioniert in beide Richtungen; es kann genauso gut gemessene Ergebnisse herabstufen (siehe Abb. 4–16). Für die Festlegung und Bewertung von Verhaltenszielen stehen verschiedene Informationsquellen zur Verfügung, wie z.B. die Umfrage zum Betriebsklima, bei der einige der Fragen direktes Feedback an die einzelnen Managerinnen und Manager liefern. Tägliche Beobachtungen und ein fundiertes Urteilsvermögen sind wichtige Ergänzungen. Viele der Fragen aus dem Belastungstest sind auch bei der Bewertung von *Verhaltenszielen* anwendbar. Es ist nicht einfach, Verhaltensziele festzulegen und zu bewerten, und wir lernen jeden Tag dazu. Aber wir sind davon überzeugt, dass es richtig ist, dies zu tun. Es war auch nicht einfach, als wir vor vielen Jahren mit KPIs anfingen.

Das Ergebnis der Leistungs- und Verhaltensbewertung führt zu einer Bewertung auf einer Skala von 1 bis 5 in jeder Dimension. Die Bewertung wird für den individuellen Entwicklungsplan des nächsten Jahres, für Grundgehaltserhöhungen und für individuelle Boni verwendet. Ich werde noch einmal auf das Thema Bewertung zurückkommen, ein Konzept, von dem sich viele aus sehr guten Gründen verabschieden. Diese Diskussion findet auch bei Statoil statt.

In Kapitel 1 haben wir über den Unterschied zwischen Ergebnissen und Leistung gesprochen. Bei der ganzheitlichen Bewertung geht es darum, die gemessenen Ergebnisse als Ausgangspunkt zu verwenden, um die wahre, zugrunde liegende Leistung zu ermitteln.

Wie wir bereits erörtert haben, ist die Kombination von Entwicklung, Belohnung und rechtlicher Dokumentation in einem Prozess problematisch, da es zu Konflikten kommt, vor allem zwischen den beiden ersten Punkten. Die Personalabteilung ist sich dessen bewusst und ermutigt das Management, diese Bereiche voneinander zu trennen. Die Lösung sollte eine viel klarere Trennung sein, so wie wir es beim Budget gemacht haben. Das würde uns in die Lage versetzen, beide Bereiche radikal zu verbessern. Feedback und Entwicklung sollten kein jährliches Kunststück sein und könnten stärker über Kolleginnen und Kollegen erfolgen. Diese haben oft ein besseres Bild von der Leistung einer Person als der Vorgesetzte. Jährliche Boni könnten durch punktuelle Boni ersetzt oder ergänzt werden, bei denen es sich nicht um baumelnde »Tu dies/erhalte das«-Karotten handelt. Die Anpassung des Grundgehalts könnte weiterhin jährlich erfolgen, jedoch losgelöst von Feedback und Entwicklung. Und schließlich könnte die rechtliche Seite abgesichert werden, indem die notwendigen schriftlichen Abmahnungen nur dann ausgestellt werden, wenn dies erforderlich ist. Dies sind Beispiele für Verbesserungsmöglichkeiten, die sich ergeben, wenn die drei Zwecke voneinander getrennt werden (Abb. 4–17).

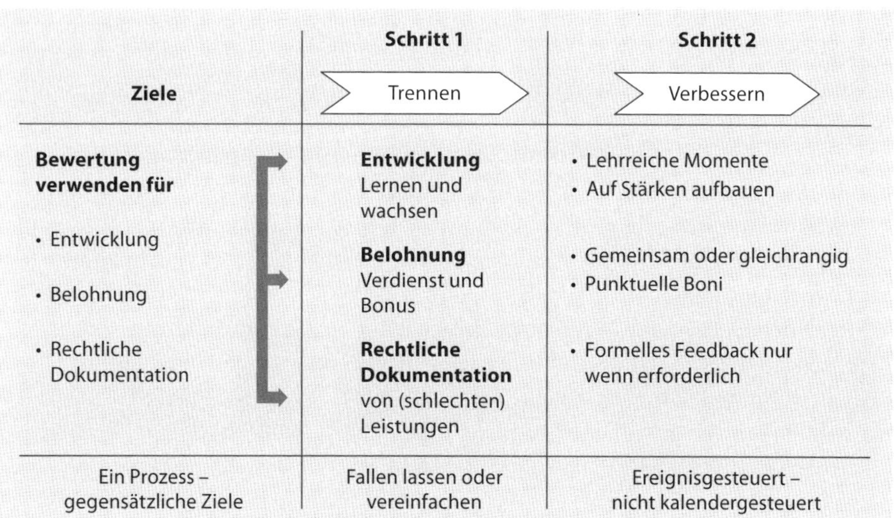

Abb. 4–17 *Leistungsbewertung – ein Prozess mit drei verschiedenen Zielen*

Ich habe bereits meine Meinung zu individuellen Boni dargelegt. Bei Statoil gibt es solche Boni, auch wenn sie, zumindest in Europa, in Bezug auf Reichweite und Umfang recht bescheiden sind. Der Bonusbereich ist nach wie vor einer der wenigen Bereiche, in denen wir dem Mainstream-Performance-Management folgen. Ich kann nicht umhin, an all die großartigen Leistungen und herausragenden Erfolge im Unternehmen zu denken, als es 1972 an den Start ging und bevor 1998 individuelle Boni eingeführt wurden. Die Bedingungen, die in diesen Pionierjahren geschaffen wurden, und die Hebel, die man zur Motivation betätigte, hatten alle etwas gemeinsam: Es ging um hervorragende Führung! Es ist jedoch wichtig, sich daran zu erinnern, dass wir einige der negativen Auswirkungen der Boni neutralisiert haben. Wir haben den festen Leistungsvertrag, die automatische Verbindung zwischen Ziel und Belohnung, durchbrochen, indem wir, wo immer möglich, relative KPIs verwendet und die ganzheitliche Leistungsbewertung eingeführt haben.

Außerdem gibt es ein kollektives Bonussystem für alle Beschäftigten, das auf der Leistung des Unternehmens im Vergleich zum Wettbewerb basiert. Das maximale Bonuspotenzial beträgt hier 10 Prozent. Darüber hinaus gibt es ein sehr beliebtes Aktiensparprogramm, bei dem alle Mitarbeitenden jedes Jahr Aktien für bis zu 5 Prozent ihres Grundgehalts kaufen können und für jede gekaufte Aktie eine Gratisaktie erhalten. Die Aktien müssen für mindestens zwei Jahre gehalten werden.

2008 wurde beschlossen, den kollektiven Bonus in zwei Teile aufzuteilen: bis zu 5 Prozent auf Konzernebene und bis zu 5 Prozent für die Leistung eines Geschäftsbereichs. Ich war skeptisch. Wir haben ein auf der Wertschöpfungskette basierendes Organisationsmodell, in dem die gegenseitige Abhängigkeit und die Notwendigkeit der Zusammenarbeit zwischen den Geschäftsbereichen hoch ist. Ich argumentierte, dass die Unzufriedenheit unter derjenigen, die schlecht abschneiden, die positive Motivation derjenigen, die gut abschneiden, völlig überwiegen würde. Glücklicherweise kam der Mechanismus nie zum Einsatz und wurde nach ein paar Jahren stillschweigend aufgegeben. Heute ist die Diskussion über Teamprämien wieder auf dem Tisch.

Die Herausforderung besteht nach wie vor darin, wie man Teams, die voneinander abhängig sind, gerecht belohnen kann.

Wie wir bereits besprochen haben, tun sich einige Managerinnen und Manager schwer mit der subjektiven Beurteilung bei der ganzheitlichen Leistungsbewertung. Sie bevorzugen eine klare Zieldefinition und keine anschließenden Diskussionen. Treffer oder nicht. Ganz einfach. Es geht wieder einmal um Führung versus Management. Aber wie wir bereits besprochen haben, kann eine Leistungsbewertung niemals völlig objektiv sein. Es wird immer Subjektivität geben, und der Grund dafür ist die Ungewissheit. Da ist zunächst die *Definitionsungewissheit*: Wie gut beschreiben die gewählten KPIs die Leistung? Wie groß ist das »Ich«? Diese Ungewissheit ist konstant und begleitet uns die ganze Zeit und erfordert eine Prüfung der gemessenen Leistungsangaben, die nur im Nachhinein erfolgen kann. Schon hier geht die totale Objektivität verloren. Und dann ist da noch die *Zielungewissheit*. Bei der Festlegung von Zielen geht es darum, zu beschreiben, wie eine gute Leistung zu einem bestimmten Zeitpunkt aussieht, zum Beispiel am nächsten Jahresende. Je größer die Ungewissheit ist, desto schwieriger ist es und desto mehr Annahmen müssen wir treffen. Wir sind gezwungen, subjektiv zu sein, ob es uns gefällt oder nicht, wenn wir entscheiden, welche Annahmen wir wählen: Preise, Wechselkurse, Marktentwicklungen, Bewegungen der Mitbewerber. Wenn es an der Zeit ist, eine Bewertung vorzunehmen, ist all diese Unsicherheit der Annahmen verschwunden. Wir wissen, ob wir richtig lagen. Wir wissen auch, ob andere unerwartete Ereignisse die Leistung beeinflusst haben. Warum in aller Welt sollten wir all diese Erkenntnisse ignorieren, nur weil wir 100 Prozent objektiv sein wollen, was ohnehin nicht möglich ist (siehe Abb. 4–18)?

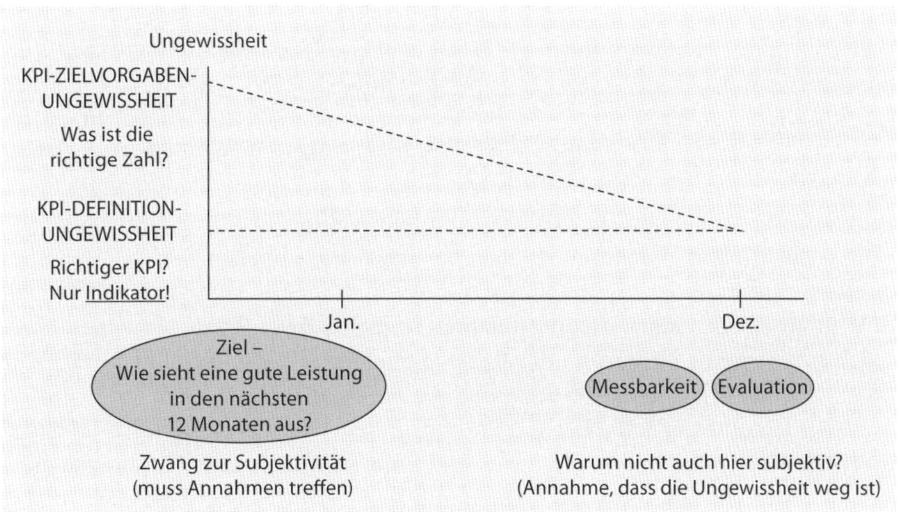

Abb. 4–18 *Eine Leistungsbeurteilung kann nie zu 100 Prozent objektiv sein.*

4.5 Eine dynamische Ambition to Action

Die erste Auflage dieses Buches beendete das Statoil-Kapitel mit einem Abschnitt mit der Überschrift »Was kommt als Nächstes?« Der feste Kalenderrhythmus wurde damals als eines der Hauptprobleme angesehen. Ich erzählte von den Überlegungen, die wir zu diesem Zeitpunkt anstellten, um Ambition to Action radikal dynamischer zu gestalten, weit über die bereits eingeführte dynamische Ressourcenzuweisung hinaus. Diese Ideen hatten wir bereits im Jahr 2005. Wir haben damals jedoch beschlossen, sie nicht weiterzuverfolgen, da wir befürchteten, dass diese Änderungen zusätzlich zu allem anderen den Exekutivausschuss überfordern würden und zu einem *Nein* zu allem führen würde. Als die Fusion mit Hydro endlich hinter uns lag, nahmen wir die Diskussion wieder auf. Im Jahr 2010 wandten wir uns mit unserem Vorschlag erneut an den Exekutivausschuss. Wir erhielten nicht nur ein lautes und klares *Ja*. Als wir den Raum verließen, flüsterte uns eines der Vorstandsmitglieder zu: »Näher zu einer Standing Ovation werden Sie in diesem Raum nicht kommen.« Es war ein guter Tag und es war Zeit, die Ärmel wieder hochzukrempeln!

Wir waren eigentlich gar nicht so überrascht. Wir hatten zwar nicht mit diesem großartigen Kommentar gerechnet, aber wir hatten ein *Ja* erwartet. Wie alle anderen auch, war der Vorstand im Laufe der Zeit mutiger geworden. Was 2005 noch ein wenig beängstigend gewesen war, war es jetzt nicht mehr. Es hatte funktioniert, und zwar sehr gut.

Wir schlugen vor, *Dynamic Forecasting* einzuführen und auch die *jährlichen* Versionen von Ambition to Action zugunsten eines dynamischeren und ereignisorientierten Prozesses aufzugeben. Lassen Sie uns mit Dynamic Forecasting beginnen.

Eines der Probleme auf der »Budgetproblemliste«, die wir in Kapitel 1 besprochen haben, war »Die Welt endet am 31. Dezember«. Eine Folge davon ist die »Vorhersage gegen die Wand« oder die *Ziehharmonika-Vorhersage*, wie sie eigentlich genannt werden sollte. Während der Budgetierungszeit im Herbst wollen wir das gesamte nächste Jahr, also 12 Monate im Voraus, verstehen. Wenn wir in das nächste Jahr gehen und das erste Quartal hinter uns lassen, reicht ein neunmonatiger Horizont aus. Wir können immer noch bis zum Jahresende sehen. Zur Jahresmitte reichen sechs Monate, dann drei Monate, bevor wir uns plötzlich für 12 Monate interessieren, denn es ist wieder Budgetzeit. Wenn es um die längerfristige Planung geht, gibt es jedoch keine Ziehharmonika-Horizonte. Hier finden wir einen *rollierenden* Prozess vor. Er wird in der Regel einmal im Jahr durchgeführt, und zwar immer mit dem gleichen Zeithorizont von z.B. 3, 5 oder 10 Jahren.

Viele Unternehmen, die Beyond Budgeting anwenden, lösen diese Inkonsistenz durch die Einführung einer *rollierenden Prognose*. Die Prognose wird typischerweise jedes Quartal aktualisiert, und zwar immer mit dem gleichen Zeithorizont von beispielsweise fünf oder sechs Quartalen. Dies ist definitiv viel besser als die Ziehharmonika-Prognose. Wie Sie sich erinnern werden, war dies auch die Lösung, für die wir uns bei Borealis entschieden haben. Als wir bei Statoil die Zielsetzung, die Prognose und die Ressourcenzuweisung trennten, haben wir nicht gleichzeitig den Prognoserhythmus geändert. Für uns war die Trennung zunächst am wichtigsten. Wir waren davon überzeugt, dass allein dadurch die Qualität der Prognosen erheblich verbessert wird, da sie weniger verzerrt sind. Wir hatten die Absicht, das Rhythmusproblem zu einem späteren Zeitpunkt anzugehen. Im Laufe der Zeit begannen wir zu zögern, ob die vierteljährliche rollierende Prognose wirklich die richtige Lösung für uns war.

Wie bereits bei der Erörterung des Rhythmusproblems erwähnt, laufen viele der Statoil-Geschäftsbereiche in einem sehr unterschiedlichen Rhythmus, da sich die Geschäftseinheiten Ölhandel, Exploration und Förderung stark unterscheiden. Warum sollten wir sie alle in einen festen und gemeinsamen Rhythmus und Zeithorizont zwingen? Mit das wichtigste Ziel der Prognosen ist es, Probleme früh genug auf dem Radar zu sehen, um zu handeln. Wann ist der richtige Zeitpunkt, um das Radar zu überprüfen: in festen und vordefinierten Abständen oder eher situationsabhängig? Macht es einen Unterschied, ob man in engen und belebten Gewässern oder auf offener See fährt? Und ein Supertanker braucht definitiv einen größeren Radarbildschirm als kleinere Schiffe, oder?

Die Lösung ist die *dynamische Prognose*, ohne feste und vordefinierte Frequenz oder festen Zeithorizont. Die Geschäftseinheiten aktualisieren ihre Vorhersagen, wenn Ereignisse eintreten oder neue Informationen verfügbar werden, die sie als wichtig genug erachten, um eine Aktualisierung zu rechtfertigen (externe Prognose). Ein Ereignis kann auch eine Maßnahme sein, die eine Auswirkung auf die Prognose hat (interne Prognose). Wir haben keine Anweisungen herausgegeben, die genau definieren, was ein Ereignis ist und wie groß es sein muss, um eine Aktualisierung der Prognose auszulösen. Eigentlich könnten wir das gar nicht, selbst wenn wir es gewollt hätten. Die Geschäftseinheiten entscheiden daher selbst. Was ein großer Punkt auf dem lokalen Radarschirm ist, stellt oft ein Ereignis dar, das das Unternehmen ignorieren kann, aber selten umgekehrt. Wir erinnern die lokalen Unternehmen auch immer wieder daran, dass sie keine Prognosen für uns auf Konzernebene erstellen, sondern dies für sich selbst tun, um ihr eigenes Geschäft zu führen.

Einige waren besorgt darüber, mehr Prognosen erstellen zu müssen. Dynamische Prognosen bedeuten nicht unbedingt, dass sie häufiger erstellt werden, sondern dass sie zum richtigen Zeitpunkt erfolgen. Für einige könnte es sogar bedeuten, dass sie weniger häufig durchgeführt werden müssen. Ein weiterer Vorteil ist eine gleichmäßigere Arbeitsbelastung, obwohl auch rollierende Prognosen hilfreich gewesen wären.

Auf der Inputseite fließen die Prognosedaten weiterhin in unser SAP-System. Auf der Outputseite gibt es immer noch regelmäßige Meilensteine, bei denen wir die neuesten Prognosen heranziehen, um interne oder externe Stakeholder, wie den Exekutivausschuss, den Vorstand, Behörden, Partner und andere, mit Daten zu versorgen. Darüber hinaus gibt es Situationen und wichtige Ereignisse, die eine außerplanmäßige Analyse der Finanzkapazität oder des Gesamtbildes auslösen können. Diese Meilensteine sollten nicht zu einer hektischen Betriebsamkeit führen, um die Zahlen zu aktualisieren. Die Aufgabe sollte eher darin bestehen, einige abschließende Prüfungen und Qualitätskontrollen durchzuführen. Es war faszinierend zu beobachten, wie sich der Ausdruck »heranziehen«, den wir für diesen Prozess erfunden haben, inzwischen zu einem festen Begriff im Statoil-Vokabular entwickelt hat.

Lassen Sie uns einen Vergleich mit dem Vorgehen in der Buchhaltung anstellen. Wir horten keine Aufträge, Rechnungen und Zahlungen und registrieren sie alle am Monatsende. Wir registrieren diese fortlaufend, und alle, die häufig aktualisierte Informationen benötigen, können diese erhalten. Während des Monats stehen uns im System eine Fülle von Informationen zur Verfügung, vom Auftragsstatus bis zum Kassenbestand.

Ein weiterer Grund für das Zögern bei der vierteljährlichen rollierenden Prognose waren die vierteljährlichen »Blöcke«, in die die Prognosedaten eingeordnet werden. Für viele unserer Geschäftseinheiten, die ein langsameres Tempo und einen längeren Zeithorizont haben, erschienen die vierteljährlichen Zahlen zu detailliert. Für die meisten unserer Einheiten funktioniert es ganz gut, wenn sie sich an jährliche Blöcke halten. Wichtig ist, *wie oft* ein Block aktualisiert wird und *wie viele* auf einmal. Was die Zeithorizonte angeht, so muss Statoil in der Regel mindestens 10 Jahre in die Zukunft blicken, manchmal auch viel länger. Einige unserer Felder produzieren 40 Jahre lang. Aber warum sollten wir all diejenigen mit viel kürzeren Zeithorizonten dazu zwingen, diese äußeren Bereiche mit Prognosedaten zu füllen, wenn sie selbst überhaupt keinen Bedarf an diesen Informationen haben? Wir ermutigen daher die Einheiten, die den längeren Horizont benötigen, die Lücke selbst mit allgemeineren Zahlen zu füllen, indem sie ihr eigenes Geschäfts-Know-how nutzen. Auch hier können wir nicht die buchhalterische Denkweise einer präzisen Bottom-up-Konsolidierung in einen Prozess wie diesen einbringen.

Dynamic Forecasting war ein wichtiger Schritt, um die gesamte Ambition to Action dynamischer zu gestalten. Ein großes Hindernis waren jedoch die Jahresversionen, bei denen alle jedes Jahr eine fast neue Version erstellten. Wie bereits erwähnt, ist der Zeitraum von Januar bis Dezember oder jeder andere Zeitraum eines Geschäftsjahres oft ein künstliches Konstrukt von einem rein geschäftlichen Standpunkt aus gesehen. Selbst wenn es in einem Unternehmen saisonale Schwankungen gibt, ist die Wintersaison immer zweigeteilt. »Was wäre, wenn wir uns auch im restlichen Prozess von Ambition to Action an Geschäftszyklen statt an Kalenderzyklen orientieren würden, nicht nur bei der Prognose? Was wäre, wenn wir das Kalenderjahr bei jeder sich bietenden Gelegenheit hinter uns lassen würden? Wie sähen unsere Prozesse aus?« Das waren die Fragen, die wir uns im Jahr 2010 gestellt haben. Und das tun wir heute:

- Unser *Strategieprozess* war bereits ziemlich kontinuierlich und themenorientiert. Strategische Ziele können jetzt bei Bedarf aktualisiert werden, wenn sich die Strategie so sehr ändert, dass neue oder überarbeitete Ziele erforderlich sind.
- *KPIs* können jederzeit ersetzt werden, wenn sich die strategischen Ziele ändern oder wenn wir einfach bessere Ziele finden.
- Selbst *KPI-Ziele* können geändert werden, wenn sie ihre Bedeutung verloren haben, weil sie nicht mehr zu erreichen sind. Solche Ziele funktionieren nicht. Sie motivieren und inspirieren nicht. Sie haben nur noch eine Funktion: Bestrafung. Es kann aber auch umgekehrt sein: Das Ziel ist zu niedrig geworden, es lohnt sich nicht mehr. Wir hatten bereits die »Zielüberprüfung«; hier ging es darum, diesen Mechanismus zu stärken.
- Der *Zielhorizont* kann variieren, je nach Art des Geschäfts und je nachdem, was wir erreichen wollen. Wir wollen natürlichere Zieltermine, die sich nach Dringlichkeit und Komplexität richten. Je mehr relative Zielvorgaben wir verwenden, desto weniger Bedarf gibt es für jährliche Zielvorgaben. »Erstes Quartal«, »über dem Durchschnitt« und ähnliche Ziele müssen nicht jedes Jahr neu festgelegt werden.
- *Maßnahmen* sollten bereits jetzt kontinuierlich aktualisiert werden, aber durch dynamischere strategische Ziele und KPIs werden sie jetzt noch offensichtlicher und selbstverständlicher.
- Die *Prognosen* sind kontinuierlicher und ereignisorientierter, wie oben beschrieben.
- Die *Leistungsbeurteilung* in People@Statoil erfolgt nach wie vor in einem jährlichen Zyklus, aber es ist jetzt einfacher, individuelle- und Teamziele zu ändern, wie später noch beschrieben wird.

Obwohl die Teams jetzt im Prinzip ändern können, was immer sie wollen, wann immer sie wollen, ist es keine Anarchie. Wir haben einen einfachen, aber effektiven Kontrollmechanismus eingeführt. Wenn eine Änderung *groß* ist, ist eine Genehmigung auf einer höheren Ebene erforderlich. Bei *kleinen* Änderungen reicht es aus, die gleiche Ebene zu informieren. Ob groß oder klein, die Teams müssen die anderen Teams, die von ihren Änderungen betroffen sind, im Rahmen einer kontinuierlichen Koordination informieren. Wir überlassen es den Teams selbst, mit der übergeordneten Ebene zu klären, was groß ist und was nicht. Das ist nichts, was wir von der Zentrale aus festlegen können oder sollten. Wenn jemand in einem Teil der Organisation eine andere Definition von klein/groß hat als ein anderer, ist das kein Problem, solange es an beiden Stellen funktioniert. Das MIS-System führt ein Protokoll über alle Änderungen.

Wie bereits erwähnt, war es von Anfang an ein zentrales Prinzip, unsere zahlreichen Ambition-to-Action-Prozesse eher durch *Übersetzung* als durch *Kaskadierung* aufeinander abzustimmen, denn eine starke Kaskadierung von oben nach unten zerstört leicht die Eigenverantwortung und die Motivation. Stattdessen wollen wir, dass jede Geschäftseinheit bei Schnittstellen zu anderen Einheiten die relevanten Ambitions-to-Action-Prozesse der anderen übersetzt. Sollte eine solche Übersetzung schiefgehen und mit inakzeptablen Ambitionen oder einer falschen Richtung enden, sollte die darüber liegende Ebene natürlich eingreifen. Dies ist jedoch kein großes Problem. Ein Grund dafür ist die Transparenz. Alle Ambitions to Action sind offen und für alle Beschäftigten zugänglich, mit Ausnahme der preissensitiven Informationen, für die wir den Zugang beschränken müssen. Es gibt keinen Ort, an dem man sich mit einer unsinnigen Ambition to Action verstecken kann. Wir haben es jeder Geschäftseinheit überlassen, zu entscheiden, welche Informationen für den Zugriff gesperrt werden müssen. Leider gibt es einige, die mehr Beschränkungen als unbedingt notwendig anwenden. Das ist wieder eine Frage des Vertrauens.

Der Übersetzungsansatz bedeutet nicht, dass wir niemals kaskadieren. Es gibt Situationen, in denen eine Kaskadierung von oben nach unten sowohl notwendig als auch angemessen ist. Sie sollte jedoch die Ausnahme und nicht die Regel sein. Dadurch wird die Kaskadierung auch besser akzeptiert, wenn sie stattfindet.

Das Weglassen der jährlichen Versionen von Ambition to Action hatte auch in diesem Bereich positive Auswirkungen. Wenn jede Geschäftseinheit jeden Herbst eine neue Version erstellte, war das verlockend und in einigen Fällen geradezu eine Einladung zur Kaskadierung von oben. Jetzt, da es weniger dieser jährlichen Neustart-Kunststücke gibt und die Inhalte von Ambition to Action kontinuierlicher und organischer aktualisiert werden, ist eine massive Kaskadierung von oben schwieriger und auch weniger natürlich geworden.

Ein weiterer Aspekt der Kaskadierung beim jährlichen Vorgehen war das Bemühen um die perfekte Reihenfolge. Wer geht zuerst und wer ist der Nächste? Für Finanzleute mit einem starken Bedürfnis nach Struktur und Kontrolle in Bezug auf Budgetierung und Planung ist dies eine wichtige Frage. In einer komplexen Matrixorganisation wie der unseren ist eine perfekte Reihenfolge angesichts der vielen Schnittstellen sehr schwer, wenn nicht gar unmöglich zu gestalten. Diese Diskussionen über die »richtige Reihenfolge« sind inzwischen mehr oder weniger verschwunden. Die Geschäftseinheiten synchronisieren und koordinieren sich untereinander auf selbstregulierende Art und Weise, mit begrenzter Orchestrierung durch die Zentrale. Das ist nicht perfekt, aber gut genug.

Je kontinuierlicher und selbstregulierender wir den gesamten Prozess gestalten können, desto besser. Je weniger wir von der Zentrale abhängen, desto besser. Das bedeutet nicht, dass wir uns zurückziehen. Wir unterstützen, wenn nötig, und greifen ein, wenn es erforderlich ist. Aber genau wie beim Kreisverkehr sollte unsere Hauptaufgabe eher darin bestehen, die Voraussetzungen dafür zu schaffen, dass das Unternehmen sich selbst verwalten kann, und weniger darin, das Unternehmen zu führen.

Es gab jedoch einige Bedenken zu den neuen Grundsätzen, vor allem im Hinblick auf die Möglichkeit, die Zielvorgaben anzupassen. Würde es missbraucht werden? Wir haben daher einige Fragen formuliert, die wir den Teams empfehlen, sich zu stellen, wenn sie die Änderung eines Ziels in Erwägung ziehen:

- **Hat das Ziel noch eine motivierende Wirkung?**
  Wenn es schwieriger ist, aber immer noch inspirierend und motivierend, sollten Sie es beibehalten.
- **Wie ist Ihre Erfolgsbilanz bei der Änderung von Zielen?**
  Wenn es immer darum geht, die Ambitionen zu senken und nie umgekehrt, ist das etwas, worüber Sie darüber nachdenken sollten, bevor Sie es erneut angehen.
- **Kann stattdessen die ganzheitliche Leistungsbewertung verwendet werden?**
  Können veränderte Umstände bei der ganzheitlichen Leistungsbewertung berücksichtigt werden?

Es gab jedoch wenig Missbrauch und keine Explosion bei den Zieländerungen. Die meisten Teams halten an ihren Zielen fest. Die *Möglichkeit*, sie zu ändern, ist nach wie vor wichtig. Sie schafft ein Gefühl der Sicherheit, wenn es darum geht, Zielvorgaben anzupassen, und ein Gefühl der Fairness in diesem Prozess.

Einige würden argumentieren, dass die Organisation die auferlegte Disziplin eines festen und regelmäßigen Zyklus braucht: »Wenn nicht, wird einfach nichts erledigt.« Ich kann akzeptieren, dass kleine Kinder und einige Erwachsene diese Ordnung und die Vorhersehbarkeit brauchen. Wenn dies ein großes Problem in einer Organisation ist, sehe ich es eher als ein Symptom für etwas anderes, nämlich für einen Mangel an erfahrenes und unabhängigen Führungskräften und Mitarbeitenden, die bei Bedarf die Initiative ergreifen. Ist die Situation wirklich so schlimm, oder könnte hier wieder das Problem des Vertrauens im Spiel sein?

Mangelnde Aktualisierungsdisziplin könnte auch ein Symptom für mangelnde Eigenverantwortung für den Managementprozess selbst sein, die wir allzu oft durch die Durchsetzung von Disziplin zu kompensieren versuchen, anstatt die zugrunde liegenden Ursachen anzugehen. Wenn Teams ihre Ambition to Action mehr für sich selbst als für andere einsetzen, dann ist die Aktualisierung der Disziplin weniger ein Problem, weil das Grundproblem beseitigt ist.

Ist der Kalender bei Statoil vollständig abgeschafft? Ganz und gar nicht. Alles, was mit der gesetzlichen Rechnungslegung und Berichterstattung zu tun hat, läuft nach wie vor in monatlichen, vierteljährlichen und jährlichen Zyklen ab. Es gibt auch Bereiche, in denen diese Zeiträume sinnvoll sind, auch wenn wir uns anders hätten entscheiden können. Dennoch sind wir nicht so kontinuierlich und dynamisch, wie wir es hätten sein können und wahrscheinlich auch sein sollten. Auch hier gilt: Alles braucht seine Zeit. Unsere Reise zu mehr Dynamik gleicht wahrscheinlich einer Gruppe von Pferden, die schon immer an eine Stange gekettet waren und nur im Kreis laufen konnten. Eines Nachts schleicht sich jemand herein und schneidet alle Ketten durch. Einige Pferde entdecken sofort, was geschehen ist und laufen los, begeistert von ihrer neuen Freiheit. Andere wagen ein paar vorsichtige Schritte außerhalb des Kreises. »Kann das wirklich wahr sein?«, fragen sie sich, während sie mehr und mehr Schritte nach draußen machen. Aber es gibt auch Pferde, die weiterhin im Kreis laufen, wie sie es immer getan haben, auch wenn sie wissen, dass die Kette weg ist.

Wir können niemanden zwingen, diese neuen Möglichkeiten zu nutzen, und wir sollten uns nicht wundern, wenn es Zeit braucht, wenn der Kalender in so vielen Aspekten unseres Lebens dominiert hat und immer noch dominiert. Wir sollten nicht zu Fundamentalisten werden. Genauso wie wir niemandem verbieten können, Budgets zu erstellen, können wir auch das Kalenderjahr nicht verbieten. Noch einmal: Wir können Command & Control nicht durch Command & Control loswerden.

4.6 Was könnte der nächste Schritt sein?

Ich erinnere alle, die sich für Beyond Budgeting interessieren, immer wieder daran, dass die Umsetzung eine Reise und kein Projekt ist. Die Richtung ist klarer als das Ziel, wenn es denn eines gibt. Wenn ich an die frühen Tage von Borealis zurückdenke, konnte ich bereits etwas Größeres, Flexibleres und Menschlicheres erahnen. Ich hatte jedoch keine Ahnung, was das 20 Jahre später bei Statoil bedeuten würde. Wenn ich an die Zukunft denke, bin ich überzeugt, dass das, was wir in 10 Jahren tun, sowohl anders als auch besser sein wird als das, was wir heute tun. In einigen Bereichen bin ich mir ziemlich sicher, was als Nächstes kommen könnte. In anderen Bereichen sind die Visionen eher verschwommen.

Als ich in der ersten Auflage des Buches beschrieb, was als Nächstes kommen könnte, war ich davon überzeugt, dass es nur eine Frage der Zeit war, bis wir ein dynamischeres Ambition to Action, einschließlich Dynamic Forecasting, auf die Beine gestellt haben würden. Das Gleiche gilt für die Integration von Performance Management und Risikomanagement, die jetzt ganz oben auf unserer Agenda steht.

Statoil ist seit Langem Vorreiter bei der Entwicklung des Risikomanagements für Unternehmen, so wie das Unternehmen auch beim Performance Management vielen voraus war. Die beiden Funktionen arbeiteten jedoch recht getrennt voneinander. Obwohl beide in der CFO-Organisation angesiedelt waren, handelte es sich um zwei verschiedene Geschäftseinheiten, die auch getrennt voneinander untergebracht waren. Für beide war schon lange klar, dass es wichtige Verbindungen und

Schnittstellen zwischen ihnen gab. Noch deutlicher und offensichtlicher war dies für alle Teams an der Basis, bei denen Risiko und Leistung jeden Tag ein Managementthema sind.

Im Jahr 2011 fusionierten die beiden Unternehmensfunktionen, und der Bereich Risikomanagement wurde bei uns angesiedelt. Dadurch wurde der Dialog zwischen uns erheblich verstärkt. Es wurde noch deutlicher, dass wir mehr in einem als in zwei Prozessen denken müssen. Diese Botschaft erhielten wir auch von vielen Leuten aus dem Linienmanagement. Gleichzeitig begannen wir damit, die Systemlösung hinter dem MIS weiterzuentwickeln. Wir beschlossen, diese Gelegenheit zu nutzen und zu versuchen, das Risikomanagement in Ambition to Action zu integrieren.

Beim Risikomanagement geht es nicht nur um die Identifizierung und Quantifizierung von Risiken. Es geht auch darum, risikomindernde oder *risikoinduzierte* Maßnahmen zu identifizieren und auszuführen. Diese werden derzeit in separaten Risikosystemen geführt und nachverfolgt. Maßnahmen sind seit Langem ein wichtiger Bestandteil von Ambition to Action. Ihr Zweck besteht darin, sicherstellen, dass wir unsere strategischen Ziele und KPI-Ziele erreichen, und könnten daher als *zielinduzierte* Maßnahmen bezeichnet werden. Wir haben jedoch festgestellt, dass es viele Überschneidungen zwischen den beiden Arten von Maßnahmen gibt. Einige wurden tatsächlich sowohl durch Risiken als auch durch Ziele ausgelöst. Eine weitere Beobachtung war, dass ein zu enger KPI-Fokus oft selbst ein Risiko darstellt, da er beim Management zu suboptimalen und risikoerhöhenden Verhaltensweisen führt.

Der Bedarf an Integration war offensichtlich. Wir entwarfen daher eine neue Vorlage für Ambition to Action, in der die beiden Hauptziele unseres Unternehmens besser sichtbar werden: *die Vermeidung von Zwischenfällen* und *die Schaffung von nachhaltigem Wert*. Nach den strategischen Zielen haben wir eine Risikospalte eingefügt, sodass das Risiko auch die Maßnahmen bestimmt. Es ist geplant, auch unsere Risikokarten und Risikoradare in das MIS zu übertragen.

Nun zu einer weiteren Integrationsbemühung, diesmal in Richtung Personalwesen und dem People@Statoil-Prozess. Wie ich später noch erläutern werde, arbeiten die Finanz- und die Personalabteilung von Statoil seit vielen Jahren eng zusammen, um einen integrierten Prozess zu entwickeln, der Ambition to Action und People@Statoil miteinander verbindet. Dennoch gab es zwei verschiedene Systeme, die zwar miteinander sprachen, aber getrennt waren. Wie bereits erwähnt, muss das MIS-System aufgerüstet werden. Die Personalabteilung befand sich in der gleichen Situation, denn die maßgeschneiderte SAP-Lösung People@Statoil erwies sich als ziemlich schwerfällig und auch teuer im Betrieb.

Beide Abteilungen sahen dies als Chance für eine viel stärkere Integration, vielleicht sogar mit einer gemeinsamen Systemlösung, die einen wirklich nahtlosen Prozess ermöglicht, bei dem nicht ersichtlich ist, dass unsere Prozesse in getrennten Funktionen organisiert sind. Wir begannen nicht damit, die bestehenden Prozesse im Alleingang zu hinterfragen, sondern verbrachten viel Zeit damit, gemeinsam zu entwerfen, wie ein solcher wirklich nahtloser Prozess aussehen könnte. Wir waren uns einig, dass er nicht als *Performance-Management-Prozess* bezeichnet werden sollte. Wir nannten ihn den *Statoil-Leistungsprozess*.

Wir sahen eine Reihe von Verbesserungsmöglichkeiten. Erstens wollten wir, dass die allerersten Worte im Statoil-Buch in diesem Prozess deutlicher sichtbar werden: »Bei Statoil ist die Art und Weise, wie wir liefern, genauso wichtig wie das, was wir liefern.« Diese Betonung des *Wie* und nicht nur des *Was* ist in unserem derzeitigen Prozessbild erst sichtbar, wenn wir zur Leistungsbewertung kommen.

Wir wollten auch wichtige Unstimmigkeiten zwischen Ambition to Action und People@Statoil in Bezug auf *Team, Transparenz* und *Dynamik* ansprechen. Bei Ambition to Action geht es per Definition um Teams und ihre Geschäftsergebnisse. Bei People@Statoil ging es fast ausschließlich um Einzelpersonen und deren Ziele und Entwicklung. Ambition to Action ist in hohem Maße transparent, wobei fast alles offen und für alle Beschäftigten zugänglich ist. Die Informationen von People@ Statoil standen neben der Personalabteilung nur der betroffenen Person und der vorgesetzten Führungskraft zur Verfügung. Und schließlich war People@Statoil ein streng kalendergesteuerter Prozess, bei dem es keine oder nur sehr begrenzte Möglichkeiten gab, während des Jahres etwas zu ändern. Wir waren uns alle einig, dass mehr Transparenz und Dynamik im Team auch bei People@Statoil wünschenswert wäre.

Wie im Risikobereich wird bei People@Statoil mit Maßnahmen gearbeitet. Liefer- und Verhaltensziele wurden typischerweise als Maßnahmen formuliert, ebenso wie kurz- und längerfristige Entwicklungsziele. Wir sahen die Möglichkeit, einen allgemeineren Begriff dafür zu entwickeln, der sowohl diese Arten von Maßnahmen als auch solche von Ambition to Action und Risiko abdeckt (siehe Abb. 4–19).

Abb. 4–19 *Der Statoil-Leistungsprozess*

Wir waren alle begeistert von dem Ergebnis, das unserer Meinung nach die Gesamtheit unseres Führungs- und Managementdenkens bei Statoil viel besser widerspiegelte. Dann begegneten wir der Realität. Eine neue IT-Strategie empfahl Lösungen von der Stange anstelle von teureren, intern entwickelten Lösungen. Wir machten uns auf die Suche nach Softwarepaketen, die einen solchen Prozess unterstützen konnten. Wir fanden nichts. Das war eigentlich keine große Überraschung. Wir hatten schon lange den Verdacht, dass unser Denken den Softwareanbietern weit voraus war. Sie können großartige Produkte anbieten, aber sie sind entweder im Bereich des Unternehmens- oder Personalmanagements angesiedelt. Niemand schien sich so viele Gedanken über die Integration zwischen diesen beiden Bereichen zu machen wie wir.

Die Personalabteilung hatte es mit der Ablösung des Systems noch eiliger als wir. Kurz darauf entschieden sie sich für SuccessFactors, ein Produkt aus der SAP-Familie. Glücklicherweise waren sie in der Lage, die meisten unserer Ideen in Bezug auf Teams, Transparenz und Dynamik umzusetzen, obwohl wir uns noch mehr Integration erhofft hatten. Ich persönlich habe noch nicht aufgegeben. Ich bin davon überzeugt, dass wir eines Tages eine Systemlösung haben werden, die das umsetzen kann, was wir entworfen haben.

Die Schnittstelle zwischen Finanzen und Personalwesen ist wichtig. Ebenso wichtig ist die Schnittstelle zwischen der Finanzabteilung und der neuen COO(Chief Operating Officer)-Organisation, einschließlich des Teams, das sich mit betrieblichen Leistungsanalysen befasst, und des »Managementsystem«-Teams, das für die Anforderungen an die Arbeitsabläufe zuständig ist.

Vor einigen Jahren kam man zu dem Schluss, dass diese Anforderungen zu umfangreich geworden waren und dass der Prozessverantwortliche/die Linienmatrix eine Herausforderung darstellen. Ein Problem war die Verwässerung der Verantwortlichkeit der Linie, wenn der globale Prozessverantwortliche operative Standards festlegte. Es bestand Bedarf an einer Lösung, die sowohl die Befugnisse der Linie als auch die Rechenschaftspflicht stärken würde. Es wurde daher beschlossen, die globalen und gemeinsamen Anforderungen auf ein Minimum zu beschränken, indem eine viel schlankere Reihe von »Unternehmensgrundlagen« eingeführt wurde. Die Geschäftseinheiten erhielten die Freiheit, das zu definieren und zu entwickeln, was darüber hinaus benötigt wurde. Auch die Rolle des Prozessverantwortlichen wurde aufgelöst und die Verantwortung auf die Linie verlagert.

Weiter oben in diesem Kapitel haben wir uns eine wichtige Abbildung aus dem Statoil-Buch »Der Ausführungsrahmen« angesehen (Abb. 4–3). Dieses Bild wurde vor einigen Jahren entwickelt, um das neue System und die Grenzen zu veranschaulichen, die um die eingeführten erweiterten Befugnisse gezogen wurden. Die beiden Wände, auf die wir uns damals hauptsächlich konzentrierten, waren die links und rechts, Ambition to Action und finanzielle Entscheidungsbefugnisse.

Bei der Vereinfachung des Managementinformationssystems, die später folgte, wurde genau dieselbe Abbildung verwendet, um die Art der weiteren Befähigung und des »größeren Bewegungsspielraums« zu veranschaulichen, die nun angestrebt wurde. Diesmal lag der Schwerpunkt auf der Vereinfachung und Dezentralisierung der Anforderungen an die Arbeitsprozesse, eine Mauer, die wir damals nur schwerlich in nennenswertem Umfang überwinden konnten. Auch die Entscheidungsbefugnisse wurden angesprochen, aber jetzt mehr in operativer als in finanzieller Hinsicht, wie wir es uns vorgenommen hatten. Diese Initiative ergänzte sehr gut, was zuvor erreicht worden war, und machte den »Handlungs- und Leistungsspielraum« noch größer (Abb. 4–20).

Man könnte natürlich argumentieren, dass eine solche Vereinfachung der Anforderungen an die Arbeitsabläufe vom ersten Tag an ein integrierter Bestandteil der Beyond Budgeting-Implementierung hätte sein sollen. Ich glaube jedoch nicht, dass das Unternehmen im Jahr 2005 für diese Schritte bereit war. Für mich ist dies ein weiteres Beispiel für die sich entwickelnde Reise, auf der wir uns befinden. Es spielt auch keine Rolle, ob der Rahmen Beyond Budgeting oder anders heißt. Die Hauptsache ist, dass sich die Dinge in die richtige Richtung bewegen, inspiriert von einer gemeinsamen Vision von mehr Autonomie und Agilität.

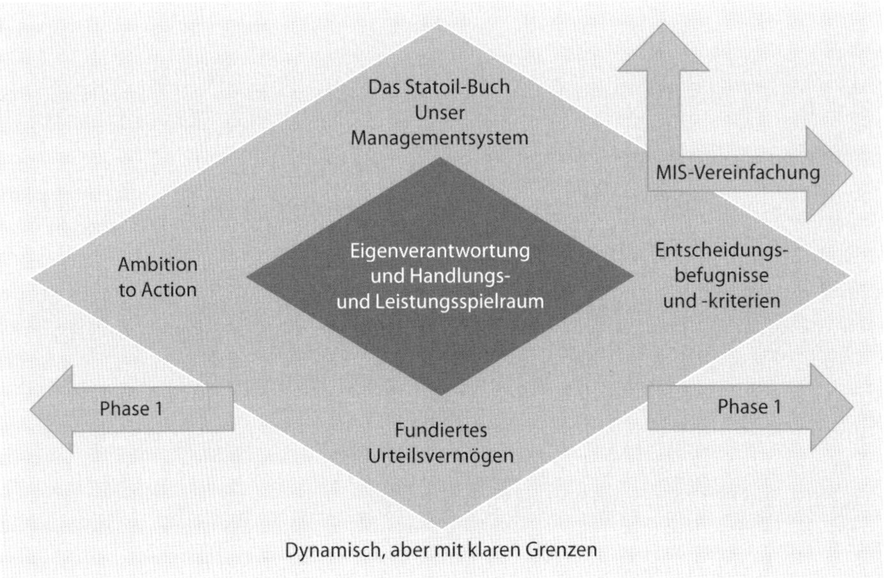

Abb. 4-20 *Erweiterung des Handlungs- und Leistungsspielraums*

Das MIS-Team hat sich in der Vergangenheit eher auf die Dokumentation und Verwaltung von Arbeitsanforderungen konzentriert, wobei der Schwerpunkt auf der Sicherheit lag. Ich finde ihre neue Ausrichtung und ihren ganzheitlicheren Ansatz sehr vielversprechend und freue mich auf die weitere Zusammenarbeit mit diesem Team. Das Gleiche gilt für die Lean-Initiative, die gerade gestartet wird und die ich ebenfalls gerne verfolgen werde.

Die Festlegung von Zielen ist ein weiterer Bereich, der angegangen werden muss. Ich bin der festen Überzeugung, dass es zu viele Ziele gibt. Wir sind zu oft auf Autopilot: »Wenn es einen KPI gibt, muss es auch ein Ziel geben.« Das ist nicht wahr. Wenn wir gute strategische Ziele haben, die uns die Richtung vorgeben, und wenn wir ungefähr wissen, was gut ist, dann ist es nicht immer notwendig, diese Ziele noch weiter zu präzisieren, indem wir sie mit Dezimalzahlen versehen. Wie bereits erwähnt, wollen wir die bestmögliche Leistung unter den gegebenen Umständen erreichen. Das Festlegen von Zielen ist nicht der einzige Weg, das zu erreichen, und oft auch nicht der beste Weg.

Vor einigen Jahren haben meine Kollegen Arvid Hollevik und Toralf Rugland ein ausgezeichnetes operatives Dashboard entwickelt, das die Betriebsperspektive in Ambition to Action ergänzt. Dabei haben sie sich ganz bewusst dafür entschieden, keinen Platz für die Eingabe von Zielen vorzusehen. Sie wollten, dass das System zum *Lernen* genutzt wird, nicht zur *Kontrolle*.

Vor vielen Jahren, bevor ich anfing, über dieses Thema nachzudenken, nahm ich an einer Konferenz teil, auf der der Finanzvorstand von Handelsbanken Norwegen einen Vortrag über ihr Managementmodell hielt. Die Folien waren in norwegischer Sprache. Auf einer von ihnen fiel mir etwas auf, das ein Tippfehler sein musste. Es hieß *målestyring*, oder »Management durch Messungen«. Ich hatte erwartet, *målstyring* oder »Management nach Zielen« zu lesen. Das zusätzliche *e* war aber kein Tippfehler. Wie wir wissen, geben die Handelsbanken keine Ziele vor. Aber sie messen, um zu vergleichen und sicherzustellen, dass sich die Dinge in die richtige Richtung bewegen.

Ich hoffe, dass Statoil sich ebenfalls in diese Richtung bewegt, allerdings mit weniger Zielvorgaben, als wir sie heute haben. Es gibt natürlich einen großen Unterschied zwischen den Zielen, die einem gesetzt werden, und denen, die man sich selbst setzt. Um letztere mache ich mir weniger Sorgen, da sie viel weniger Schaden anrichten. Dennoch sollten wir mehr *målestyring* und weniger *målstyring* anstreben. Wenn wir zusätzlich noch den individuellen Bonus abschaffen könnten, wäre ich vielleicht zufrieden. Oder vielleicht auch nicht. Es gibt immer einen besseren Weg!

Finanzen und HR: Zeit für eine neue Partnerschaft?

Die Finanz- und die Personalabteilung sind in Unternehmen traditionell nicht die besten Freunde. Da ich in beiden Funktionen gearbeitet habe, weiß ich nur zu gut, wie sie übereinander reden. Es ist auf jeden Fall nicht sehr nett. Sie reden viel *übereinander*, aber nicht viel *miteinander*. Sie kommunizieren kaum miteinander, und wenn, dann verstehen sie sich selten. Manche mögen diese etwas feindselige Beziehung nur als eine harmlose und gegebene Realität im Firmenleben ansehen. Die Folgen können jedoch schwerwiegend sein. Wenn die Personalabteilung Führung predigt, während die Finanzabteilung das Management vorantreibt, und beide in völlig unterschiedliche Richtungen weisen, untergraben sich die widersprüchlichen Botschaften gegenseitig und irritieren das Unternehmen. Viele HR-Mitarbeiterinnen und -Mitarbeiter schätzen und predigen die Bedeutung von Autonomie, Vertrauen und Transparenz. Das Problem ist, dass sie nur selten einen Realitätsabgleich mit den tatsächlichen Managementprozessen im Unternehmen vornehmen. Die Budgetierung ist ein Paradebeispiel dafür. Die HR-Botschaften werden dadurch hohl und theoretisch. Jeder kennt die Spielregeln und weiß, was wirklich zählt. Die harten Finanzprozesse siegen fast immer über die zerbrechlicheren, aber gut gemeinten HR-Botschaften, wenn die beiden aufeinandertreffen.

Diese Geschichte von Borealis veranschaulicht, wie unterschiedlich Finanzen und Personalwesen sowohl vom Management als auch von den Abteilungen selbst gesehen werden. Kurz nachdem ich in die Personalabteilung gewechselt war, nahm Borealis Fusionsgespräche mit einem großen europäischen Mitbewerber auf. Solchen Geschäften geht in der Regel eine »Due Diligence«-Phase voraus, in der die Parteien die finanzielle Situation des jeweils anderen prüfen, um Überraschungen zu vermeiden. Der Hauptgrund, warum Fusionen und Übernahmen scheitern, sind jedoch nicht finanzielle Überraschungen. Der Hauptgrund ist die Unternehmenskultur bzw. die fehlende kulturelle Passung. Ich schlug daher vor, dass wir auch eine *kulturelle Due Diligence* durchführen sollten, um zu verstehen, wo die kulturellen Herausforderungen liegen würden, sodass diese angegangen und vorbereitet werden könnten. Mein Vorschlag warf eine Reihe von Fragen auf, sowohl in der Finanzabteilung als auch beim Management und sogar bei einigen in der Personalabteilung. Das war etwas, wovon noch niemand gehört hatte, und viele konnten die Notwendigkeit dafür nicht verstehen. Ich bestand darauf und wir führten die Umfrage mit einem externen Anbieter durch, der die Kulturdimensionen nach Hofstede anwandte. Die Ergebnisse zeigten, dass die Unternehmenskulturen recht kompatibel waren, aber dennoch mehr Unterschiede aufwiesen als erwartet. Kurz darauf wurde die Diskussion über die Fusion jedoch eingestellt. Ich bin immer noch davon überzeugt, dass die Ergebnisse für uns in einem Integrationsprozess sehr nützlich gewesen wären. Meines Wissens ist die Durchführung einer kulturellen Due Diligence heute genauso ungewöhnlich wie vor 20 Jahren.

Ein »Business Partner« zu werden, steht seit Langem ganz oben auf der Agenda der Personalabteilung. Der Anspruch ist durchaus berechtigt, obwohl man sich fragen könnte, wie viele Partner ein Unternehmen wirklich braucht. In den meisten Unternehmen sitzt die Finanzabteilung bereits mit am Tisch und hat jede Menge Zahlen und Messungen im Gepäck. Die Personalabteilung sollte jedoch vorsichtig sein, wenn sie glaubt, dass dies ihr einen Platz sichert, angesichts der Warnungen vor den zuvor erörterten Grenzen der Messung. Es ist fast so, als ob die Finanzabteilung die Personalabteilung an der Tür treffen würde: die Personalabteilung auf dem Weg *hinein*, aber die Finanzabteilung auf dem Weg *hinaus* aus dem Raum der Messungen, weil dieser zu klein ist. Vielleicht braucht die Personalabteilung diesen Umweg, um Einsteins weise Worte über das Zählen richtig zu verstehen.

Historisch gesehen hatten die beiden Funktionen sehr getrennte Zuständigkeiten und nur wenige Schnittstellen. In der Finanzgeschichte geht es um die gesetzlich vorgeschriebene Rechnungslegung, Steuern, Kassenführung und so weiter. Das Vermächtnis der Personalabteilung sind die Personalbeschaffung, Arbeitsverträge, Gewerkschaftsbeziehungen, Sozialleistungen, Renten und Ähnliches.

Das ändert sich jetzt. In beiden Funktionen werden transaktionale Aufgaben in Shared-Service-Center verlagert, sodass man sich stärker auf einen Prozess konzentrieren kann, der sich in beiden Funktionen zum vielleicht wichtigsten Prozess entwickelt hat: das *Performance Management*. Das Problem ist die Mauer, die einen Prozess behindert, der nahtlos von den Bereichen Strategie und Finanzen in die Personalabteilung übergehen muss. Meiner Meinung nach sind wir an einem Punkt angelangt, an dem sich die Finanz- und die Personalabteilung in einem gemeinsamen

Prozess zusammenschließen sollten, und zwar in einer viel stärkeren und formelleren Weise, wie es der Statoil-Leistungsprozess zeigt. Hierfür gibt es drei Gründe: Die Organisation und der Prozess brauchen es. Die Finanzen brauchen es. Die Personalabteilung braucht es.

Ich werde auf alle drei Gründe eingehen, wenn ich in Kapitel 6 über die Umsetzung spreche, denn die Einbeziehung der Personalabteilung gehört zu meinen sehr positiven Erfahrungen dabei. Bei Statoil arbeiten die Finanz- und die Personalabteilung viel enger zusammen, als dies normalerweise der Fall ist. Das war nicht immer so. Obwohl die beiden Funktionen in der Zentrale in unmittelbarer Nähe zueinander angesiedelt sind, war das Niveau der Zusammenarbeit und des gegenseitigen Respekts früher ähnlich wie in den meisten Unternehmen: nicht gerade berauschend.

Ausrichtung und Geschäftsziele wurden in einem strategie- und finanzgetriebenen Prozess formuliert. Wenn es an der Zeit war, individuelle Ziele zu formulieren, übernahm die Personalabteilung das Ruder und fing manchmal fast wieder von vorne an, anstatt auf dem aufzubauen, was bereits getan wurde. Das HR-Kapitel im jährlichen Businessplan war oft ein Versuch in letzter Minute, mit großen Worten, aber unterschiedlicher Substanz und wenig Umsetzungsgedanken dahinter. Ich hoffe, meine guten Freunde in der Personalabteilung halten meine Einschätzung nicht für zu hart, aber so habe ich es in Erinnerung. Die Finanzabteilung und das Topmanagement waren jedoch ebenso schuld wie die Personalabteilung.

Das meiste davon ist nun Geschichte. Dafür gibt es zwei Gründe. Erstens war CEO Helge Lund bei seinem Amtsantritt glasklar in seiner Absicht, Themen zu HR, Menschen und Organisation ganz oben auf die Unternehmensagenda zu setzen. Zweitens wurde ein Kanal zwischen Finanzen und HR eröffnet. Ich wage es, zumindest einen Teil der Lorbeeren zu ernten. Die Leitung der Personalabteilung bei Borealis hat meine Sichtweise auf diese Funktion und auf das enorme Potenzial, das eine stärkere Zusammenarbeit zwischen beiden Funktionen bietet, grundlegend verändert. Als ich von Borealis zurückkehrte, verbrachte ich viele Stunden auf den HR-Korridoren von Statoil. Vielleicht waren einige Leute skeptisch, aber die meisten waren neugierig auf diesen Finanztyp, der mit ihrer eigenen Sprache vertraut war und sich so sehr für ihre eigenen Probleme interessierte. Was auch immer der Grund war, heute existiert ein viel besseres Klima und in beiden Funktionen ist man sich darüber im Klaren, dass eine stärkere Zusammenarbeit der einzige Weg in die Zukunft ist.

Ich hoffe und glaube, dass diese Zusammenarbeit in den kommenden Jahren noch stärker werden wird. Ich persönlich träume davon, dass sich diese gemeinsame Basis eines Tages zu etwas noch Festerem entwickelt. Könnten wir uns eine neue Funktion vorstellen, bei der Personen aus beiden Bereichen für den gesamten Leistungsprozess verantwortlich sind (Abb. 4–21)? Es würde mich nicht überraschen, wenn eine Reihe von Strategen an diese Tür klopfen würden – und auch einige Personen aus der IT, die die Kraft von Agile verstehen. Was für ein toller Arbeitsplatz wäre das. Ich bin dabei!

	Gestern	Heute	Morgen?
HR	Verwaltung der Geschäftsvorgänge Menschen und Führung	Menschen & Führung Performance Management	Leistung – Menschen, Führung, und Geschäft
FINANZEN	Verwaltung der Geschäftsvorgänge Unternehmensführung	Performance Management Unternehmensführung	
GEMEINSAME DIENSTE		Verwaltung der Geschäftsvorgänge	Verwaltung der Geschäftsvorgänge

Abb. 4–21 *Leistung – eine wachsende HR/Finanz-Schnittstelle*

4.7 Das Beyond Budgeting-Forschungsprogramm

Im Jahr 2008 startete die Norwegian School of Economics, NHH ein umfangreiches Beyond Budgeting-Forschungsprogramm mit Statoil als Hauptsponsor. CEO Helge Lund stellte das Programm vor. »Was wir erreichen wollen, ist mehr Autonomie für Führungskräfte und Angestellte, ein dynamischeres Managementmodell und weniger Spielerei bei wichtigen Prozessen im Unternehmen«, sagte er in seiner Eröffnungsrede. Wie bereits erwähnt, verriet er auch sein anfängliches Zögern, »noch eine Sache auf die To-do-Liste zu setzen«. An diesem Tag war kein Bedauern zu hören – im Gegenteil.

Danach sprach Professor Trond Bjørnenak und beschrieb, wie langsam die akademische Welt bei der Entdeckung neuer Trends und Ideen ist und wie sie sich normalerweise darauf konzentriert, diese zu beschreiben, lange nachdem sie geschehen sind: »Dieses Mal wird es anders sein. Diesmal kommen wir früh und sind bereit, die Entwicklung dieser sehr spannenden Ideen zu untersuchen.«

Professorin Katarina Kaarbøe, die das Projekt leitete, stellte eine ihrer zentralen Forschungsfragen vor: »Ein Teil der Forschung wird der Frage gewidmet sein, wie das neue Managementsystem das Lernen *innerhalb* der Organisation fördert. Wird es als Instrument wahrgenommen, um Lernen zu ermöglichen, oder eher als neues Kontrollsystem?« Sie mobilisierte ein internationales Forschungsteam, dem auch Studierende angehörten. Wir gewährten ihnen freien Zugang zum Unternehmen Statoil. Unsere einzige Bedingung war, dass das Team breit gefächert zusammengesetzt sein sollte. Katarina Kaarbøe ist am Institut für Rechnungswesen, Wirtschaftsprüfung und Recht tätig, aber sie verpflichtete auch Kolleginnen und Kollegen aus den Bereichen Strategie und Management sowie Personen mit einem starken Fokus auf Führung und Organisationsverhalten. Das Team hat sich im Laufe der Jahre zu mehreren Workshops getroffen und eine Reihe von Artikeln und Fallstudien erstellt, nicht nur über Statoil, sondern auch über andere Unternehmen. Im Jahr 2013 resultierte die Projektarbeit in dem Buch *Managing in Dynamic Business Environments – Between Control and Autonomy.*

Eine der vielen nützlichen Aktivitäten für uns waren alle Masterarbeiten, die über verschiedene Aspekte der Statoil-Implementierung geschrieben wurden. Manchmal haben wir das Thema vorgeschlagen, manchmal kam es von den Studierenden selbst. Ich bin wirklich beeindruckt von der Qualität dieser Arbeiten (vor allem im Vergleich zu dem, was ich in meiner eigenen »Diplomarbeit« von 1983 produziert habe). Es war erstaunlich zu beobachten, wie sich unser Management in diesen Interviews öffnete und sehr klare und ungefilterte Aussagen über die Situation machte. Obwohl uns die Ergebnisse und Schlussfolgerungen in der Regel nicht überraschten, lieferten sie uns sehr nützliche Hinweise darauf, was die wirklichen Probleme und Herausforderungen waren. Hätten wir oder unsere internen Auditoren die gleichen Interviews geführt, bin ich überzeugt, dass wir viel geglättetere Geschichten gehört hätten.

Die Zusammenarbeit mit der NHH wurde im Rahmen des FOCUS-Programms[4] fortgesetzt, an dem auch eine Reihe anderer norwegischer Unternehmen teilnahmen. Dieses Programm umfasste Forschungsthemen wie »Dynamiccontrol Systems« und »Leading Knowledge Workers«. Auf FOCUS folgte ein Programm, das die Auswirkungen der Vereinfachungen des Managementsystems untersuchen wird, die wir 2016 eingeführt haben.

Es war eine gute Erfahrung, von solch klugen Leuten von außen beobachtet zu werden, die uns allen, die wir so lange an unseren eigenen Implementierungen gearbeitet haben, neue Perspektiven und wertvolles Wissen brachten. Ich glaube, dass auch die akademische Welt diese Interaktionen braucht. Hoffentlich haben beide Seiten daraus gelernt.

4.8 Wie machen wir uns?

Alles, was in diesem Kapitel besprochen wurde, unabhängig davon, ob es bereits umgesetzt ist oder noch vor uns, liegt hat nur einen Zweck: die Verbesserung der Leistung des Unternehmens. Dieser Punkt sollte eigentlich ziemlich offensichtlich sein, aber man kann sich leicht von all dem Schnickschnack in unseren Managementprozessen blenden lassen und den eigentlichen Grund für alles vergessen. Russel L. Ackoff hat 1977 in einem Artikel im »Wharton Magazine« eine wunderbare Metapher verwendet. Er verglich all die Anstrengungen, die in Unternehmen in die Planung und Budgetierung gesteckt werden, mit einem rituellen Regentanz, bei dem die Finanzfunktionen mehr daran interessiert zu sein scheinen, die Qualität des Tanzes zu verbessern, als das Wetter zu beeinflussen. Wir sollten uns die gleiche Frage stellen: Funktioniert das, oder singen und tanzen wir nur besser? Zeigen wir eine bessere Leistung?

4. *Anm. d. Übers.:* siehe *https://www.nhh.no/en/research-centres/digital-innovation-for-growth/research/race/focus.*

Diese durchaus berechtigte Frage ist schwer zu beantworten. Um ehrlich zu sein, wir wissen es nicht genau, obwohl wir einige sehr positive Anzeichen sehen. Wir sind wahrscheinlich noch nicht lange genug auf dieser Reise, um endgültige Schlussfolgerungen zu ziehen. Es sind die Veränderungen im Führungsverhalten, die den größten Nutzen bringen, nicht die Prozessänderungen, deren Hauptzweck es ist, diese Veränderungen in der Führung voranzutreiben. Eine nachhaltige Veränderung des Führungsverhaltens kann und soll nicht über Nacht geschehen. Wir wissen jedoch, dass wir einen besseren Managementprozess haben. Wir haben einen Großteil (aber noch nicht alle) der Qualitäts- und Effizienzprobleme gelöst. Wir setzen bessere Ziele und erstellen bessere Prognosen, und wir haben eine effektivere Ressourcenzuweisung. Wir verbringen weniger Zeit mit der Berechnung von Zahlen und der Erklärung historischer Abweichungen. All dies trägt indirekt zu einer besseren Leistung bei, aber es ist schwer, dies direkt auf das Endergebnis zurückzuführen. Wenn wir Leistung in relativen Begriffen definieren (wie wir es tun), dann besteht unsere größte Herausforderung darin, die Stellung zu halten, da wir seit vielen Jahren bei Wachstum, Rentabilität und Wertschöpfung im Vergleich zur Konkurrenz recht gut abschneiden.

Wir haben nicht viel Zeit darauf verwendet, den Business Case für unsere Beyond Budgeting-Reise zu beweisen. Es gibt Dinge, die wir einfach tun sollten, weil wir wissen, dass sie richtig sind. Ich höre selten, dass die Auswirkungen der Verbesserung von Ethik- oder Sicherheitsstandards auf das Endergebnis infrage gestellt werden, einfach weil wir wissen, dass es diese Auswirkungen gibt, obwohl es oft um die Vermeidung negativer Auswirkungen geht. Wie wir in der Ölbranche sagen: Wenn Sie glauben, dass Sicherheit teuer ist, versuchen Sie es mit einem Unfall. Das Gleiche gilt für die Ethik.

Auch bei der Transparenz schneiden wir gut ab. Transparency International stuft Statoil immer wieder als eines der transparentesten börsennotierten Unternehmen der Welt ein. Corporate Knights, die Unternehmen in Bezug auf Nachhaltigkeit bewerten, hat Statoil gerade auf Platz 4 weltweit und auf Platz 1[5] in unserer Branche gesetzt. Bei Fortune 500 wurden wir vor einiger Zeit als Nummer 1 bei sozialer Verantwortung und als Nummer 7 bei Innovation eingestuft, wiederum über alle Geschäftsbereiche hinweg.

Die letzte Instanz ist die Statoil-Organisation. All das positive Feedback, das wir hier erhalten, ist das, was wirklich zählt und was uns die Energie gibt, die nächste Bergspitze zu erklimmen. Gleichzeitig sind wir aber auch vorsichtig mit zu viel Siegesjubel. Wir befinden uns in der Umsetzungsphase. Es gibt immer noch Leute im Unternehmen, die nicht an das Modell glauben. Wir sehen immer noch Führungskräfte, die Lippenbekenntnisse zu den neuen Prinzipien abgeben. Diese sind gefährlicher als solche, die offen kritisieren, mit denen man zumindest eine Diskussion führen kann. Und es gibt immer noch diejenigen, die behaupten, dass das alles

5. *Anm. d. Übers.:* In 2022 konnte dieser Platz nicht gehalten werden; eine Historie der Nachhaltigkeitsstudie sowie die veröffentlichten Daten sind unter *https://www.corporateknights.com/resources/global-100* zu finden.

nur schöne Theorie ist, weil sie im Führungsverhalten ihres Managements keine große Veränderung gesehen haben. Es gibt also noch viele Berggipfel zu erklimmen.

Als wir 2005 anfingen, haben wir die Gründe für den Wandel und unsere Vorschläge nicht als radikale organisatorische Umstellung dargestellt, wie es Handelsbanken 1970 tat. Unsere Problembeschreibung und Lösungsvorschläge bezogen sich hauptsächlich auf Qualitäts- und Effizienzprobleme und die offensichtlichen Konsequenzen: die Ersetzung der traditionellen Budgetierung durch bessere Prozesse. Für die meisten Menschen im Unternehmen war dies immer noch ein radikaler Schritt. Seitdem haben sich unser Fokus und unsere Agenda erweitert. Die Budgetdiskussion gibt es immer noch, aber sie ist viel weniger hitzig als in den Anfangstagen und es geht jetzt viel mehr um Verständnis und Verbesserung als um Protest und Ablehnung. Die Implikationen für die Führung werden zu einem viel natürlicheren Teil des Modells. Wenn wir heute in Managementteams eingeladen werden, positionieren wir Ambition to Action immer sowohl als Führungsphilosophie als auch als Managementprozess.

Die Führungsbotschaften kommen in der Organisation gut an. Viele der Führungsprinzipien von Beyond Budgeting sind für uns, ein junges Unternehmen, das in einer skandinavischen Kultur entstanden ist und sich entwickelt hat, eigentlich ganz selbstverständlich. Die Machtdistanz in unserem Unternehmen ist kurz. Die tatsächliche Distanz war schon immer kürzer, als es auf dem Organigramm den Anschein haben mag. Den CEO mit seinem Vornamen anzusprechen ist so selbstverständlich, wie ihn ohne Krawatte zu sehen. Die Werteorientierung war schon immer stark ausgeprägt, was sich an der Intensität der Diskussionen zeigt, wenn die Wertaussagen aktualisiert wurden. Die Ergebnisse der jährlichen Mitarbeiterumfrage, in der gefragt wird, ob die Mitarbeiterinnen und Mitarbeiter »stolz auf das Unternehmen sind und Statoil als Arbeitgeber an Freunde und Familie weiterempfehlen würden«, waren stets hoch. Dasselbe gilt für die Frage, ob sie »den nötigen Einfluss auf ihren eigenen Arbeitsplatz haben«. Unsere lokale Autonomie war schon immer höher als die unserer Mitbewerber. Zumindest sagen uns das die Leute, wenn sie von diesen Unternehmen zu uns kommen. Manch einer mag behaupten, dass sie während der hitzigen Diskussionen über die Harmonisierung der lokalen Back-Office-Prozesse zu hoch war, was wenig mit der lokalen unternehmerischen Freiheit zu tun hat, für die Beyond Budgeting eintritt. Innovation und Herausforderung sind das Brot und die Butter des Unternehmens gewesen. Der Gedanke der Transparenz war schon immer vorhanden und wird nun durch neue und bessere Informationssysteme wie MIS und andere unterstützt. Das Unternehmen hat eine lange Tradition in der Bearbeitung von Prozessen und Netzwerken, die sich über das formale Organigramm hinweg erstrecken.

Manche werden sagen, dass die von mir beschriebenen Merkmale in früheren Zeiten noch stärker ausgeprägt waren. Das ist wahrscheinlich wahr und kein Nostalgietrip. Auf dem Weg dorthin hat sich einiges getan. Manches davon hat natürlich mit der Größe zu tun. Das Unternehmen ist heute viel größer, komplexer und internationaler als in den 1970er- und 1980er-Jahren. Vieles hat aber auch mit den starken Einflüssen auf Management und Führung zu tun, die vor allem aus den Vereinigten Staaten kamen. Diese Einflüsse kamen sowohl in Form von Führungsphilosophien als auch in Form von Werkzeugen und Prozessen. In beiden Kategorien gab es ausgezeichnete Dinge, aber auch das Gegenteil. Die skandinavische Kultur war stark genug, um vielen der fragwürdigeren Führungseinflüsse zu widerstehen, was bei den Werkzeugen und Prozessen nicht so sehr der Fall war. Vielleicht haben wir uns gedacht, dass unsere starke Kultur damit umgehen kann, auch wenn wir mögliche negative Auswirkungen sehen. Manchmal hatten wir Recht, manchmal nicht. Prozesse beeinflussen und steuern die Kultur und das Verhalten mehr, als wir denken.

Es ist entscheidend, die Auswirkungen von Beyond Budgeting auf das Führungsverhalten ebenso energisch anzugehen wie die Prozesse, um echte Veränderungen zu erreichen. Dabei war unser anfänglicher Fokus auf die *Prozesse* vielleicht sogar der richtige Ansatzpunkt. Unser kultureller Hintergrund gibt uns eine bessere Ausgangsposition in Bezug auf Führungsthemen als Unternehmen, die in anderen Kulturen entstanden und gewachsen sind. Vielleicht besteht unsere Hauptaufgabe darin, dafür zu sorgen, dass unsere Prozesse *mit* und nicht *gegen* die Kultur, aus der wir kommen, und dem Führungsstil, zu dem wir von Natur aus neigen, organisiert werden.

Im Jahr 2015 haben wir eine Umfrage darüber durchgeführt, wie die Organisation Ambition to Action erlebt. Eine Schlüsselfrage war, inwieweit Ambition to Action »Ihrem Team zu mehr Leistung verhilft«. Mehr als 80 Prozent sagten »gut«, »sehr gut« oder »ausgezeichnet«. Eine weitere wichtige Frage war, wie gut Ambition to Action die Strategien und Ambitionen von Statoil umsetzt. Hier war das Ergebnis noch besser.

Die Rückmeldung, ob die Befragten aufgrund von KPI-Zielen suboptimale Verhaltensweisen beobachtet hatten, war jedoch besorgniserregender. Fast 50 Prozent sagten ja. Das bestärkt mich in meiner Überzeugung, dass wir mehr KPIs brauchen, die nur zur Messung verwendet werden, und weniger Zielvorgaben als heute. Wenn die Messung mehr dem Lernen als der Kontrolle dient, ist das Risiko suboptimaler Verhaltensweisen viel geringer.

Wir alle haben unsere schlechten Tage. Ich kann nicht viele zählen, aber es gab definitiv Anlässe, an denen die »dunklen Mächte« aus ihrem Versteck kamen; oder ich hörte auf jemanden, von dem ich dachte, er sei an Bord, dessen Worte oder Verhalten aber das genaue Gegenteil anzeigten. Glücklicherweise habe ich für diese Tage ein einfaches und wirksames Mittel: Ich denke einfach daran zurück, wo wir vor zehn Jahren standen, und vergleiche es damit, wo wir heute sind. In diesem Zeitraum haben wir Großes geleistet. Wenn wir in den nächsten zehn Jahren die gleichen Fortschritte machen, werden wir Berge versetzt haben. Für mich bringt diese Medizin normalerweise sofortige und wirksame Erleichterung. Wenn nicht, denke ich einfach an all die Organisationen, die ich besucht habe, die immer noch nicht angefangen haben, etwas zu ändern, und in denen das traditionelle Management immer noch das Sagen hat. Im Vergleich zu diesen sind wir weit voraus!

Ein Vergleich mit dem, was wir in Bezug auf Werte und Ethik anstreben, ist vielleicht angebracht, denn hier geht es in hohem Maße um Führung- und Verhaltensänderungen. Von Zeit zu Zeit – und vielleicht öfter, als uns lieb ist – beobachten wir Kolleginnen und Kollegen, die die in unseren Werten und ethischen Grundsätzen festgelegten Grenzen überschreiten. Wie sollten wir darauf reagieren? Sollten wir aufgeben oder sollten wir lieber die Ärmel hochkrempeln und noch härter an dem arbeiten, woran wir glauben? Für mich ist es keine Frage, welchen Weg wir einschlagen sollten.

Wir befinden uns auf einer Reise der Managementinnovation, bei der ich mir nur über zwei Dinge sicher bin: Wir gehen in die richtige Richtung, und was wir morgen tun, wird anders und besser sein als das, was wir heute tun. Die Richtung ist klarer als das Ziel, wenn es denn eines gibt. Vielleicht hat diese Reise kein Ende. Es gibt immer einen besseren Weg.

4.9 Ein neuer Beginn für Statoil?

Als Helge Lund 2014 Statoil verließ, um die Leitung von BG (British Gas) zu übernehmen, hatte er natürlich keine Ahnung, dass sein neues Unternehmen bald von Shell übernommen werden würde. Er tat mir wirklich leid, denn ich bin mir sicher, dass er einen großartigen Job gemacht hätte. Vielleicht hätte er sich sogar auf eine Beyond Budgeting-Reise begeben?

Ich erinnere mich an eines seiner ersten Versprechen, als er zu Statoil kam: »Der nächste CEO wird intern rekrutiert werden.« Das wäre natürlich nicht seine Entscheidung, aber er war derjenige, der dafür sorgen konnte und sollte, dass es interne Kandidaten für den Job gab.

Eldar Sætre wurde gebeten, als kommissarischer CEO einzuspringen. Er machte jedoch sehr deutlich, dass er kein Kandidat für eine Festanstellung war. Viele waren enttäuscht, aber wir konnten auch das Zögern verstehen, eine so schwierige Aufgabe mit ständigem Druck und großem Medieninteresse zu übernehmen.

Torgrim Reitan hatte immer noch die Rolle des CFO inne. Sowohl Eldar als auch Torgrim hatten 2005 eine Schlüsselrolle bei dem »Ja« zum Abschaffen der Budgetierung eingenommen, und beide waren überzeugte Befürworter und Unterstützer von Beyond Budgeting. Was für eine besondere Situation mit den beiden zusammen an der Spitze des Unternehmens! In den Medien wurde über andere interne Kandidaten spekuliert, aber da Eldar nicht mehr im Spiel war, gingen die meisten von uns davon aus, dass es sich um eine externe Besetzung handeln würde. Als die Suche nach einem neuen CEO begann, sagte ich mir: »Besser geht's nicht. Genieße es, solange es andauert. Wer auch immer eingestellt wird, es kann nur schlechter sein, als wenn diese beiden das Sagen haben.«

Eldar schlüpfte schnell die Rolle des CEO. Nach etwa einem Monat traf er sich mit Investoren und Analysten. Seine einleitende Bemerkung, die er mit einem Lächeln machte, brachte mich zum Nachdenken: »Ich könnte mich an diesen Job gewöhnen!« Gab es noch Hoffnung?

Die Ankündigung kam einige Monate später. Eldar hatte seine Meinung geändert. Ich werde diesen Tag nie vergessen. Die Stimmung war elektrisierend. Alle lächelten und alle wussten warum. In den 35 Jahren, in denen er im Unternehmen tätig war, hatten so viele eine direkte oder indirekte Arbeitsbeziehung zu ihm gehabt. Ich kann mich nicht erinnern, dass irgendjemand jemals etwas Negatives gesagt hätte. Im Vergleich zu einer externen Rekrutierung war er niemand, mit dem man Spielchen spielen konnte. Er kannte das Geschäft, und er kannte die Organisation in- und auswendig.

Eldar war sehr deutlich, als er seine Ansichten über Führung mitteilte: »Befähigung ist der Schlüssel. Schaffen Sie Sinn und Richtung, aber sagen Sie den Leuten nicht, was sie tun sollen. Indem Sie die Menschen befähigen, anstatt ihnen Anweisungen zu erteilen, bekommen Sie ein besseres Gespür für die Menschen und ihre Fähigkeit, Verantwortung zu übernehmen und Rechenschaft abzulegen.«

Er ging schnell dazu über, eine neue Vision und eine strategische Plattform für das Unternehmen zu schaffen. »Die Zukunft der Energie gestalten« wurde um drei strategische Säulen herum aufgebaut:

- **Jederzeit wettbewerbsfähig**
  »Wenn wir eine Plattform vor der Küste errichten, konzipieren wir sie nicht nur für sonnige Tage und ruhige Gewässer. Wir stellen sicher, dass sie einem Sturm standhalten kann.«
- **Transformation der Öl- und Gasindustrie**
  »Es ist an der Zeit, die Art und Weise, wie wir als Industrie arbeiten, radikal zu ändern. Wir gelten als eines der innovativsten Unternehmen der Welt. Lassen Sie uns das nutzen, um die Art und Weise, wie wir arbeiten, neu zu erfinden.«
- **Energie für eine kohlenstoffarme Zukunft bereitstellen**
  »Die Zukunft muss kohlenstoffarm sein. Wir werden nicht nur der kohlenstoffeffizienteste Öl- und Gasproduzent sein, sondern auch unsere Technologie und Kompetenz für neue Energielösungen einsetzen.«

Statoil ist sich des Klimawandels und der globalen Erwärmung durchaus bewusst. Die wissenschaftlichen Beweise sind überwältigend, und unsere Industrie ist Teil des Problems. Öl und Gas werden jedoch auf dem Weg in eine kohlenstoffarme Zukunft noch viele Jahre lang eine wichtige Rolle im Energiemix spielen. Wir glauben daher, dass auch wir Teil der Lösung sein können. Wir sind der zweitgrößte Erdgaslieferant in Europa. Wir können noch mehr Gas fördern, einen Energieträger mit deutlich geringeren CO_2-Emissionen als die gesamte Kohle, die Europa ebenfalls verbrennt.

Wir können auch einen Beitrag leisten, indem wir sicherstellen, dass unsere eigene Öl- und Gasproduktion einen möglichst geringen CO_2-Fußabdruck hinterlässt. Wir sind bereits der CO_2-effizienteste Produzent weltweit, aber wir haben uns ehrgeizige längerfristige Ziele gesetzt, um sicherzustellen, dass wir auch in Zukunft einen Vorsprung vor unseren Mitbewerbern haben werden.

Statoil ist auch im Bereich der erneuerbaren Energien tätig. Wir haben unsere Erfahrung im Offshore-Betrieb genutzt, um ein wichtiger Akteur im Bereich der Offshore-Windkraft zu werden. Im Jahr 2015 haben wir mit dem Bau des weltweit ersten schwimmenden Offshore-Windparks die nächste Phase dieser spannenden Reise eingeleitet. Unsere Aktivitäten im Bereich der erneuerbaren Energien sind nun in einem neuen Geschäftsbereich organisiert, der direkt dem CEO unterstellt ist.[6]

Der Klimawandel ist eine deutliche Erinnerung an all die VUCA, von denen die Welt und insbesondere unser Unternehmen umgeben ist. Neue Technologien und Paradigmenwechsel können das Energiebild, wie wir es heute sehen, definitiv verändern. Das macht den Bedarf an geschäftlicher und organisatorischer Agilität noch dringlicher und unsere Beyond Budgeting-Reise noch wichtiger.

6. *Anm. d. Übers.:* Aktuelle Daten und Informationen zu Statoil bzw. heute Equinor finden Sie unter *https://www.equinor.com/sustainability.*

5 Beyond Budgeting und Agile

> *»Reagieren auf Veränderung mehr als das Befolgen eines Plans.«*
>
> *Aus dem Agilen Manifest*

Viele in der agilen Community gehen davon aus, dass heutzutage jeder weiß, was Agile ist und bedeutet. Das entspricht jedoch nicht der Realität. Daher ging es mir bisher vor allem darum, den vielen Menschen, die nicht Teil der Community sind, zu helfen, besser zu verstehen, was Agile ist, weshalb ich das Agile Manifest und die Beschreibung agiler Methoden wie z.B. Scrum in dieses Kapitel aufgenommen habe. Ein verspätetes Dankeschön geht an Craig Larman für seine Hilfe bei Letzterem.

Dieses Kapitel wurde für die deutsche Ausgabe des Buches überarbeitet. Die Ergänzungen richten sich hauptsächlich, aber nicht nur, an die agile Community. Es enthält nun weitere Überlegungen zu den vielen Herausforderungen bei der Skalierung von Agilität und erklärt, warum es keine echte agile Transformation ohne Beyond Budgeting geben kann. Ich gehe auch auf eine Frage ein, die uns immer wieder gestellt wird, nämlich wie man agile Teams finanziert. Anschließend thematisiere ich OKRs und psychologische Sicherheit sowie die vielen Ähnlichkeiten (aber auch die wenigen Unterschiede) mit Beyond Budgeting.

Meine IT-Karriere war kurz, aber ich habe dabei viel gelernt. Wie Sie sich vielleicht erinnern, leitete ich in den späten 1980er-Jahren die Einführung des Buchhaltungssystems *Horisonten* bei Statoil. Es war ein System, das seiner Zeit voraus war. Man konnte experimentieren und modellieren, um es an das eigene Unternehmen anzupassen, anstatt umgekehrt: Das System zwingt einem eine fertige Lösung auf. Ich war immer noch in der Finanzabteilung tätig, aber die IT-Abteilung war natürlich ein wichtiger Akteur, auch wenn wir einen Großteil der Programmierung selbst übernehmen konnten. Die Art der Durchführung des Projekts war ein heißes Thema gewesen. Die IT-Abteilung verlangte zum Beispiel eine detaillierte Benutzerspezifikation von uns. Wir wehrten uns dagegen, weil das System eine hervorragende, iterative Interaktion ermöglichte. Wir wollten experimentieren und lernen und uns nicht zu früh auf eine Lösung festlegen. Wir hatten keinen Namen für das, was wir stattdessen tun wollten, aber ich erinnere mich, dass wir bezeichnen konnten, was wir nicht wollten: einen *Wasserfall*-Ansatz, der sequenziell war und keine Umkehr zuließ. Wir haben uns fast ein halbes Jahr lang gestritten, bevor wir »gewonnen« hatten und das Projekt auf unsere Weise durchführen konnten. Das neue System war ein Erfolg, aber ich war erschöpft und sagte zu mir selbst: »Nie wieder ein IT-Projekt.« Dieses Versprechen habe ich gehalten! Es sollte mehr als 20 Jahre dauern, bis mir klar wurde, dass wir versuchten, agil zu werden, lange bevor Agile aufkam.

Ich habe den Überblick verloren, auf wie vielen Konferenzen ich gesprochen habe, seit der Fall Borealis in den Neunzigerjahren begonnen hat, externes Interesse zu wecken. Am Anfang waren es nur Finanzkonferenzen. Dann kamen Einladungen, auf HR-Konferenzen zu sprechen, hinzu. Angesichts der Tatsache, dass Beyond Budgeting einen Fokus auf Führungsthemen legt, konnte ich das verstehen. Dann bekam ich eines Tages eine Einladung, auf einer IT-Konferenz zu sprechen. Ich war ein wenig irritiert. Vielleicht dachten diese Leute, ich würde ihnen den Zaubertrick verraten, wie man größere IT-Budgets bekommt! Ich fuhr nach Finnland und hielt meinen Vortrag. Anschließend kam einer der Organisatoren, der wunderbare Pekka Abrahamsson, zu mir und umarmte mich herzlich. »Du«, lächelte er, »wirst auf unserer XP[1]-Konferenz sprechen.« Das klang mehr nach einem Befehl als nach einer Einladung! Laut der Agile Alliance war die XP2000, die im Juni 2000 auf der Mittelmeerinsel Sardinien mit über 100 Teilnehmenden stattfand, die erste »Agile«-Konferenz weltweit. Es war die erste von vielen Einladungen aus der agilen Community, die ich aus der ganzen Welt erhielt, einschließlich einer Keynote auf der großen jährlichen Konferenz der Agile Alliance in den USA. Ich verstand schnell, woher das Interesse herrührte.

Im Jahr 2001 traf sich eine Gruppe von 17 namhaften Softwareentwicklern und verfasste das *Agile Manifest*[2]. Diese klugen Leute entwarfen eine radikal neue Vision der Softwareentwicklung und der Arbeitsweise von Teams und stellten sich damit gegen den damals traditionellen Ansatz, den die IT-Branche viele Jahre zuvor vom Projektmanagement in der Fertigung kopiert hatte. Das war genau das, was wir zu Beginn des Horisonten-Projekts erlebten.

Wenn die Benutzer die IT-Abteilung mit der Entwicklung einer neuen Software beauftragten, mussten sie zunächst eine sehr detaillierte Anforderungsliste erstellen, in der genau festzulegen war, was das neue System leisten sollte. Diese Spezifikationen wurden unterzeichnet und zur Programmierung übergeben, mit der strengen Warnung der IT-Abteilung, dass nach diesem Zeitpunkt keine Änderungen mehr akzeptiert würden: Wasserfall, kein Zurück! Kein Wunder, dass die Benutzerspezifikationen sehr umfangreich waren. Sie enthielten nicht nur »need to have«, sondern auch jede Menge »nice to have«, nur für den Fall, dass es keine zweite Chance geben würde. Genau wie bei den Budgets!

Die IT-Abteilung machte sich dann an die Programmierung und das Testen des Ganzen, wobei ein Projektteam aus spezialisierten Fachleuten, die alle ihren eigenen

---

1. *Anm. d. Übers.*: XP ist die Abkürzung für Extreme Programming.
2. *https://agilemanifesto.org/iso/de/manifesto.html*

Beitrag leisteten, unter der Aufsicht eines allmächtigen Projektleiters stand. Die viel spätere Übergabe an die Benutzer war selten ein Erfolg: »Das ist nicht das, was wir uns vorgestellt haben!« Kein Wunder, dass bis zu 70 Prozent der Funktionalität in Software, die nach diesem Ansatz entwickelt wurde, nie genutzt werden. Dies war das fehlerhafte Konzept, gegen das die Gruppe der 17 Softwareentwickler rebellierte. Sie können das *Agile Manifest* in Abbildung 5–1 sehen.

Wir erschließen bessere Wege, Software zu entwickeln,
indem wir es selbst tun und anderen dabei helfen.
Durch diese Tätigkeit haben wir diese Werte zu schätzen gelernt:

Individuen und Interaktionen mehr als Prozesse und Werkzeuge
Funktionierende Software mehr als umfassende Dokumentation
Zusammenarbeit mit dem Kunden mehr als Vertragsverhandlung
Reagieren auf Veränderung mehr als das Befolgen eines Plans

Das heißt, obwohl wir die Werte auf der rechten Seite wichtig finden,
schätzen wir die Werte auf der linken Seite höher ein.

Abb. 5–1 *Manifest für Agile Softwareentwicklung*

Diese vier Grundwerte werden durch die »Zwölf Prinzipien Agiler Softwareentwicklung«[3] unterstützt:

- Unsere höchste Priorität ist es, den Kunden durch frühe und kontinuierliche Auslieferung wertvoller Software zufrieden zu stellen.
- Heiße Anforderungsänderungen selbst spät in der Entwicklung willkommen. Agile Prozesse nutzen Veränderungen zum Wettbewerbsvorteil des Kunden.
- Liefere funktionierende Software regelmäßig innerhalb weniger Wochen oder Monate und bevorzuge dabei die kürzere Zeitspanne.
- Fachexperten und Entwickler müssen während des Projektes täglich zusammenarbeiten.
- Errichte Projekte rund um motivierte Individuen. Gib ihnen das Umfeld und die Unterstützung, die sie benötigen, und vertraue darauf, dass sie die Aufgabe erledigen.
- Die effizienteste und effektivste Methode, Informationen an und innerhalb eines Entwicklungsteams zu übermitteln, ist im Gespräch von Angesicht zu Angesicht.
- Funktionierende Software ist das wichtigste Fortschrittsmaß.
- Agile Prozesse fördern nachhaltige Entwicklung. Die Auftraggeber, Entwickler und Benutzer sollten ein gleichmäßiges Tempo auf unbegrenzte Zeit halten können.

3. *https://agilemanifesto.org/iso/de/principles.html*

- Ständiges Augenmerk auf technische Exzellenz und gutes Design fördert Agilität.
- Einfachheit – die Kunst, die Menge nicht getaner Arbeit zu maximieren – ist essenziell.
- Die besten Architekturen, Anforderungen und Entwürfe entstehen durch selbstorganisierte Teams.
- In regelmäßigen Abständen reflektiert das Team, wie es effektiver werden kann und passt sein Verhalten entsprechend an.

Ein Kollege hat mir folgendermaßen erklärt, was es mit Agilität auf sich hat: Stellen Sie sich einen Projektauftrag vor, bei dem es darum geht, die beste Suppe der Welt zu entwickeln. Offensichtlich gibt es hier einige Unsicherheiten: Welche Zutaten, wann wird sie fertig sein und zu welchen Kosten? Innovation, Experimente und Kreativität sind der Schlüssel zum Erfolg. Dann stellen Sie sich eine zweite Aufgabe vor. Das Rezept ist fertig, und die Aufgabe besteht darin, 100 identische Portionen der Suppe herzustellen. Würden wir bei diesen beiden Projekten die gleiche Methodik anwenden? Natürlich nicht! Das ist der Punkt, an dem die IT vor vielen Jahren einen Fehler gemacht hat, als sie sich bei der Softwareentwicklung für den Fertigungs- oder Reproduktionsansatz entschied. Bei dieser Art von Arbeit geht es nicht um Reproduktion; im Gegenteil, es besteht eine erhebliche Ungewissheit und alle Variablen – Inhalt, Zeit und Kosten – können nicht im Voraus festgelegt werden. Mindestens eine muss offen gelassen werden. Während Agile der Prozess für die Entwicklung der Suppe sein sollte, kann Lean ein großartiges Konzept für den Fertigungsprozess sein, da die Unsicherheit wegfällt und das Ergebnis definiert ist.

Die bekannteste agile Methode ist Scrum. Der Name leitet sich von dem Kreis[4] ab, den Rugbyspieler zu Beginn des Spiels Schulter an Schulter bilden. Scrum ist ein adaptiver Prozess mit kurzen, zeitlich begrenzten Entwicklungsiterationen (sogenannte »Sprints«, die in der Regel zwei Wochen dauern). In jedem Sprint werden die Aufgaben mit der höchsten Priorität (in kleinem Umfang) aus einem Product Backlog gezogen und bearbeitet. Am Ende jeder kurzen Iteration gibt es einen formalen »Inspect & Adapt«-Schritt: Das Unternehmen begutachtet das Produktinkrement, bespricht sich mit dem Team, setzt neue Prioritäten, fügt etwas hinzu oder löscht etwas aus dem Product Backlog, basierend auf den neuesten Informationen, und wiederholt den Zyklus. Transparenz, frühzeitige Lieferung von wertvollen Produktteilen, Timeboxing sowie Inspect & Adapt sind die Schlüsselthemen. Darüber hinaus basiert Scrum auf funktionsübergreifenden und selbstverwalteten Teams ohne traditionelle Projektleitung; das Team entscheidet selbst, wie es die Sprint-Ziele und die Timebox-Frist am besten einhalten kann.

Das Team kann eine Aufgabe auch im Umfang reduzieren, wenn sich herausstellt, dass diese mehr Arbeit macht als geschätzt, aber die Timebox wird nie ver-

4. *Anm. d. Übers.:* genannt »Gedränge«, engl. »Scrum«.

längert. Der Prozess besteht aus festen Zeitabschnitten mit variablem Umfang in kurzen Zyklen. Scrum setzt auf Flexibilität und das Reagieren auf Veränderungen, statt einem Plan zu folgen. Das Unternehmen kann die Prioritäten am Ende jedes zweiwöchigen Sprints ändern, wenn es neue Erkenntnisse gewinnt, jedoch nie innerhalb eines Sprints. Ein weiteres Thema ist die Bevorzugung einer engen Zusammenarbeit gegenüber der Übergabe umfangreicher Dokumente. Die kurzen Zyklen, die Feedbackschleifen und die engere Interaktion zwischen Entwicklungsteams und Personen aus den Geschäftsbereichen ermöglichen in der Regel eine starke Reduzierung der detaillierten schriftlichen Benutzerspezifikationen.

Es dauerte nicht lange, bis ich erfuhr, dass die IT-Abteilung von Statoil auch mit Scrum arbeitete. Die Allianz zwischen der Finanz- und Personalabteilung hat nun einen neuen Partner bekommen. Ich habe viele gute Gespräche mit klugen Leuten aus der IT geführt, die agil arbeiten.

Und hier sind wir nun, viele Jahre später. Die Ergebnisse sind einfach erstaunlich. Agile Vorgehensweisen haben die Softwareentwicklung und die damit verbundenen Praktiken der Teamarbeit revolutioniert und werden auch in Start-ups erfolgreich eingesetzt. Scrum ist unbestritten zum neuen Standard geworden. Niemand diskutiert über ein Zurück, es geht nur darum, Agile noch besser zu machen. Die Skalierung von Agilität, aus der später verschiedene Skalierungswerkzeuge hervorgingen, war daher eine natürliche Entwicklung, die auf der Überzeugung beruhte, dass die gesamte Organisation nach agilen Prinzipien arbeiten muss. Allerdings gab es auch einige Vorbehalte. Die Tatsache, dass die IT-Abteilung und einige andere Bereiche agil arbeiteten, löste nicht die vielen grundlegenden Konflikte zwischen traditionellen Unternehmensprozessen und der agilen Denkweise.

Der anfängliche Erfolg von Agile hat viel mit seiner Herkunft aus der Softwareentwicklung zu tun. Was die Führungskräfte in großen Unternehmen in diesen ersten Jahren beobachteten, waren schnellere und bessere Projekte und engagiertere Mitarbeiterinnen und Mitarbeiter. Wer könnte dagegen sein? Aber als sich Agilität im Unternehmen ausbreitete und die Überzeugungen und Verhaltensweisen der Führungskräfte infrage gestellt wurden, war es nicht mehr so lustig. So wie es bei den vielen Versuchen, Lean-Methoden im ganzen Unternehmen einzuführen, auch häufig der Fall war.

Es ist kaum möglich, Agilität im Unternehmen zu skalieren, indem man den gleichen Ansatz anwendet, der bei der Einführung in die Softwareentwicklung und Teamarbeit so gut funktioniert hat. »Scrum« mag für Führungskräfte, die mit Rugby nicht vertraut sind, wie eine Hautkrankheit klingen. Bei einem »Sprint« geht es nicht darum, schneller zu laufen. »Slack« hat nichts mit Faulheit zu tun. Bei »Continuous Delivery« geht es nicht um 24/7 oder schnellere Fließbänder. Wir brauchen also eine Übersetzung, etwas, das den Führungsteams helfen kann, besser zu verstehen, was Agilität auf Unternehmensebene bedeutet. Was bedeutet Business-Agilität wirklich in der Praxis?

Aber es gibt einen »Elephant in the Room«[5], ein Problem, unter dem Agile seit seinen Anfängen leidet: die Übertragung auf andere Bereiche. Agilität bedeutet nicht, die agile Terminologie und das agile Framework wie im Entwicklungskontext zu verwenden, nur weil es dort so gut funktioniert hat. An dieser Stelle kann Beyond Budgeting helfen, denn es geht um Agilität auf Unternehmensebene. Beyond Budgeting bietet eine Sprache und einen Rahmen, den Führungskräfte verstehen und mit dem sie sich identifizieren können.

Leider ist in diesem Sinne der Übertragbarkeit noch wenig passiert. Vielleicht auch deshalb, weil das Jahresbudget als etwas Gegebenes angesehen wurde, als ein Gesetz der Wirtschaft, unvermeidlich und unantastbar. Wie Sie aus den vorangegangenen Kapiteln wissen, ist diese Annahme falsch. Es gibt kein solches Gesetz. Wenn dieses Problem nicht angegangen wird, ist jede agile Transformation zum Scheitern verurteilt. Denn die traditionelle Budgetierung ist wahrscheinlich eines der größten Hindernisse für eine agile Transformation. Dabei geht es nicht nur um das Jahresbudget und den Budgetierungsprozess selbst, sondern auch um das alte Budgetdenken: Die Zukunft ist vorhersehbar. Diese Annahme ist die Antithese zu Agile. Weniger agil geht nicht.

Das agile Prinzip der kontinuierlichen Bereitstellung von Softwarefunktionen anstelle von großen Batch-Releases ist ein klassisches Beispiel für diese unterschiedlichen Ansätze. Gleichzeitig ist ein Kostenbudget ein großer jährlicher Stapel von Entscheidungen und Ressourcen und nicht eine kontinuierliche Bereitstellung von Mitteln nach Bedarf.

Wir werden oft gefragt, wie man agile Teams finanziert. Die erste und vielleicht wichtigste Entscheidung über die Ressourcenzuweisung betrifft natürlich die geplante Größe des Teams. Die Personalkosten sind hier bei weitem die größte Kostenkategorie. Wenn das Team startet, fällt die Ressourcenzuweisung typischerweise in zwei Kategorien. Für die laufende Entwicklungsarbeit stellt die Größe des Teams eine allgemeine Burn-Rate dar, die bestmöglich optimiert werden muss. Für größere neue Projektvorhaben, vielleicht mit einem hohen Anteil an externen Kosten (z.B. neue Software) und mit klaren Ja/Nein-Entscheidungspunkten, kann der Ansatz »Die Bank ist 12 Monate im Jahr geöffnet« angewendet werden, wobei die Mittel schrittweise freigegeben werden, wenn wichtige Inkremente ausgeliefert wurden, wie z.B. ein »erfolgreiches MVP (Minimum Viable Product)«.

Der Blick auf Menschen, Werte und Führung ist bei Agile und Beyond Budgeting sehr ähnlich. Vertrauen und Transparenz sind in beiden Ansätzen wichtig. »Reagieren auf Veränderung mehr als das Befolgen eines Plans« könnte auch ein Grundsatz von Beyond Budgeting sein.

Die agile Community spricht oft von »agil handeln« im Gegensatz zu »agil sein«, was in etwa der Unterscheidung entspricht, die Beyond Budgeting zwischen den

5. *Anm. d. Übers.:* deutsch etwa »Der Elefant im Raum«, eine vor allem im englischen Sprachraum verbreitete Metapher. Der Anglizismus bezeichnet ein Problem, das zwar für eine Gruppe von Menschen klar erkennbar und bedeutsam ist, aber von diesen nicht thematisiert wird (Quelle: Wikipedia, *https://de.wikipedia.org/wiki/Der_Elefant_im_Raum*).

sechs Prinzipien zu den Managementprozessen und den sechs Prinzipien zur Führung macht (siehe Abschnitt 2.3). Sie scheint Beyond Budgeting besser zu verstehen als viele Finanzfachleute, die oft dazu neigen, wegzuschauen, wenn die Diskussion von KPIs und rollierenden Prognosen zu Menschen, Werten und Führung wechselt. Einer meiner Artikel zu Beyond Budgeting[6] war 2019 der meistgelesene Artikel auf der Website der Agile Alliance.

Viele Organisationen befinden sich in der einen oder anderen Form der agilen Transformation. Aber erst wenn sich Agilität im Unternehmen ausbreitet, werden die Herausforderungen sichtbar. Beyond Budgeting kann diese Lücken auf Unternehmensebene schließen, da es als eine flexiblere Form des Managements einer Organisation konzipiert und entwickelt wurde. Viele Unternehmen, die sich auf einer Transformationsreise befinden, wenden sich daher an uns, oft unterstützt von einem der führenden Anbieter für agile Transformationsbegleitung. In jüngster Zeit haben auch fast alle großen Beratungsunternehmen in irgendeiner Form die Zusammenarbeit mit uns gesucht, weil ihre Kunden mit der finanziellen Seite der Transformation zu kämpfen haben oder aus anderen Gründen an Beyond Budgeting interessiert sind.

Mit dem kombinierten Wissen aus der Agilität und der Finanzperspektive ist es möglich, Unternehmen ganzheitlich zu transformieren. Unternehmen müssen verstehen, worum es beim ganzheitlichen Ansatz von Beyond Budgeting geht, um zu vermeiden, dass die Implementierung auf eine fortlaufende Prognoserechnung oder eine dynamischere Ressourcenzuweisung reduziert wird. Wir haben leider schon einige Beispiele dafür gesehen. »Transformation« ist allerdings ein Wort, mit dem ich mich schwertue. Es suggeriert ein Projekt mit einem Enddatum. Aber eine agile Transformation oder eine Beyond Budgeting-Implementierung ist kein Projekt. Es ist eine Reise, bei der die Richtung klarer ist als das Ziel, wenn es denn eines gibt.

Der agile Ansatz und OKRs (Objectives and Key Results) als Managementstrategie können gut zusammen wirken. Die Aufgabe der Objectives (Ziele) ist es, die psychologische Sicherheit für die Beschäftigten zu gewährleisten. Auch hier lassen sich Parallelen zu Beyond Budgeting ziehen. Die Ideen der übergeordneten Ziele, der Entscheidungen im Team, der Transparenz, der Übersetzung statt Kaskadierung und der regelmäßigen Aktualisierungen der OKRs und der Aufgaben eines Teams oder eines Individuums passen gut zu Beyond Budgeting. Es gibt jedoch einige andere Aspekte, die problematischer sind. Die Annahme, dass alles gemessen werden kann und muss, ist ein Problem. Der metrische Teil eines Key Results ist in der Regel ein KPI, auch wenn dieser Begriff nicht verwendet wird. Wie bereits erwähnt, steht das »I« in KPI für Indikator. Sie geben Hinweise, und nicht alles kann gemessen werden. Obwohl die Objectives für die Key Results (Schlüsselergebnisse) von den Teams selbst festgelegt werden, kann die Festlegung der Ziele den-

6. Siehe *https://www.agilealliance.org/resources/videos/beyond-budgeting-an-agile-management-model-for-new-business-and-people-realities-the-statoil-implementation-journey.*

noch problematisch sein. Woher wissen wir, was die richtige Zahl ist, wenn es Unsicherheiten gibt? Hier hilft natürlich, dass der Zeithorizont relativ kurz ist und das Ziel der OKRs keine 100 prozentige Erfüllung voraussetzt.

Besonders ungünstig sind Zielvorgaben in Form von Objectives und das Fehlen einer Beurteilung bei der Leistungsbewertung. »The key result has to be measurable. At the end you can look, and without any arguments: Did I do it or did I not do it? Yes? No? Simple. No judgments in it«, schreibt John Doerr[7]. Auch wenn er damit eher den Abschluss von Maßnahmen meint als die Messung von Ergebnissen anhand von Zielvorgaben, scheint er davon auszugehen, dass eine Beurteilung falsch ist. Beyond Budgeting ist da anderer Meinung. »Bewerten Sie die Leistung ganzheitlich (...), nicht nur auf der Grundlage von Messungen (...).« Ein vierteljährlicher Rhythmus ist normalerweise viel besser als ein jährlicher. Andererseits ist es immer noch ein fester Rhythmus für alle, der für einige zu häufig und für andere genau das Gegenteil sein kann.

Ich habe in der Literatur über OKRs nicht viel über Budgets gelesen, wahrscheinlich weil die meisten Unternehmen, die OKRs verwenden, auch Budgets haben. Das ist problematisch, nicht nur aus den oben genannten Gründen. Oft gibt es Konflikte zwischen den Anweisungen und Botschaften des Jahresbudgets und denen der OKRs. Ich habe den gleichen Konflikt zwischen Budgets und Balanced Scorecards erlebt. Wenn es hart auf hart kommt, gewinnt immer das Budget und vermittelt eine klare Botschaft, wer das Sagen hat und was wirklich wichtig ist. Einer der vielen Vorteile der Abschaffung des Budgets ist das starke Signal, dass man es ernst meint mit dem, was bleibt. OKRs können nun ihren Platz im Kern des Managementmodells einnehmen.

Ähnlich wie OKRs hat auch das Thema der psychologischen Sicherheit in letzter Zeit eine Renaissance erlebt. Das Konzept der psychologischen Sicherheit ist nicht neu. Bereits in den 1960er-Jahren definierten Edgar H. Schein und Warren G. Bennis, beide führende Autoritäten im Bereich Organisationsentwicklung, psychologische Sicherheit als ein Gruppenphänomen, das die Angst des Einzelnen, nicht akzeptiert und wertvoll zu sein, reduziert[8]. Später sprach W. Edwards Deming davon, wie wichtig es ist, die Angst zu beseitigen, damit jeder effektiv für das Unternehmen arbeiten kann[9]. So wie John Doerr mit seinem 2018 erschienenen Buch den OKRs einen Turbo verpasst hat, hat Amy Edmondson in ihrem im selben Jahr erschienenen Buch »The Fearless Organization«[10] die psychologische Sicherheit als Schlüssel zu hoher Leistung in einer Organisation beschrieben. Amy Edmondson hat eine wichtige Botschaft: Psychologische Sicherheit macht einen großen Unter-

7. John Doerr: *Measure What Matters: The Simple Idea that Drives 10x Growth* (2018) [dt. Ausgabe: *OKR: Objectives & Key Results: Wie Sie Ziele, auf die es wirklich ankommt, entwickeln, messen und umsetzen* (2018)].
8. Schein, Edgar H.; Bennis, Warren G.: *Personal and Organizational Change Through Group Methods: The Laboratory Approach* (1967).
9. W. Edwards Deming: *The New Economics for Industry, Government, Education*, 3rd. ed. (2018).

schied. Auch wenn in Beyond Budgeting nicht explizit von psychologischer Sicherheit die Rede ist, so ist sie doch im Beyond Budgeting-Denken sehr präsent. Die »Theorie Y«, die den Menschen in den Mittelpunkt stellt, und die Betonung von Zweck, Werten, Transparenz und Autonomie tragen zur psychologischen Sicherheit bei. Dennoch glaube ich, dass Vertrauen und psychologische Sicherheit nicht dasselbe sind. Beim Vertrauen geht es darum, wie wir einander sehen, während es bei der psychologischen Sicherheit darum geht, wie die Menschen glauben, von anderen gesehen zu werden. Beides ist jedoch wichtig. Psychologische Sicherheit ist sowohl Teil als auch Voraussetzung von Beyond Budgeting. Ich hätte mich vielleicht nicht getraut, das vorzuschlagen, was wir bei Borealis und Statoil umgesetzt haben, wenn ich mich nicht sicher dabei gefühlt hätte, das Wort zu ergreifen und den alten Weg infrage zu stellen. Psychologische Sicherheit allein reicht jedoch nicht aus, um eine Organisation zu führen. Sie ist zwar ein wichtiger Teil eines guten Managementmodells, aber sie wird nur dann Wirklichkeit, wenn sie mit den anderen Teilen des Modells kohärent ist und das Management auf allen Ebenen funktioniert.

Im Hinblick auf die Zukunft von Agile habe ich eine Empfehlung und ein Anliegen. Das Agile Manifest könnte meines Erachtens an einigen Stellen erweitert werden, damit seine Inhalte auch von anderen Unternehmensbereichen bei der Bewältigung von Transformationsherausforderungen aktiver berücksichtigt werden. Obwohl die Aussagen des Agilen Manifests angesichts seiner Historie erstaunlich robust sind, wird es heute weit über seinen ursprünglichen Anwendungsbereich hinaus eingesetzt. Während die agilen Werte wie Selbstverpflichtung, Feedback, Fokus, Kommunikation, Mut, Respekt, Einfachheit, Offenheit allgemein verständlich sind, würde eine Aktualisierung der Inhalte, die seinen immensen Einfluss widerspiegeln, das Agile Manifest meiner Meinung nach noch relevanter und für viele, die keinen Hintergrund in der Softwareentwicklung haben, zugänglicher machen.[11]

Nun zu meinem Anliegen. Ich bin seit den ersten Tagen ein Fan von Agile. Heute ist eine agile Industrie im Entstehen begriffen. Ich sehe viele Akteure in der Community, die sich meiner Meinung nach zu kommerziell verhalten, und andere, die sich dem organisatorischen Wandel und der Unternehmenstransformation verschrieben haben. Letzteren möchte ich meinen Dank aussprechen, da sie einen großen Beitrag zur agilen Community leisten.

Vor einigen Jahren wurde ich eingeladen, der Gruppe »Supporting Agile Adoption« beizutreten, die 2010 von der Agile Alliance gegründet wurde. Ihr Ziel ist es, sowohl die Einführung als auch die Weiterentwicklung von Agile zu unterstützen.

---

10. Amy C. Edmundson: *The Fearless Organization: Creating Psychological Safety in the Workplace for Learning, Innovation, and Growth* (2018) [dt. Ausgabe: *Die angstfreie Organisation: Wie Sie psychologische Sicherheit am Arbeitsplatz für mehr Entwicklung, Lernen und Innovation schaffen* (2020)].
11. *Anm. d. Übers.:* Ähnlich dem Scrum Guide, der zuletzt 2020 erweitert und aktualisiert wurde, um die Entwicklungen der letzten Jahre besser zu berücksichtigen (*https://scrumguides.org/docs/scrumguide/v2020/2020-Scrum-Guide-German.pdf*).

Die Gruppe wurde ursprünglich von Esther Derby und Diana Larsen gegründet und später von Jorgen Hesselberg geleitet, der mich 2013 einlud, ihr beizutreten. Seitdem bin ich ein aktiver Teilnehmer und freue mich zu sehen, wie sich die Gruppe unter der derzeitigen Leitung von Hendrik Esser entwickelt hat. Zu den derzeitigen Mitgliedern gehören Hendrik und Jorgen sowie Diana Larsen, Jutta Eckstein, Marcin Floryan, John Buck, Eric Abelen, Jens Coldewey, Claudia Meo und ich. Ray Arell, Esther Derby, Don Gray und viele andere waren auch mehrere Jahre dabei.

Es war eine großartige Lernerfahrung, diese klugen Menschen auf und zwischen unseren Treffen in den USA und Europa sowie online während der Pandemie kennenzulernen. Vielleicht haben auch sie das eine oder andere über Beyond Budgeting gelernt!

6 Den Wandel vollziehen: Ratschläge zur Umsetzung

> *»Wenn Sie etwas wollen, was Sie noch nie hatten, müssen Sie bereit sein, etwas zu tun, was Sie noch nie getan haben.«*
>
> Thomas Jefferson

> *»Die Menschen wehren sich nicht gegen Veränderungen. Sie wehren sich dagegen, verändert zu werden.«*
>
> Peter M. Senge

Wir werden oft gefragt, warum Beyond Budgeting im Vergleich zu vielen anderen populären Managementkonzepten langsamer angenommen wird. Nehmen Sie zum Beispiel Scrum, das wir uns gerade angesehen haben. Wie Sie sich erinnern werden, haben viele, vielleicht sogar die meisten IT-Organisationen Scrum inzwischen eingeführt, obwohl es noch nicht länger existiert als Beyond Budgeting. Lean ist eine weitere sehr beliebte Methode, die außerhalb der Fertigungsindustrie, wo sie ursprünglich entwickelt wurde, Neuland betreten hat. Wie kommt es, dass Beyond Budgeting noch nicht so weit ist? Ich glaube, die Antwort ist ganz einfach. Sie können Beyond Budgeting aus zwei Gründen nicht mit diesen und vielen anderen Konzepten vergleichen: *Granularität* und *Umfang*.

Die meisten dieser Konzepte weisen im Vergleich zu Beyond Budgeting eine höhere Granularität auf und sind sehr spezifisch darin, wie sie umgesetzt und betrieben werden sollten. Sie können Hunderte von Büchern kaufen, die im Detail erklären, wie man Scrum oder Lean umsetzt, und die Konzepte sehr genau beschreiben. Außerdem gibt es Tausende von Beraterinnen und Beratern, die bereit und manchmal auch in der Lage sind, Ihnen zu helfen. Eine Menge Schulungen werden angeboten, manchmal verbunden mit kostspieligen Zertifizierungsprogrammen. Six Sigma ist ein gutes Beispiel mit seinen Stufen vom weißen über den gelben und grünen bis zum schwarzen Gürtel. Einige dieser Konzepte scheinen eine ganze Beratungsbranche zu ernähren.

Beyond Budgeting ist kein Managementrezept mit hoher Granularität. Im Gegenteil, wie bereits erwähnt, stellen die zwölf Prinzipien eher eine Philosophie dar: Grundprinzipien, die an die Aktivitäten, die Historie und die Kultur jeder Organisation angepasst werden müssen. Manche finden das frustrierend, denn Rezepte sind offensichtlich einfacher zu verstehen. An konkreten Beyond Budgeting-Praktiken fehlt es nicht, diese werden in Organisationen aber eher auf dem Weg zu Beyond Budgeting gefunden als in den Grundprinzipien selbst, und sie variieren von Unternehmen zu Unternehmen. Es sind die Anwenderinnen und Anwender, die Beyond Budgeting einen immer reichhaltigeren Inhalt geben, nicht andersherum. Deshalb spielt der Beyond Budgeting Roundtable (BBRT) eine so entscheidende Rolle bei der Vernetzung von Unternehmen und dem Austausch von Praktiken.

Was den Umfang betrifft, so waren Lean und Scrum nie dazu gedacht und konzipiert, die gesamte Management-Agenda abzudecken. Sie können aber dennoch hervorragende Konzepte für die Bereiche sein, für die sie entwickelt wurden. Lean hat zum Beispiel keinen Fokus auf die Ressourcenzuweisung, Prognosen oder Anreize. Beyond Budgeting befasst sich mit all diesen Dingen und fast allem anderen sowohl aus der Prozess- als auch aus der Führungsperspektive.

Da Beyond Budgeting wenig granular ist und viel abdeckt, sollte es keine Überraschung sein, dass die Einführung von Beyond Budgeting schwieriger ist und länger dauert. Aber es bedeutet auch, dass das Endergebnis normalerweise robuster und nachhaltiger ist.

Eine letzte Überlegung zum Erfolg von Agile und Lean: Schwieriger wird es für Konzepte, wenn sie versuchen, über ihren ursprünglichen Entstehungsbereich hinauszuwachsen, in diesem Fall die Softwareentwicklung und Produktion. Die agile Revolution ist fast vollständig unter dem Radarschirm des Linienmanagements verschwunden, zumindest dort, wo die Softwareentwicklung nicht das Kerngeschäft ist. Agile hat bisher keine der Überzeugungen oder Praktiken dieser Führungskräfte bedroht. Das Gleiche gilt wahrscheinlich für Lean, solange es nur eine Sache der Produktion ist. Erst wenn solche Konzepte beginnen, die Führungskräfte zu betreffen, und Änderungen in ihren eigenen Praktiken und Verhaltensweisen erfordern, werden die Dinge wirklich schwierig. Das ist es, was Beyond Budgeting vom ersten Tag an erlebt hat, denn das Konzept tangiert direkt so viele Überzeugungen von Führungskräften.

Ich habe mich oft gefragt, wie die Beraterwelt zu Beyond Budgeting steht. Nachdem sich so viele Unternehmen auf den Weg gemacht haben und sich die Wissenschaft dafür interessiert hat, hatte ich erwartet, dass die Beratungsbranche die Idee aufgreift, sie verpackt und als »das nächste große Ding« vermarktet und natürlich auch entsprechend Geld dafür verlangt. Aus irgendeinem Grund ist das nicht geschehen, zumindest noch nicht. Es gibt aber Anzeichen dafür, dass sich etwas zusammenbraut, denn alle großen Beratungsunternehmen sind an uns herangetreten. Es wird auf jeden Fall Zeit, denn die Budgetkritik und Beyond Budgeting beschäftigen uns schon seit Langem. Liegt es daran, dass Beyond Budgeting zu groß ist? Ist es zu provokativ? Stellt es zu viele akzeptierte Wahrheiten infrage? Ist es zu schwierig, es in eine Kiste zu stecken und zu verpacken? Ist es die Kombination aus Managementprozess und Führungsphilosophie, die irritiert? Vielleicht haben die Beratungsunternehmen ihre Management- und Führungspraktiken unter getrennten

Zuständigkeiten organisiert, wie es typischerweise bei ihren Kunden der Fall wäre? Oder liegt das Zögern einfach in der Angst begründet, andere Produkte und Dienstleistungen zu kannibalisieren, die sie anbieten?

Ich bin überzeugt, dass die Beratungsbranche eines Tages aufwachen wird, und mit einigem Zögern hoffe ich, dass sie es auch tun wird. Wir brauchen ihre Kraft und ihre Marketingkanäle, um die vielen Topmanagementteams zu erreichen, die neuen Ideen nur dann zu vertrauen scheinen, wenn sie von diesen Leuten kommen. Ich heiße also die Beratungsbranche bei Beyond Budgeting willkommen. Wir müssen ihnen jedoch helfen, die Idee in ihrer ganzen Tiefe zu verstehen und anzunehmen, damit sie sie nicht auf ein enges und mechanisches Konzept reduzieren, wenn ihre beeindruckenden Präsentationen vor den zustimmend nickenden Führungskräften ablaufen.

Die nun folgenden spezifischen Ratschläge zur Umsetzung basieren auf den Erfahrungen, die sowohl bei Borealis als auch bei Statoil gemacht wurden. Sie werden wahrscheinlich einige aus früheren Kapiteln wiedererkennen, denn die meisten haben verschiedene Aspekte der Implementierung behandelt. In diesen Ratschlägen geht es hauptsächlich darum, was wir richtig gemacht haben, aber auch um Fehler von uns und um Dinge, von denen wir heute wissen, dass wir sie anders hätten machen sollen. Ich erhebe nicht den Anspruch, alle richtigen Antworten für den Weg zu Beyond Budgeting zu haben. Ich bezweifle, dass das irgendjemand hat. Jedes Unternehmen ist anders und muss seinen eigenen Weg wählen. Die folgenden Ratschläge dürften für viele dennoch relevant sein. Ich habe sie wie folgt gegliedert:

1. Begründen Sie den Wandel
2. Mit Widerständen umgehen
3. Entwerfen Sie bis zu 80 Prozent und wagen Sie den Schritt ins Ungewisse
4. Behalten Sie die Kosten im Blick
5. Beginnen Sie nicht nur mit rollierenden Prognosen
6. Beziehen Sie die Personalabteilung und die agilen IT-Teams mit ein
7. Sie können Command & Control nicht durch Command & Control loswerden
8. Werden Sie nicht zu einem Fundamentalisten
9. Die Fallstricke der Balanced Scorecard
10. Revolution oder Evolution

6.1 Begründen Sie den Wandel

Es gibt eine Reihe von Formeln für den Wandel, die im Detail die Schritte beschreiben, die für einen nachhaltigen Wandel erforderlich sind. Meine eigene Erfahrung macht mich skeptisch. Keine Formel kann diese riesige Aufgabe für uns lösen. Echter Wandel ist nie eine sequenzielle und gerade Linie von A nach B. Wandel ist chaotisch, oft zufällig und immer einfacher im Nachhinein zu erklären, als im Voraus zu planen. Dave Snowden trifft es mit seinem Cynefin-Ansatz auf den Punkt. Bei diesem geht es darum, zu verstehen, in welcher Art von Situation Sie sich befinden und mit welchen Problemen Sie konfrontiert sind. Wenn wir uns mit »komplex« oder »chaotisch« beschäftigen im Vergleich zu »offensichtlich« (ich weiß, was zu tun ist) oder »kompliziert« (die Fachleute wissen, was zu tun ist), gibt es keine Rezepte und keine vordefinierte Ursache und Wirkung; nur Experimente können uns helfen zu verstehen, was funktioniert und was nicht funktioniert.

Ich habe immer noch eine gewisse Sympathie für die »Formula for change«, die von David Gleicher entwickelt und später von Kathie Dannemiller verfeinert wurde[1]. Sie sagt wenig über die Reihenfolge aus, hebt aber kritische Elemente hervor, die für eine Veränderung wichtig sind. Sie lautet wie folgt:

Unzufriedenheit × *Vision* × *Erste Schritte* > *Widerstand*

Damit ein organisatorischer Wandel stattfinden kann, muss eine *Unzufriedenheit* mit der gegenwärtigen Situation vorhanden sein; es muss eine *Vision* von etwas Besserem geben; und es müssen *erste greifbare und glaubwürdige Schritte* in diese Richtung unternommen werden. Das *Produkt* dieser drei Faktoren muss größer ausfallen als der *Widerstand* gegen den Wandel. Wenn einer der drei niedrig oder null ist, wird der Widerstand normalerweise größer sein und die Veränderung verhindern. Denken Sie daran, dass es immer mehr Spaß macht und effektiver ist, auf der linken Seite zu arbeiten. Auf der Seite des Widerstands gibt es weniger Hebel. Menschen niederzumachen ist keine Option!

Die Gründe für Veränderungen sind entscheidend. Wenn eine Organisation oder ein Managementteam die grundlegenden Probleme des traditionellen Managements und den Schaden, den diese verursachen, nicht versteht, wird die Bereitschaft, Alternativen zu verstehen und auszuprobieren, begrenzt sein. Jeder weiß, dass *etwas* nicht in Ordnung ist. Aber diese flüchtigen Einblicke in das Problemverständnis reichen normalerweise nicht aus, um die Unzufriedenheit zu erzeugen, die für einen radikalen Wandel notwendig ist.

In Kapitel 1 haben wir eine Reihe von Problemen mit dem traditionellen Management untersucht. Viele dieser Probleme sind unterschiedlicher Natur und erfordern daher unterschiedliche Umsetzungsstrategien. Wir können die meisten von ihnen in einem Problemcluster zusammenfassen, das wir das »Performance-Probleme« nennen könnten, weil der Schaden, den sie verursachen, die Leistung viel stärker beeinflusst als z. B. die Verschwendung beim Effizienzproblem. Zu den Performance-Problemen gehören Probleme im Zusammenhang mit Vertrauen, Kostenmanagement, Rhythmus, Zielsetzung, Leistungsbewertung, und Bonus. Sie alle haben viel gemeinsam. Bleiben die zu einer etwas anderen Kategorie gehörenden Effizienz- und Qualitätsprobleme. Sie wirken sich eher indirekt und weniger stark auf die Leistung aus.

1. *Anm. d. Übers.:* siehe *https://en.wikipedia.org/wiki/Formula_for_change.*

Das Effizienzproblem ist am einfachsten zu beschreiben und zu vermitteln. Jeder, der ein Minimum an Erfahrung im Unternehmensleben hat, weiß, dass Budgetierung und Budgetverfolgung viel mehr Zeit und Mühe kosten, als sie es wert sind. Sollte selbst diese offensichtliche Tatsache bestritten werden, ist sie relativ leicht zu belegen. Erinnern Sie sich an die Feststellung der Hackett Group, dass der Budgetprozess im Durchschnitt 25.000 Personentage pro Milliarde USD Umsatz verschlingt.

Wenn man nur das Effizienzproblem als Argument für einen Wandel heranzieht, stellt man fest, dass es bei Weitem das *kleinste* Problem ist. Wenn Lösungen und neue Prozesse nur mit Blick auf dieses Problem entworfen werden, besteht die Gefahr, dass die beiden anderen und weitaus wichtigeren Problembereiche unangetastet bleiben und das enorme Potenzial, das sie darstellen, ungenutzt bleibt. Oft ist das Effizienzproblem nur eine Folge der anderen Problembereiche. In einer idealen Welt wäre es uns möglich, ein vollständiges und umfassendes Verständnis und die Akzeptanz für alle Problembereiche zu entwickeln, bevor wir zur Lösung und Umsetzung übergehen würden. Jeder würde das Problem in seiner Gesamtheit begreifen und auch den vollen Umfang dessen, was wir anstreben, auch wenn dieses Endspiel die »großen herausfordernden, kühnen Ziele« wie einen Spaziergang im Park aussehen lassen kann.

Leider genießen nur sehr wenige Unternehmen den Luxus eines solchen Ausgangspunkts, obwohl es einige beeindruckende Fälle in dieser Kategorie gibt. Bis die Beraterwelt und die akademische Welt in vollem Umfang nachziehen, fürchte ich, dass es immer noch ein harter Kampf sein wird, ein Guerillakrieg einer kleinen, aber engagierten und hart kämpfenden Gruppe von Freiheitskämpfern gegen eine überwältigende Armee aus Tradition, Skepsis und Abneigung gegen Veränderungen.

Sollten wir also kapitulieren, wenn die Menschen nur in der Lage sind, das Effizienzproblem in den Griff zu bekommen? Auf keinen Fall, aber ich empfehle dringend, die anfänglichen Argumente für den Wandel zu erweitern, um zumindest einige Teile der beiden anderen Problembereiche mit einzubeziehen. Welchen Sie zuerst angehen sollten, hängt von der Art der Organisation ab, in der Sie tätig sind.

Ich empfehle oft, mit dem Qualitätsproblem zu beginnen, mit der Trennung der drei Budgetzwecke, insbesondere wenn die Organisation von Ingenieuren und Finanzleuten dominiert wird und von viel rationalem Denken und Problemlösen. Die einfache Tatsache, dass ein ehrgeiziges Ziel nicht die gleiche Zahl sein kann wie eine 50/50-Vorhersage des erwarteten Ergebnisses, hat einen mathematischen Beigeschmack. Dass eine Kostenprognose, die gleichzeitig eine Anforderung von Ressourcen ist, selten eine gute Prognose ist, liegt auf der Hand und wird von den meisten Menschen sofort verstanden. Beides ist einfach zu erklären und lässt sich gut mit konkreten Beispielen aus der tatsächlichen Budget- und Planungspraxis in Ihrem Unternehmen veranschaulichen. Erinnern Sie die Leute daran, dass Trennen und Verbesserung die Dinge nur besser machen kann, und dass wir nicht das stoppen, was das Budget für uns zu tun versucht hat. Fügen Sie einige Kalenderbeispiele aus dem Rhythmusproblem hinzu. Das Licht wird höchstwahrscheinlich angehen und die Menschen werden etwas sehen, was sie schon immer geahnt, aber nicht vollständig verstanden haben.

Das Performance-Problem ist jedoch bei Weitem das schwerwiegendste Problem und *muss* irgendwann angegangen werden, aber es kann schwieriger zu vermitteln sein. Wenn Sie erklären, dass traditionelles Management und Budgets die Innovation bremsen, schnelle Reaktionen verhindern und gute Leistungen blockieren, werden viele Managerinnen und Manager wahrscheinlich zustimmend nicken, aber denken, dass Sie maßlos übertreiben.

Es gibt ein interessantes Muster bei den Reaktionen auf das Performance-Problem. Führungskräfte und das Management reagieren unterschiedlich. Führungskräfte lassen sich in der Regel darauf ein, während Managerinnen und Manager eher das Qualitätsproblem aufgreifen und auch das Effizienzproblem stärker betonen im Vergleich zur Führungsebene. Wenn Sie das Glück haben, viele echte Führungspersönlichkeiten in einflussreichen Positionen zu haben, kann es ratsam sein, das Performance-Problem in den Vordergrund zu stellen. Leider sind sie in den meisten Unternehmen immer noch nicht die Mehrheit und dieses Problem wird oft als letztes angegangen. Aber Sie dürfen und können dieses Problem nicht ignorieren, auch wenn es das schwierigste Problem ist, das es zu lösen gilt. Und weil es das schwerwiegendste Problem ist, zahlt es sich auch am meisten aus, wenn es angegangen und gelöst wird.

Welche Strategie Sie auch immer wählen, Sie werden feststellen, dass der Prozess und die Führungsprinzipien eng miteinander verbunden sind und nicht völlig getrennt voneinander behandelt werden können. Prozessänderung treibt Verhaltensänderung und umgekehrt. Der Effekt ist oft am stärksten, wenn Prozessänderungen nicht isoliert eingeführt und erklärt werden, sondern mit Betonung auf die zugrunde liegenden Absichten und Auswirkungen auf Verhalten und Führung. Es funktioniert selten, nur Veränderungen im Bereich Führung zu kommunizieren ohne unterstützende Prozessveränderungen. Grundsätze wie Transparenz und Autonomie können nicht einfach ohne sofortige, sichtbare und glaubwürdige Unterstützung durch entsprechende Prozessänderungen erklärt werden. Die Abschaffung von Reisebudgets oder die Beschränkung der Überprüfung von Spesenabrechnungen auf Stichproben sind überzeugende Beispiele dafür, Vertrauen und Autonomie mit Inhalt zu füllen.

Für welche Reihenfolge Sie sich auch entscheiden, in der Praxis wird das Vorgehen nie gut strukturiert und sequenziell starten. Nehmen wir an, Sie beginnen mit den Effizienz- und Qualitätsproblemen. Sie trennen die drei Budgetzwecke, aber Sie unternehmen kaum mehr als einfache Verbesserungen für jeden einzelnen Zweck, einschließlich weniger Zeitaufwand für alle. Wenn eine kritische Masse mit an Bord ist und die Trennung versteht, können Sie mit radikaleren Änderungen fortfahren. Wie können wir bessere Ziele setzen? Wie können wir einen schlankeren und besseren Prognoseprozess entwickeln? Was bedeutet es wirklich, knappe Ressourcen optimal zu verwalten? In dieser Phase ist die Mitwirkung entscheidend. Die Organisation muss sich die Lösungen zu eigen machen. Blindes Kopieren der Theorie oder von anderen Unternehmen kann leicht nach hinten losgehen.

Hier beginnen Sie, die Saat für das Performance-Problem zu legen. Gehen Sie schrittweise und behutsam vor und verwenden Sie Beispiele aus Ihrem eigenen Unternehmen, wann immer möglich. Beginnen Sie mit den offensichtlichsten Problemen, ob es sich nun um Vertrauen, Transparenz, Kostenmanagement oder eines der anderen Themen handelt.

Wenn Sie zu Lösungen übergehen, achten Sie darauf, dass Sie nicht zu viel versprechen. Das führt nur dazu, dass die Menschen zu schnell zu viel erwarten. Denken Sie an die Veränderungsformel. Stimmen Sie Ihre Vision und die nächsten Schritte mit dem Widerstand ab, dem Sie begegnen.

Grünes Licht vom Vorstand wird oft als ein Muss angesehen, um anzufangen. Ich sehe das nicht unbedingt so. Es kommt natürlich darauf an, mit welcher Art von Vorstand Sie es zu tun haben und wie groß Ihr Unternehmen ist. In einem großen Unternehmen, mit einem professionellen Vorstand, der seine Führungsrolle versteht (bei der es nicht um Mikromanagement geht), ist der anfängliche Segen des Vorstands vielleicht nicht so entscheidend. Irgendwann ist jedoch eine Zustimmung des Vorstands erforderlich. Die Vorstandsmitglieder müssen mehr oder weniger den gleichen Weg gehen wie jedes andere Mitglied aus dem Management: Verständnis für die Probleme mit dem derzeitigen Weg und die Grundlagen des neuen Weges sowie das sehr begrenzte Abwärtsrisiko und das enorme Aufwärtspotenzial aufbringen. Erfreulicherweise lässt sich erkennen, dass sich ein gewisser Gruppendruck unter den Vorstandsmitgliedern aufbaut, da immer mehr Unternehmen an den Start gehen Für uns bei Borealis gab es das 1995 noch nicht.

Wie Sie sich beim Fall Borealis erinnern werden, haben wir jeden Herbst einfach das Kalenderjahr aus der rollierenden Fünf-Quartals-Prognose herausgeschnitten und sie an die Eigentümer verschickt, um ihnen die Zahlen zu liefern, die sie für ihren eigenen Budgetprozess benötigten. Dies verursachte ein wenig zusätzliche Arbeit bei der späteren Berichterstattung, aber glücklicherweise nicht auf einer sehr detaillierten Ebene. Viele Vorstandsmitglieder waren tatsächlich ziemlich fasziniert von dem, was wir taten, obwohl sie alle aus budgetierenden Unternehmen kamen.

Bei Statoil haben wir dem Vorstand mehrere Jahre lang Scorecard-artige Informationen zusätzlich zu Budgets und Budgetberichten geliefert. Der Übergang zu einer »budgetlosen« Berichterstattung war daher für die Vorstandsmitglieder keine große Sache. Ich bin jedoch immer noch beeindruckt, wie sie das neue Konzept begrüßt und verstanden haben und wie diszipliniert sie waren, nicht auf Fragen zum Budget zurückzufallen. Dies gilt insbesondere, da die Genehmigung von Budgets und das Stellen schwieriger Fragen zu Budgetabweichungen vielen Verwaltungsratsmitgliedern das Gefühl geben, dass sie Teil des Geschehens sind, mit einer Hand am Steuerrad.

Im Dezember 2007, nur wenige Monate nach dem Start des fusionierten Unternehmens Statoil-Hydro, genehmigte der Vorstand das erste Programm des neuen Unternehmens: Ambition to Action. Obwohl es eine Reihe von neuen Vorstandsmitgliedern gab, wurde nicht eine einzige Budgetfrage gestellt. Im Jahr 2008 wurde Svein Rennemo zum Vorstandsvorsitzenden gewählt, eine Funktion, die er bis 2015 ausübte. Das war definitiv kein Nachteil!

6.2 Mit Widerständen umgehen

Was nun folgt, ist das Ergebnis jahrelanger Erfahrung mit genau dem Gegenteil von dem, was hier empfohlen wird. Es geht darum, wie Sie mit all den Skeptikern, denen Sie begegnen werden, umgehen. Und davon wird es viele geben. Diese Leute sind überzeugt, dass Anarchie folgen wird, die Kosten explodieren werden und die Menschen ihre neue Freiheit dazu missbrauchen werden, sich auszutoben und jede Menge Unsinnigkeiten zu begehen.

Wenn ich an all meine Diskussionen mit diesen Leuten zurückdenke, zeichnet sich ein klares Muster ab. Wiederum, fast ohne Ausnahme, gehörten sie alle fest zum *Lager der Manager*. Ich kann mich kaum daran erinnern, dass ich diese Gespräche mit jemandem aus dem kleineren *Lager der Führungskräfte* geführt habe.

In den ersten Tagen bei Borealis haben wir viel Energie darauf verwendet, diese Leute davon zu überzeugen, dass sie falsch lagen. Das Problem war, dass wir keine Beweise hatten, also waren unsere Diskussionen nicht sehr überzeugend. Ich habe jetzt damit aufgehört, auch wenn ich das ab und an vergesse, weil es einfach nicht funktioniert und es nicht wert ist. Wenn Menschen von Grund auf skeptisch sind, können Sie sie nicht dazu überreden, ihre Meinung zu ändern, zumindest nicht vor dem Go-live.

Es gibt eine andere und bessere Strategie. Sagen Sie den Skeptikern, dass sie Recht haben könnten. Es könnte nicht funktionieren. Die Kosten könnten steigen. Wir könnten die Kontrolle verlieren. Es ist ein mögliches Szenario. Akzeptieren Sie, dass es passieren könnte, aber nur, wenn die Skeptiker Ihr Szenario akzeptieren, in dem es funktioniert, und zwar oft sehr gut. Diese Leute werden natürlich die Wahrscheinlichkeit als nahe null ansehen.

Gehen Sie dann zum Risiko und zu den Folgen der einzelnen Szenarien über. Beginnen Sie mit dem Fall des Scheiterns. Wenn wir vollständig und kläglich scheitern, was sind dann wirklich die Risiken? Wir können von heute auf morgen zur Budgetierung zurückkehren! Keiner wird vergessen haben, wie es gemacht wurde. Wir müssen keine Verfahren und Anleitungen verbrennen oder löschen, bevor wir den Schritt ins Ungewisse wagen. Vielleicht wird der nächste Job nicht so interessant sein für die wenigen, die sich getraut haben. Die meisten Skeptiker werden das wahrscheinlich nicht als negative Folge werten, sondern eher als das Gegenteil! Aber abgesehen davon, was ist wirklich das große Risiko für die Organisation?

Bitten Sie dann die Skeptiker, über das Risiko und die Konsequenzen des Erfolgs nachzudenken Wenn wir Erfolg haben – auch wenn sie betonen werden, dass die Chance gering ist –, gibt es dann Vorteile? Wie sieht es aus in Unternehmen, die erfolgreich waren? Wie stehen diese großen Vorteile im Vergleich zu den negativen Folgen eines Misserfolgs? Es ist ein sehr überzeugendes Risikobild, mit so wenig Abwärtsrisiko und einem so enormen Aufwärtspotenzial. Diese Argumentation wird zumindest einige Skeptiker beruhigen. »Aber ich glaube immer noch nicht, dass es funktionieren wird«, werden einige beharren. Machen Sie sich keine Sorgen. Lassen Sie sie das letzte Wort haben und fahren Sie fort.

Manchmal stellen Sie fest, dass Sie bei diesen Leuten mehr bewirkt haben, als Sie dachten. Ich werde nie ein Treffen vergessen mit einem neuen Team kurz nach der Fusion 2007. Natürlich gab es einige skeptische Kommentare von einigen Ex-Hydro-Managern, die bis dahin nur die Überschrift »Beyond Budgeting« gehört hatten. Ich erklärte gerade die dynamische Ressourcenzuweisung, als ein Ex-Statoil-Manager plötzlich das Wort ergriff und leidenschaftlich die neue Art des Kostenmanagements verteidigte. Ich konnte meinen eigenen Ohren kaum trauen; das war ein Mann, den ich stundenlang zu überzeugen versucht hatte. Jetzt konnte ich mich einfach zurücklehnen und ihm das Wort überlassen. Er war großartig; ich hätte es nicht besser erklären können!

Die Skeptiker lassen sich in der Regel in zwei Kategorien einteilen. Glücklicherweise werden beide Gruppen immer kleiner. Die erste ist die größere Gruppe. Diese Leute sind einfach skeptisch, weil sie irritiert sind. Beyond Budgeting ist neu und anders und kann für einige schwer zu verstehen sein, bevor es in der Praxis getestet wurde. Meine Erfahrung ist, dass sie einfach Zeit benötigen, um es auszuprobieren und selbst anzuwenden. Sie brauchen auch die wichtige Erfahrung, es von oben aufgetragen zu bekommen, und das nicht nur einmal. Die Zeit ist also auf unserer Seite.

Die zweite Gruppe ist kleiner, aber hier finden wir die echten Skeptiker. Sie sind ganz und gar nicht irritiert. Sie verstehen sehr gut, worum es bei Beyond Budgeting geht, und sie lehnen es ab. Sie sind überzeugte Befürworter der Theorie X, und sie glauben, dass die Bewältigung von VUCA nur eine Frage von detaillierter Planung und mehr Befehlen von oben nach unten ist. Ich habe schon vor Jahren aufgehört, meine Zeit mit diesen Leuten zu verschwenden. Zum Glück ist die Zeit auch hier auf unserer Seite. Es ist teilweise eine Generationenfrage; einige gehen in den Ruhestand und andere verlassen das Unternehmen. Einige werden gebeten zu gehen, nicht weil sie kritisch gegenüber Beyond Budgeting sind, sondern weil ihre Überzeugungen und Verhaltensweisen sich auf andere Bereiche auswirken.

6.3 Entwerfen Sie zu 80 Prozent und wagen Sie den Schritt ins Ungewisse

Das Einzige, was bei der Umsetzung sicher ist, ist, dass es Herausforderungen und Probleme geben wird. Ungewiss ist nur wo und wann. Natürlich müssen wir planen, neue Prozesse entwerfen und versuchen, zu durchdenken, wo die Risiken liegen und was passieren könnte. Aber wir müssen auch ein Beyond Budgeting-Prinzip auf die Beyond Budgeting-Implementierung selbst anwenden. Wenn Sie neues und ungewohntes Terrain betreten, wird es Überraschungen geben. Nicht alles ist planbar. Was Sie brauchen, ist die Fähigkeit, zu experimentieren, aufzuspüren und zu reagieren, schnell zu handeln und das Richtige zu tun, wenn das Unerwartete eintritt. Dies ist eigentlich gar nicht so schwierig, solange die Philosophie von Beyond Budgeting verstanden wird und die Richtung klar ist.

Wie Sie sich beim Beispiel Borealis erinnern werden, haben wir eine Menge in das Kostenmanagement investiert, weil wir davon überzeugt waren, dass hier die Probleme auftreten würden. Stattdessen tauchten sie bei den Prognosen auf, und zwar in Form von Ressourcenanwendungen, die als überhöhte Investitionsprognosen getarnt waren.

Ein weiteres Risiko besteht darin, dass Sie zu viel Zeit auf die Prozessgestaltung verwenden, die Ihnen dann für die Schaffung eines Problemverständnisses und die Vermittlung der zugrunde liegenden Führungsphilosophie fehlt. Je besser die Organisation die Gründe für den Wandel und unsere Ziele versteht, desto besser kann sie sich richtig verhalten und die richtigen Entscheidungen in Bereichen treffen, in denen der neue Prozess nicht vom ersten Tag an vollständig entwickelt ist.

Ich hätte gerne eine Beyond Budgeting-Implementierung ausprobiert, bei der fast alles entfernt worden wäre, was mit traditionellem Management und Budgets verbunden ist, und dann einfach losgelegt. Keine Ziele, keine Prognosen, keine Kalender, keine Mikroanweisungen, keine Boni, kein gar nichts. Nach einem Jahr würden wir Bilanz ziehen und sehen, was wir wirklich versäumt haben. Es würde mich nicht wundern, wenn diese Liste ziemlich kurz wäre!

6.4 Behalten Sie die Kosten im Blick

Wie bereits erwähnt, ist eines der größten Missverständnisse bezüglich Beyond Budgeting, dass die Kosten dort weniger wichtig sind als in einer Budgetregelung. Das ist völlig falsch. Die Höhe der Kosten und die Art und Weise, wie wir knappe Ressourcen aufwenden, sind wichtig, deshalb brauchen wir effektivere und intelligentere Managementmethoden, als es ein detailliertes Jahresbudget bieten kann. Es wird immer Kapazitätsengpässe geben, und oft (aber nicht immer) geht es um das Geld. Die Frage ist, wie wir diese knappen Ressourcen am besten optimieren, egal welche es sind.

Bei Borealis standen die Kosten immer ganz oben auf der Tagesordnung, einfach weil die Petrochemie ein Geschäft mit niedrigen Margen ist, bei dem die eigenen Fixkosten zu den wenigen Dingen gehören, die Sie vollständig beeinflussen können. In unserem Geschäft sind die Kosten natürlich auch wichtig, aber der Erfolg beruht ebenso sehr auf Innovation, Kreativität und Qualität bei der Geschäftsentwicklung, Erforschung, Konstruktion und Produktion. Technologie und gutes Personal machen einen großen Unterschied. Schon bevor wir uns auf unsere Beyond Budgeting-Reise begaben, lag das Hauptaugenmerk in der Branche auf Produktionsmengen und Wachstum, besonders in der Zeit, als der Ölpreis weit über 100 USD lag. Das war es auch, was der Markt priorisierte und belohnte. Die Kosten standen auch auf der Tagesordnung, aber weiter unten. Die Folge war ein beunruhigender Kostenanstieg, nicht nur in den Öl- und Gasunternehmen, sondern auch auf der Lieferantenseite. Das Aktivitätsniveau war rekordverdächtig, denn die Branche musste in immer abgelegenere und rauere Umgebungen vorstoßen, um ihre Reservegrundlage zu erhalten oder zu erweitern.

Die Abschaffung des traditionellen Kostenbudgets verstärkte wahrscheinlich bei Statoil den Eindruck, dass die Kosten weniger wichtig waren. Rückblickend betrachtet, hätten wir noch deutlicher betonen müssen, dass dies nicht der Fall war. Wir hätten wahrscheinlich mehr Anstrengungen unternehmen müssen, um bessere und selbsterklärende Kostenberichte zu erstellen. Die Art und Weise, wie die Industrie die Kosten für die spätere Weiterberechnung an Joint Ventures erfasst und zuordnet, ist nicht immer so transparent und einfach wie in vielen anderen Unternehmen. Die geringe Anzahl echter interner Profitcenter hat auch nicht dazu beigetragen. Dennoch bin ich nicht der Meinung, dass Beyond Budgeting der Grund für eine nachlassende Kostenorientierung war. Volumen und Wachstum statt Kosten und Wert war eine bewusste strategische Entscheidung. Die gesamte Branche hatte die gleichen Prioritäten und erlebte das gleiche Problem, und alle anderen arbeiteten mit traditionellen Kostenbudgets. Bei Statoil waren wir eigentlich sehr froh, dass wir das Jahr 2015 nicht mit einem detaillierten Kosten-, Ertrags- und Investitionsbudget basierend auf dem Herbst 2014 mit einem Ölpreis von >100 USD begannen, da der Preis bereits im Februar unter 50 USD gefallen war.

Heute stehen die Kosten bei allen Ölgesellschaften ganz oben auf der Tagesordnung, auch bei Statoil. Ich hoffe nur, sie sind nicht zu hoch und das Pendel ist nicht zu weit in die entgegengesetzte Richtung ausgeschlagen.

6.5 Beginnen Sie nicht nur mit rollierenden Prognosen

Viele wollen ihre Beyond Budgeting-Implementierung mit rollierenden Prognosen beginnen. Es scheint der einfachste Weg zu sein, dort über den Zaun zu springen, wo er am niedrigsten ist. Meine Frage ist dann immer, wie mit den anderen beiden Budgetzwecken umgegangen werden soll: Zielsetzung und Ressourcenzuweisung. Wenn die Antwort »durch rollierende Vorhersage« lautet, wird das zu Problemen führen. Am Ende haben Sie nichts anderes als ein rollierendes Budget. Fast keines der Budgetprobleme wird gelöst sein, und der Preis dafür ist eine Menge mehr Arbeit. Es *müssen* gleichzeitig neue und klare Prozesse eingeführt werden, die beschreiben, wie die Festlegung von Zielen und die Zuweisung von Ressourcen gehandhabt werden. Es ist natürlich möglich, die beiden Bereiche weiterhin in einem traditionellen Budgetplanungsverfahren durchzuführen. Die einzigen Probleme, die dann gelöst werden, sind der »Ziehharmonika«-Prognosehorizont und die Prognoseverzerrung, aber keines der anderen Budgetprobleme.

Ich empfehle auch, darüber nachzudenken, ob die Granularität der vierteljährlichen Töpfe für die Prognosedaten erforderlich ist. Wie bereits erwähnt, haben wir uns bei Statoil entschieden, bei jährlichen Töpfen zu bleiben. Bei der Vorhersage geht es dann darum, wie oft sie aktualisiert wird und wie viele Töpfe im Voraus festgelegt werden.

Es ist auch wichtig, die Konversation von dem Ausdruck »die Prognose erreichen« zu befreien. Es sind *Ziele*, die wir erreichen wollen, und Prognosen helfen uns dabei. Eine »gute Prognose mit schlechten Nachrichten« ist definitiv etwas, das wir nicht treffen wollen. Ich würde viel lieber gute Prognosen mit schlechten Nachrichten haben als eine schlechte Prognose mit guten Nachrichten.

6.6 Beziehen Sie die Personalabteilung und die agilen IT-Teams mit ein

Was ich bei meiner Zeit bei Borealis bereue, ist, dass die Personalabteilung zu wenig und zu spät einbezogen wurde. Aus verschiedenen Gründen war dies zu der Zeit kein Thema. Ich hatte mein Debüt in der Personalabteilung noch nicht erlebt. Auch war mein Verständnis dafür, was für eine Art von Reise wir begonnen hatten, enger und finanzorientierter als heute. Ich bin überzeugt, dass sowohl das Modell und die Umsetzung sehr davon profitiert hätten, wenn die Personalabteilung früher an Bord gewesen wäre.

Einige meiner Finanzkollegen können nicht verstehen, warum ich auf die Einbeziehung der Personalabteilung dränge. Sie glauben wahrscheinlich, dass ich Sympathie hege, nur weil ich vier Jahre in dieser Abteilung verbracht habe. Ich hege Sympathie. Ich habe viel gelernt, was man im Finanzbereich nicht lernt, nicht einmal in Führungspositionen. Auch habe ich viele hervorragende Leute im Personalwesen kennengelernt, jedoch auch einige, die vielleicht etwas anderes hätten machen sollen – genau wie im Finanzbereich. Aber das ist nicht der Punkt. Wie Sie sich erinnern werden, gibt es drei wichtigere Gründe, warum die Personalabteilung an Bord sein muss:

Der erste Grund hat mit dem *integrierten* Performance Management zu tun. Fragen Sie einen Finanzfachmann nach einer Definition von Performance Management. Ich garantiere Ihnen, dass die Antwort Begriffe enthalten wird wie *Strategie, Budgets, Geschäftspläne, KPIs, Berichterstattung, Varianzanalysen* und dergleichen. Ein Personalverantwortlicher wird ganz anders antworten und Begriffe nennen wie *individuelle Ziele, Entwicklungspläne, Coaching und Feedback, Motivation und Belohnungen*. Sie haben beide Recht, aber sie sehen nur ihren eigenen Teil des Prozesses. Beide befassen sich mit Fragen des Performance Management, aber sie müssen eine Verbindung von der Strategie zu den Menschen herstellen. Wenn Sie, wie die meisten Menschen in Unternehmen, außerhalb der Finanz- und Personalabteilung tätig sind, ist es Ihnen egal, wer für was zuständig ist. Sie wollen einfach nur, dass die Dinge zusammenpassen, dass sie konsistent sind und die gleiche Management- und Führungsphilosophie widerspiegeln.

Die Personalabteilung muss also mit an Bord sein, um sicherzustellen, dass der neue Performance-Management-Prozess integriert und konsistent ist – von den Strategien und Unternehmenszielen bis hin zu den individuellen Zielen und Belohnungen.

Der zweite Grund für die Einbindung der Personalabteilung ist, dass die Finanzabteilung sie braucht. Beyond Budgeting ist ein massives Veränderungsprojekt, bei dem wir viel mehr tun müssen, als nur Managementprozesse zu verändern. Wir müssen auch einen Weg in die Herzen und Köpfe der Menschen finden. Wir streben einen tiefgreifenden und radikalen Wandel in der Einstellung und im Verhalten der Führungskräfte an. Bei der Veränderung geht es um viel mehr als nur darum, ein Budget zu streichen und eine Scorecard oder einen Prognoseprozess einzuführen, worin die Kernkompetenz der Finanzbranche liegt. Wenn diese sich aus dieser Komfortzone herausbewegt, braucht sie Hilfe von Menschen mit Fähigkeiten und Kenntnissen in all diesen anderen Bereichen, die wir mit Beyond Budgeting zu erreichen versuchen. Diese Personen sind oft in der Personalabteilung zu finden. Es ist zufällig ihr Job!

Die norwegische Bank SpareBank 1 Gruppen hat vor einigen Jahren Beyond Budgeting eingeführt. Ihr CEO, Eldar Mathisen, war die treibende Kraft. Ich werde nie eine Sitzung mit über 100 Topmanagern der Bank vergessen, bei der Mathisen in der ersten Reihe saß und eifrig mitwirkte. Traurigerweise starb er ein Jahr später, aber die Menschen um ihn herum machten weiter und sorgten für eine ausgezeichnete Implementierung von Beyond Budgeting. Anfänglich übernahm die Finanzabteilung das Sagen, später übernahm die Personalabteilung. Die Bank erkannte, dass Führung und Kultur die Schlüsselthemen und die größten Stolpersteine waren.

Der dritte Grund betrifft die Personalabteilung. Wie bereits erwähnt, streben die meisten HR-Funktionen die Rolle eines Business Partner an. Das wird aber erst geschehen, wenn sich die Personalabteilung stärker für die Prozesse des Performance Management interessiert, bevor diese den traditionellen HR-Bereich berühren. Das Streben nach der Rolle des Business Partner könnte an sich schon ein Argument für die Personalabteilung sein, sich mit der Finanzabteilung zusammenzutun. Wie viele Business Partner will und braucht das Unternehmen wirklich?

Unabhängig davon, von welcher Zusammenarbeit wir sprechen, ist sie bisher eher die Ausnahme als die Regel gewesen. In den meisten Unternehmen, die sich auf dem Weg zu Beyond Budgeting befinden, ist die Personalabteilung noch nicht aufgewacht, und die Finanzabteilung war noch nicht bereit, die Tür zu öffnen. Wir befinden uns eindeutig in der Anfangsphase von etwas, von dem ich fest überzeugt bin, dass es sich zu einer starken Partnerschaft entwickeln kann.

Wie wir in Kapitel 5 besprochen haben, verdient auch die IT eine Einladung. Die agilen Enthusiasten, die heutzutage in den meisten IT-Abteilungen zu finden sind, können einen großen Beitrag leisten. Ihre Rolle sollte nicht nur darin bestehen, Beyond Budgeting in die IT zu bringen. Sie können unternehmensweit helfen, das Beyond Budgeting-Denken anreichern und agile Inspirationen und Ideen umsetzen. Ich verspreche meinen Freunden aus dem Personalwesen, dass sie in dieser Community einen zugänglicheren Partner finden werden als im Finanzbereich!

6.7 Sie können Command & Control nicht durch Command & Control loswerden

Beyond Budgeting fühlt sich manchmal an wie die Eroberung der Berge rund um meine Winterhütte in Norwegen. Sie peilen einen Gipfel in der Ferne an und arbeiten hart, um ihn zu erreichen, nur um zu entdecken, dass dahinter noch ein höherer liegt. Sie schaffen es auch bis zu diesem, nur um noch einen und noch einen zu sehen. Als wir 2005 vom Exekutivausschuss grünes Licht bekamen, war mir sehr bewusst, dass dies erst der Anfang war. Es war ein wichtiger Meilenstein, aber weit entfernt von einem erfolgreichen Ende.

Es war nicht schwer, die nächste Bergspitze zu erklimmen, um die neuen Prinzipien zwischen dem Konzern und den Geschäftsbereichen direkt darunter umzusetzen. Sie alle begrüßten das neue Modell mit offenen Armen. Es gab ihnen mehr Autonomie und Flexibilität, eine aussagekräftigere Leistungssprache und bedeutete weniger Arbeit. Aber trotz der herzlichen Begrüßung fiel es einigen von ihnen schwer, die neu gewonnene Freiheit in der Organisation weiterzugeben: »Natürlich kann man uns vertrauen. Aber die Leute da unten ...«

Bei Statoil ist für einen radikalen Wandel eine Entscheidung des Vorstandes notwendig, was aber selten ausreicht. Die Umsetzung war ein langer und harter Weg, trotz des Rückhalts einer klaren Entscheidung, und von Zeit zu Zeit war es verlockend, auf eine kleine Dosis Command & Control zurückzugreifen. Aber das funktioniert schlecht. Sie können die Personen anweisen, Budgets zu erstellen und traditionelles Management zu betreiben. Sie können sie aber nicht anweisen, damit aufzuhören.

Die meisten großen Unternehmen leiden unter Veränderungsmüdigkeit. Und das ist kein Wunder. Ständige Wellen neuer Projekte und Initiativen überrollen die Unternehmen. Sie alle haben schöne Namen und gut strukturierte Zeitpläne für die Umsetzung, unterstützt von Heerscharen von Beratern und ein paar Leute aus dem Projektmanagement und Mitglieder des Lenkungsausschusses.

Sie bekommen immer eine Warnung. Am 12. Mai um 11 Uhr werden sie an Ihre Tür klopfen. Die Umsetzungslokomotive hat Ihre Geschäftseinheit erreicht. Man erwartet von Ihnen, dass Sie motiviert und vorbereitet sind, alles andere fallen lassen und diese Aufgabe zu Ihrer obersten Priorität machen. Vergessen Sie die Tatsache, dass das letzte Team gerade erst gegangen ist und Sie immer noch dabei sind, die Veränderungen zu verdauen, die diese Leute eingebracht haben. Sie können sicher ein oder zwei Projekte dieser Art nennen, die Ihre eigene Abteilung in den letzten Jahren getroffen haben.

Bei Statoil haben wir einen anderen Ansatz gewählt, der auf zwei einfachen Prinzipien beruht:

1. Kein fester Zeitplan für die Umsetzung: Wir gehen dorthin, wohin es uns zieht.
2. Keine Berater: Wir werden es selbst tun.

Die Entscheidung, auf die Unterstützung von Beratern zu verzichten, wurde natürlich durch meine früheren Erfahrungen mit Borealis erleichtert. Aber auch hier hatten wir die gleiche Strategie. Wir baten Gemini Consulting nicht um Hilfe; wir wussten, dass sie wenig zu bieten hatten. Wir wollten es einfach selbst tun.

Damit will ich nicht sagen, dass Berater nie eingesetzt werden sollten. Ein guter Berater, der hinter oder neben Ihnen arbeitet, und nicht vor Ihnen, kann durchaus einen positiven Unterschied machen. Wie wir bereits besprochen haben, ist das Beratungsgeschäft bisher im Beyond Budgeting-Umfeld nicht sehr sichtbar. Wenn die Berater aufwachen und wenn Sie Hilfe brauchen, sollten Sie jemanden auswählen, der das Gesamtbild versteht und nicht nur in der »Kistenschieberei« tätig ist. Achten Sie vor allem auf diejenigen, die es so verpacken, als ginge es nur um rollierende Prognosen.

Eine gute Alternative ist, mit anderen Unternehmen zu sprechen, die Ihnen voraus sind. Der Beyond Budgeting Roundtable (BBRT) ist ein guter Ort, um solche Kontakte zu knüpfen. Eine zunehmende Menge an Literatur – Bücher, Artikel und Fallstudien – ist jetzt ebenfalls verfügbar.

Unser Zeitplan für die Implementierung umfasste natürlich auch den wichtigen Meilenstein, grünes Licht zu bekommen, aber das war nicht lange im Voraus geplant. Wir haben einfach um das »Ja« des Exekutivausschusses gebeten, als wir bereit waren und glaubten, dass sie es auch sein würden. Darüber hinaus verfolgten wir im Grunde die Strategie, dorthin zu gehen, wo es eine Anziehungskraft gab, ein Verlangen nach Veränderung. Dazu gehörte auch, dass wir nach Geschäftseinheiten fragten, die sich als Piloten zur Verfügung stellen wollten. Drei meldeten sich schnell: unsere Shared-Services-Einheit, unsere Forschungseinheit und eine nachgelagerte Einheit namens Nordic Energy.

Nachdem diese Piloten gestartet waren, meldeten sich weitere Interessenten. Wir erhielten Einladungen von immer mehr Managementteams, Finanzteams und schließlich von HR-Teams. Wir rückten jeden Tag auf dem Schauplatz vor, aber eher im Guerillastil als mit massiven Kräften. Es gab keinen detaillierten Masterplan. Wir gingen dorthin, wo Interesse und Offenheit waren. Wir verbrachten nicht viel Zeit damit, uns mit den »feindlichen Hochburgen« zu beschäftigen. Unsere Strategie bestand darin, den Widerstand zu umzingeln, nicht mit ihm anzufangen. Es gab immer genug Nachfrage, um uns zu beschäftigen. Die Offenheit war manchmal eine positive Überraschung, und zwar an Orten, von denen wir erwartet hatten, dass sie für eine Weile verschlossen waren. Dieser Ansatz ermöglichte es uns auch, zu experimentieren. Die Geschäftseinheiten, die früh anfangen wollten, konnten Dinge ausprobieren und die nachfolgenden darüber informieren, was funktioniert hat und was nicht.

Ich habe aufgehört zu zählen, wie viele Managementteams wir aufgesucht haben. Wir haben uns selbst auf die Agenden von Programmen zur Entwicklung von Führungskräften, Managementkonferenzen und anderen Bereichen, in denen über Führung und Management diskutiert wurde, gesetzt. In einem Jahr war ich nur ein Gast auf der jährlichen HR-Konferenz, im nächsten Jahr war ich Redner.

Der Prozess sah wahrscheinlich von außen und vielleicht auch von innen etwas chaotisch und unstrukturiert aus. Der Weg mag länger erscheinen als ein konventioneller und strukturierter Implementierungsansatz. Doch ich bin überzeugt, dass dies ein besserer Weg ist, um sowohl die Philosophie als auch den Prozess zu verankern und das neue Modell robuster gegen die unvermeidlichen Gegenangriffe der »dunklen Mächte« zu machen. Lassen Sie sich nicht täuschen, nur weil sie still und leise sind. Sie werden für eine lange Zeit da sein.

Ein letzter Ratschlag: Vergraben Sie das Wort »Rollout« an einem Ort, wo es nie wieder gefunden werden kann. Wenn Sie »Rollout« sagen, hört die Organisation wahrscheinlich »überrollen«, und das wahrscheinlich aus guten Gründen. Vielleicht sollten Sie auch das Wort »Kaskadierung« an der gleichen Stelle vergraben. Da draußen könnte es sich anhören, als würde ein Eimer Wasser auf Sie geschüttet werden.

6.8 Werden Sie nicht zum Fundamentalisten

Die Leute fragen oft, ob das Wort *Budget* jetzt verboten ist. Natürlich ist es das nicht. Wir haben immer noch Joint-Venture-Budgets, weil es erforderlich ist. Aber darüber hinaus bitten wir die Personen, das Wort zu vermeiden, weil es einfach irritierend sein kann. Was meinen wir eigentlich, wenn wir »Budget« sagen: ein Ziel, eine Prognose, eine Ressourcenzuweisung? Es ist auch nicht verboten, ein Stück Papier in einer Schublade aufzubewahren oder eine Tabellenkalkulation auf einem PC zu haben, die wie ein Budget aussieht. Wenn die Menschen dieses Sicherheitsnetz in einer Übergangsphase benötigen, dann ist das kein Problem. Aber seien Sie sich darüber im Klaren, dass diese Zahlen nicht gegeneinander aufgerechnet oder konsolidiert werden. Im Laufe der Zeit werden die Leute herausfinden, dass es sich wahrscheinlich nicht lohnt, Zeit in die Schaffung dieser Sicherheitsnetze zu investieren. Aber das müssen sie selbst herausfinden.

6.9 Die Fallstricke der Balanced Scorecard

Sowohl bei Borealis als auch bei Statoil standen Balanced Scorecards ganz oben auf der Liste der Instrumente und Prozesse, die das Budget ersetzten. Ich mag das Konzept, weil es uns hilft, Zusammenhänge herzustellen: langfristig und kurzfristig, Ursache und Wirkung, finanziell und nicht finanziell, Führung und Unterstützung, Strategie, Finanzen und Personal. Es bietet eine bessere Leistungssprache als vielleicht jedes andere Managementkonzept auf dem Markt. Wenn Sie mit dem Konzept nicht vertraut sind, empfehle ich Ihnen die zahlreichen Bücher von Robert Kaplan und David Norton, die es entwickelten.

Ein Grund für die große Beliebtheit ist die beeindruckende Vermarktung des Konzepts. Dennoch steckt ein solides Konzept hinter der schönen Verpackung. Wenn die Balanced Scorecard jedoch auf die falsche Weise implementiert und verwendet wird, wird ihr volles Potenzial nicht ausgeschöpft. Im schlimmsten Fall können Scorecards sogar mehr Schaden anrichten als Budgets. In diesem Abschnitt betrachten wir einige typische Fallstricke. Es gibt genügend Erfolgsgeschichten über Balanced Scorecards; ich glaube, man kann mehr lernen, wenn man versteht, wo die Dinge schiefgehen können.

Es gibt viele Möglichkeiten, sie falsch einzusetzen. Nachfolgend werden sieben klassische Fehler aufgezeigt. Es gibt wahrscheinlich noch mehr, auf die Sie achten sollten. Einige Balanced-Scorecard-Fallstricke sind gefährlicher als andere, insbesondere im Zusammenhang mit Command & Control. In Kombination garantieren sie fast ein Scheitern. Keiner dieser Fallstricke sollte als Argument gegen die Balanced Scorecard verstanden werden. Ganz im Gegenteil, ich weise auf sie hin, um Ihnen zu helfen, den größtmöglichen Nutzen aus dem Konzept zu ziehen. Sie haben sicher schon von einigen meiner Bedenken gehört, wie zum Beispiel der »Sucht nach KPIs«.

Die Fallstricke sind:

1. Eine neue Kiste auf alten Kisten
2. Es dreht sich alles um KPIs
3. Nur ein weiteres Command & Control-Instrument
4. Nur eine Scorecard an der Spitze
5. Ein lähmendes Gleichgewicht
6. Es ist eine Finanzangelegenheit
7. Es ist eine manuelle Sache

Sie basieren alle auf meinen eigenen Erfahrungen bei Borealis und Statoil und auf Beobachtungen, die ich in den vielen Organisationen gemacht habe, die ich im Laufe der Jahre beraten habe.

Eine neue Kiste auf alten Kisten

Es ist so viel einfacher, etwas hinzuzufügen als etwas wegzunehmen. Sie können viele hochgelobte Managementkonzepte einführen, ohne die alten Prozesse oder die dafür Verantwortlichen infrage stellen zu müssen. Sie kaufen eine neue Kiste und stellen sie einfach auf Ihre anderen Kisten.

Schauen Sie sich die große Anzahl von Unternehmen an, die Balanced Scorecards eingeführt haben. Fast alle von ihnen haben die Scorecard einfach zu den bestehenden Managementprozessen, einschließlich der Budgetierung, hinzugefügt. Das ist definitiv der einfachste Weg. Kein Infragestellen, keine Konflikte. Alle sind zufrieden, außer denen, die sich Sorgen machen, dass noch mehr zu tun ist.

Aber Budgets und Scorecards sind zwei grundlegend verschiedene Ansätze. Scorecards haben ihre Wurzeln in der Strategie und in längerfristigen Perspektiven. Sie konzentrieren sich auf nicht finanzielle Faktoren, die zu finanzieller Leistung und Wertschöpfung führen, angefangen bei den Mitarbeiterinnen und Mitarbeitern und dem Lernen. Budgets sind genau das Gegenteil: Sie sind nur schwach mit der Strategie verbunden, haben einen kurzen Zeithorizont und es geht nur um Geld.

Die Balanced Scorecard wurde eigentlich als Antwort auf den engen, rein finanziellen Fokus entwickelt, der die Unternehmensführung jahrzehntelang dominierte.

Viele argumentieren, dass die Kombination von Scorecards und Budgets eine unkomplizierte Verbindung ist. Sie behaupten, dass das Budget die Ziele der finanziellen Perspektive in der Scorecard darstellen kann. Die anderen Perspektiven werden so eingerichtet und betrieben, wie es die Theorie vorschreibt. Dabei werden die nicht finanziellen Hebel definiert und gemessen, die zu betätigen sind, um die Budgetzahlen in der finanziellen Perspektive zu erreichen. Das klingt einfach. Diese Lösung birgt jedoch große Herausforderungen. Erstens ist es aus den bereits ausführlich erörterten Gründen nicht sehr klug, eine gute finanzielle Leistung durch feste und absolute Budgetzahlen zu definieren. Es gibt jedoch noch ein zweites Problem. Wenn die Scorecard gut funktioniert, sollte sie schnell auf interne oder externe Radarsignale reagieren, wenn sich Annahmen ändern oder etwas Unerwartetes passiert. Die richtige Reaktion darauf ist oft eine Kurskorrektur. Überarbeitete Taktiken und neue Maßnahmen werden schnell umgesetzt. Die Menschen sind bereit, sich zu bewegen, aber es gibt einen Klotz am Bein: das *Budget*. Um sicherzustellen, dass die festgelegte Budgetzahl in der finanziellen Vorausschau eingehalten wird, wurde sie bis in jede einzelne Geschäftseinheit mit strengen Details weitergegeben, wobei nicht nur Rentabilitätsziele oder Ähnliches festgelegt wurden, sondern auch, welche Maßnahmen zu welchen Kosten durchgeführt werden sollten. Der Konflikt zwischen Scorecard und Budget ist plötzlich real und greifbar. Und der Gewinner ist ...

Diese beiden Gegensätze treffen öfter aufeinander, als wir denken. Wenn sie aufeinandertreffen, gewinnt das Budget immer und immer wieder. Das Budget ist vertraut, es hat eine Erfolgsbilanz und es bringt oft Bonusgelder. Kein Wunder, dass die Scorecard so oft den Kürzeren zieht, selbst wenn alle sie für großartig halten. Aber wir behalten die Scorecard. Es ist schwer, sie fallen zu lassen, selbst wenn wir das Gefühl haben, dass sie nicht wie versprochen funktioniert. Alle anderen verwenden sie.

Die Antwort ist nicht, die Scorecard fallen zu lassen, sondern den Wettbewerb: das Budget. Diese Einsicht haben wir bei Borealis nie gewonnen, denn wir haben den Konflikt nie erlebt. Wir haben das Budget fallen gelassen und die Scorecards mit einem Big Bang eingeführt.

Statoil hatte jedoch seit vielen Jahren Scorecards parallel zu den Budgets. Obwohl der zweite Bottom-up-Prozess erfolgreich war, war es die Abschaffung des Budgets im Jahr 2005, die alles in Schwung brachte. Dem Unternehmen wurde schnell klar, dass sich die Spielregeln geändert hatten. Die Tatsache, dass der Vorstand keine Budgets mehr genehmigte, sondern nur noch Ambition to Action, war ein greifbarer Beweis für einen neuen Fokus.

Es dreht sich alles um KPIs

Kaplan und Norton waren fast zu erfolgreich mit dem KPI-Teil der Balanced Scorecard. Obwohl ihr erstes Buch[2] eher auf die KPIs ausgerichtet war, haben spätere Bücher die Scorecard neu als einen *Strategieumsetzungsprozess* positioniert, wobei die KPIs nur einen Teil des Modells darstellen. Aber der anfängliche Erfolg von KPIs scheint sich in vielen Unternehmen nur allzu gut zu halten. KPIs sind jetzt überall zu finden – nicht nur in Unternehmen, sondern zunehmend auch im öffentlichen Bereich. Die Ideen des New Public Management, die in den 1980er-Jahren zunächst in Australien und Neuseeland entwickelt wurden, wo KPIs eine Schlüsselrolle spielen, haben sich inzwischen in vielen Teilen der Welt verbreitet.

An KPIs ist nichts auszusetzen. Sie können großartige Dinge für uns tun. Das Problem ist nur, dass wir *mehr* brauchen als KPIs. Sie können die Aufgabe nicht allein bewältigen. Wie bereits erwähnt, scheinen wir vergessen zu haben, dass das »I« in KPI für *Indikator* steht. Sie sind dazu gedacht, zu messen und uns einen *Hinweis* darauf zu geben, ob wir uns in die richtige Richtung bewegen. Das funktioniert ganz gut in der Finanzperspektive der Scorecard. Hier ist die Verbindung zwischen den strategischen Zielen und KPIs normalerweise stark und ziemlich offensichtlich. Wenn ein strategisches Ziel die Steigerung des Shareholder Value ist und der KPI die Entwicklung des Aktienkurses einschließlich der gezahlten Dividenden wiedergibt, bietet der KPI viel mehr als nur einen Hinweis auf die Erreichung des strategischen Ziels.

Je mehr wir uns von der finanziellen zu der nicht finanziellen Perspektive bewegen, desto deutlicher wird diese Beziehung. Nehmen Sie das Beispiel der Sicherheit, die sowohl bei Borealis als auch bei Statoil sehr wichtig ist. Ein strategisches Ziel könnte darin bestehen, die Sicherheitsleistung schrittweise zu verbessern. Ist es eine Selbstverständlichkeit, dass dies geschieht, nur weil sich die Anzahl der abgehaltenen Sicherheitsbesprechungen in die richtige Richtung bewegt? Hohes Fieber ist ein Hinweis darauf, dass etwas nicht stimmt, aber es liefert uns selten die vollständige Diagnose. Wir können nicht erwarten, dass die KPIs uns immer die volle Wahrheit und die ganze Geschichte erzählen.

Wie bereits erwähnt, begann meine Reise mit Scorecards und KPIs im Jahr 1995. Viel zu lange war ich auf der Suche nach dem perfekten KPI. Ich habe sie vor vielen Jahren aufgegeben, weil es ihn einfach nicht gibt. Es gibt viele gute KPIs, und Kombinationen von KPIs können sie noch besser machen. Aber die perfekte Kennzahl? Vergessen Sie es.

Wir brauchen noch etwas anderes zusätzlich zu den Angaben, die wir von den KPIs erhalten. Wenn wir Entscheidungen treffen und die Leistung bewerten, müssen wir auch andere Beobachtungen anstellen und diese für eine ganzheitlichere Bewertung nutzen. Vergessen Sie auch hier nicht Einsteins weise Worte!

---

2. Robert S. Kaplan; David P. Norton: *Balanced Scorecard: Translating Strategy into Action* (1996).

Nur ein weiteres Command & Control-Instrument

Das Budget ist ein wirksames Instrument für das Mikromanagement einer Organisation. Allerdings ist es auf das *finanzielle* Mikromanagement beschränkt. Für Führungskräfte, die eine noch stärkere und längere Leine wünschen, bietet die Balanced Scorecard viel mehr Kontrollmöglichkeiten. Nicht nur strategische Ziele, KPI-Vorgaben und Maßnahmen, sondern auch zusätzliche Perspektiven neben der finanziellen Perspektive. Bei all diesen Aspekten kann das Unternehmen viel effektiver als über ein Budget Anweisungen erteilen und Kaskaden bilden. Leider ist genau das in einer Reihe von Unternehmen der Fall. Unternehmensfunktionen wie HR und HSE (Health, Security, Environment) schalten sich oft ein und fordern, dass »ihre« Ziele, KPIs und Maßnahmen auf der Corporate Scorecard bis ganz unten zu finden sind, um die »Unternehmensleistung« zu gewährleisten.

Ein Top-down-Ansatz verursacht nicht nur ernsthafte Schäden für die Motivation. Es können auch falsche Entscheidungen getroffen werden und gute Ideen gehen verloren, vor allem wenn der Weg zur Basis weit ist, die Roadmap veraltet ist und sich hinter jeder Ecke Überraschungen verbergen.

Wie der Name schon sagt, ist Ausgewogenheit der Schlüssel zu einer Scorecard. Ich glaube, dass es einen Balanceakt gibt, der in der Theorie der Scorecards nicht genug Beachtung gefunden hat, nämlich das richtige Gleichgewicht zwischen:

- Ausrichtung, von der Strategie bis zu den Menschen, vom Zentrum bis zur Basis
- Autonomie, Flexibilität, Eigenverantwortung und Engagement, die den lokalen Teams helfen, sich selbst zu managen

Diese beiden Zwecke bewegen sich oft in entgegengesetzte Richtungen. Wenn der Ausrichtungszweck immer gewinnt und die lokalen Scorecards zu einem reinen Auffangbecken für Anweisungen von oben werden, ohne Bewegungsspielraum und ohne Platz für lokale Schwerpunkte und Initiativen, dann läuft die Scorecard Gefahr, ihr Ansehen und ihre Relevanz zu verlieren. Das Ergebnis ist eine »Feed-the-Machine«-Wahrnehmung, etwas, das nur für die darüber liegenden Ebenen gemacht wird. Das klassische Symptom ist wiederum, dass die Scorecard nur dann aktualisiert wird, wenn die nächste Geschäftsbewertung mit der darüber liegenden Ebene ansteht.

Natürlich kann eine Scorecard nicht nur lokal sein und vom Rest des Unternehmens abgekoppelt werden. Sie muss eine Kombination aus beidem sein, aber die Wahrnehmung sollte immer noch zugunsten der lokalen Verantwortung tendieren. Eine Möglichkeit, dies zu erreichen, ist ein breit angelegter und umfassender Prozess zur Gestaltung der Scorecard, der beide Ziele widerspiegelt. Er fühlt sich lokal an, hat aber einen zentralen Ursprung. Das ist das Ziel des Statoil-Übersetzungsansatzes, wie bereits beschrieben.

Nur eine Scorecard an der Spitze

Einige Unternehmen haben nur eine oder nur wenige Scorecards. In einem kleinen Unternehmen mag das in Ordnung sein. In größeren Organisationen ist dies jedoch selten ausreichend. Für das Topmanagement reicht es möglicherweise, die allgemeine Richtung zu beschreiben und die Unternehmensziele und -initiativen darzulegen. Aber was bedeutet die Scorecard darüber hinaus wirklich für die einzelnen Geschäftsbereiche und für die Einheiten an der Basis? Diese haben wahrscheinlich alle ihr eigenes Budget. Mit einem Budget, aber ohne Scorecard, ist das Ergebnis ein einfacher Spaziergang.

Ich will damit nicht sagen, dass alle Geschäftseinheiten an der Basis und Kostenstellen unbedingt ihre eigene Scorecard haben sollten, obwohl dies für viele gut funktionieren kann. Die nächstgelegene Scorecard muss jedoch nah genug sein, um klare Orientierung und Inspiration zu bieten. Sie muss als relevant und aussagekräftig wahrgenommen werden. Das wird selten der Fall sein, wenn man ein Fernglas braucht, um sie zu sehen.

Wie wir bereits erörtert haben, müssen Managerinnen und Manager, die ohne eine Scorecard arbeiten, immer noch den größten Teil der Arbeit der Scorecard erledigen. Sie müssen immer noch über das Morgen nachdenken und sprechen und nicht nur über das Heute. Eine Art von Messung, ob sich die Dinge in die richtige Richtung bewegen, ist ebenfalls notwendig, ebenso wie eine Art Maßnahmenplanung. Die Scorecard systematisiert und automatisiert solche Informationen. Dies kann auf unterschiedliche Weise geschehen, aber die Managementarbeit muss immer erledigt werden.

Die Analogie eines Flugzeugcockpits wird manchmal verwendet, um die Balanced Scorecard zu beschreiben. Ich bin mir nicht sicher, ob ich diese Metapher mag. Sie löst bei mir eine Reihe von traditionellen Managementassoziationen aus. Der Kapitän und der Kopilot – der CEO und der CFO – befinden sich beide im Cockpit, umgeben von Messungen. Sie werden ständig mit aktuellen Informationen gefüttert. Sie beobachten, analysieren und ergreifen entscheidende Maßnahmen, wenn Lichter aufleuchten und Alarme ertönen. Hinten in der Kabine essen und schlafen die Passagiere und warten darauf, dass die Piloten sie sicher an ihr Ziel bringen. Sie haben nur wenige Informationen, die über das hinausgehen, was sie durch kleine Fenster sehen und in einer lauten Kabine hören können. Die Passagiere der Business Class sind etwas besser informiert, da sie näher an der Cockpittür sitzen, die von Zeit zu Zeit geöffnet ist. Außerdem empfinden sie die Reise als bequemer als die Passagiere der Economy Class.

Einige Passagiere reagieren auf alle Anweisungen der Kabinenbesatzung, sowohl von denen, die weniger beeindruckende Uniformen tragen, als auch von der Crew vorne im Cockpit. Die Stimmen scheinen schärfer zu werden, je weiter hinten in der Kabine sie sich bewegen, um Nachrichten aus dem Cockpit und Anweisungen zu Sicherheitsgurten und Gepäck weiterzugeben.

Verstehen Sie mich nicht falsch. Ich möchte immer noch, dass die Crew an der Spitze mich sicher nach Hause fliegt. Ich stelle nur infrage, wie zutreffend diese Metapher ist. In den heutigen Unternehmen akzeptieren die Menschen nicht mehr, dass sie passive Passagiere sind, die ihr Schicksal vollständig in die Hände von ein paar Leuten an der Spitze legen. Die Menschen wollen informiert und einbezogen werden. Sie akzeptieren nicht, dass sie vom mittleren Management eingeschüchtert werden, das glaubt, dass die Autorität von Stars und Stripes ausgeht.

Ein lähmendes Gleichgewicht

Eine Scorecard ist ein viel größerer und besserer Radarschirm als ein finanziell orientiertes Budget und ein Businessplan. Der breitere Fokus umfasst auch andere Stakeholder: Beschäftigte, Kunden, Aktionäre und die Gesellschaft insgesamt. Wir formulieren Ursache-Wirkungs-Beziehungen zwischen den verschiedenen Perspektiven und Stakeholdern. Wie wirkt sich das Lernen und die Entwicklung der Organisation auf unsere Betriebsabläufe aus, die für zufriedene Kunden, die wir brauchen, um Einnahmen und Werte zu schaffen, notwendig sind? Es kann immer noch zu Konflikten zwischen den Interessen der verschiedenen Stakeholder kommen. Die Beschäftigten möchten vielleicht ein höheres Gehaltsniveau, die Kundschaft möchte vielleicht niedrigere Preise, und Steuern oder gesellschaftliche Beschränkungen könnten mit den Interessen der Aktionäre in Konflikt geraten.

Wenn wir nachhaltige Werte schaffen wollen, können wir keinen Stakeholder außer Acht lassen. Gleichzeitig können wir nicht auf eine gleichzeitige kurzfristige Maximierung der Interessen aller Stakeholder abzielen, da dies zu einem lähmenden Gleichgewicht führen könnte. Wenn eine Scorecard Entscheidungen und Prioritäten nicht ausreichend berücksichtigt und nicht zwischen heute und morgen unterscheidet, riskieren wir die Botschaft, dass alles gleich wichtig ist. Dies kann dazu führen, dass die Organisation in der Schwebe hängt, weil sie versucht, allem gleichzeitig nachzugehen. Noch einmal: Bei der Strategie geht es darum, Entscheidungen zu treffen. Wenn Sie nie *Nein* sagen, haben Sie keine Strategie. Entscheidungen müssen getroffen werden und sich in der Scorecard widerspiegeln.

Eine letzte Überlegung zum Thema Balance: Manchmal ist es tatsächlich ein mangelndes Gleichgewicht, das Bewegung und Fortschritt bringt, wie der menschliche Körper beim Gehen. Jeder Schritt bringt uns aus dem Gleichgewicht, was wir ausgleichen, indem wir einen weiteren Schritt machen und noch einen. Das Ergebnis ist, dass wir uns immer weiter vorwärts bewegen.

Es ist eine Sache der Finanzen

Die meisten Scorecard-Projekte und operativen Verantwortlichkeiten sind fest in der Finanzfunktion verankert. Ein Grund dafür ist wahrscheinlich, dass in der Finanzabteilung die wichtigsten Zahlen zusammenkommen und sie auch Berichts- und Kontrollfunktion hat. In vielen Unternehmen geht es beim Scorecard-Prozess um genau das, sodass die Finanzabteilung der offensichtliche Kandidat für diese

Aufgabe ist. Könnten andere Funktionen die Aufgabe übernehmen? Was ist mit dem strategischen Management oder der Personalabteilung?

Dies ist die falsche Diskussion. Die Hauptfrage ist nicht, wo die Verantwortung angesiedelt werden soll, sondern wie die verantwortliche Funktion mit anderen Funktionen zusammenarbeitet. Wer auch immer der Verantwortliche ist, es ist eine enge Abstimmung über die traditionellen Funktionsgrenzen hinweg erforderlich. Der Scorecard-Prozess muss Strategie, Finanzen und HR einbeziehen. Es geht um ein integriertes Performance Management, von Gesamtstrategien und strategischen Zielen über KPIs, Maßnahmen und Prognosen bis hin zu Team- und individuellen Zielen, Leistungsbewertung und Belohnung. Es gibt in der Tat keinen perfekten Kandidaten für den Scorecard-Job innerhalb der traditionellen Funktionsstruktur in Unternehmen. Natürlich ist es eine Linienverantwortung, aber das gilt für alles. Sie brauchen einen klaren Verantwortlichen, der die Prozesse und das System antreibt, coacht und für eine kontinuierliche Weiterentwicklung sorgt. Die Finanzabteilung ist wahrscheinlich am besten für diese Aufgabe geeignet, einfach weil sie in der Mitte zwischen Strategie und Menschen angesiedelt ist. Es erfordert jedoch eine andere Denkweise und eine andere Kompetenz, als wir sie normalerweise in der Finanzabteilung vorfinden, einschließlich einer ganzheitlichen Perspektive und eines umfassenden Verständnisses von Strategie und organisatorischem Verhalten zusätzlich zu den notwendigen geschäftlichen und finanziellen Kompetenzen. Fügen Sie noch Kommunikationsfähigkeiten hinzu, die über das reine Präsentieren von Zahlen hinausgehen.

Einige Unternehmen haben, wie von Kaplan und Norton vorgeschlagen, eine eigene Abteilung eingerichtet. Das »Office of Strategy Management« trägt die Gesamtverantwortung für den Strategieumsetzungsprozess. Das ist eine interessante Idee, aber sie führt auch eine zusätzliche Schnittstelle ein, die es zu managen gilt. Alles in allem glaube ich, dass eine nachhaltigere Lösung darin besteht, den längeren und anspruchsvolleren Weg zu gehen und die Finanzabteilung in diese Rolle einzubeziehen. Oder vielleicht könnte eine Allianz zwischen Finanzen und HR eine Lösung sein, wie bereits erwähnt.

Manchmal kann der Kontext, in dem eine Scorecard eingeführt wird, etwas mit der Wahrnehmung von Eigenverantwortung machen. Als ein großer PC-Hersteller vor einigen Jahren Scorecards einführte, nahm er auch Änderungen an seinem Bonussystem vor, einschließlich einer engen Verknüpfung mit Scorecards. Mehrere Jahre lang sprach man über Scorecards nur als »das Bonussystem«.

Es ist eine manuelle Angelegenheit

Ein aktiver und pulsierender Scorecard-Prozess, der von der Vorstandsetage bis zum Kontrollraum reicht, kann nicht auf einer manuellen Erfassung und Veröffentlichung von Daten basieren. Ein System ist erforderlich.

Für welches System Sie sich auch immer entscheiden, es ist wichtig, dass Sie das System nicht zu einer Zwangsjacke für Ihr Prozessdesign werden lassen. Es könnte klug sein, in kleinem Maßstab manuell zu beginnen, vielleicht mit ein paar Pilotversuchen, um zu lernen und sich zu verbessern, bevor ein dauerhaftes Modell automatisiert wird. Der manuelle Zeitraum sollte nicht zu lang sein, da manuelle Scorecards anspruchsvoll in der Handhabung sind und oft nicht die beste Datenqualität liefern.

Auf dem Markt gibt es eine Reihe von Scorecard-Paketen, die von eigenständigen Systemen mit unterschiedlichen Integrationsmöglichkeiten bis hin zu Scorecard-Modulen in größeren Enterprise-Performance-Management-(EPM-)Lösungen reichen. Abgesehen von all den IT-technischen Fragen, bei denen Ihnen jemand anderes helfen muss, rate ich Ihnen, die Systemanbieter mit diesen Fragen unter die Lupe zu nehmen:

- Konzentriert sich das Paket nur auf KPIs oder verfügt es auch über gute Funktionen für die Bearbeitung strategischer Ziele und Maßnahmen und andere Freitextinformationen?
- Ist die Benutzeroberfläche einfach und intuitiv, ein Klacks für Managerinnen und Manager, die sich von ihrem Sekretariat immer noch alle ihre E-Mails ausdrucken lassen?
- Können Sie problemlos Informationen hinzufügen, die Teams für ihre tägliche Arbeit benötigen, sodass die Anwendung mehr zu einem Informationsportal für das Management wird?
- Kann das System Ihnen auf Ihrer Scorecard-Reise folgen? Können Sie es anpassen und verbessern, ohne Heerscharen von IT-Beschäftigten zu mobilisieren?
- Versteht der Systemanbieter das Performance Management aus organisatorischer Sicht oder sieht er es nur als eine mechanische Drill-down-Übung zum Erfassen von Daten und Erstellen von Berichten?

Es versteht sich von selbst, dass die endgültige Entscheidung bei der für die Scorecard verantwortlichen Funktion liegen muss und nicht bei der IT.

6.10 Revolution oder Evolution?

Die Implementierung als Revolution oder Evolution wird in der Beyond Budgeting-Community oft diskutiert. Der ehemalige Finanzvorstand der Handelsbanken, Lennart Francke, verwendete die folgende Metapher zu Beyond Budgeting-Implementierungsoptionen: »Denken Sie an eine belebte Londoner Straße. Können Sie sich vorstellen, dass das Vereinigte Königreich vom Linksverkehr auf Rechtsverkehr umstellt, indem es einen Monat lang mit Bussen beginnt, im nächsten Monat mit Lastwagen und schließlich mit Autos?«

Das ist eine schöne Metapher, aber ich fürchte, so einfach ist es nicht. Der ideale Ausgangspunkt ist natürlich die volle und einstimmige Unterstützung des gesamten Beyond Budgeting-Modells. Das gesamte Managementteam an Bord zu holen, ist jedoch eine gewaltige Aufgabe. Selbst wenn das Topmanagement alles versteht und alles will, wird die Umsetzung ein langer und schrittweiser Weg sein. Und selbst wenn es möglich ist, alle Prozessänderungen mit einem gemeinsamen Start und einem Big Bang zu synchronisieren, wird die Implementierung erst dann abgeschlossen sein, wenn das Verständnis und die Akzeptanz der Prozessänderungen in eine entsprechende Verhaltensänderung im gesamten Unternehmen umgesetzt worden sind. Dies ist ein langfristiger Wandel, keine schnelle Lösung. Selbst wenn die Revolution auf der Seite der Managementprozesse tobt, wird die erforderliche Veränderung der Führung, der Verhaltensweisen und der Kultur immer eine Evolution sein.

Selbst wenn wir den Verkehr von heute auf morgen von links auf rechts umstellen, wie es Schweden 1967 getan hat, werden wir noch viele Jahre lang Menschen sehen, die auf der falschen Straßenseite fahren. Einige werden dies tun, weil sie einfach nicht damit einverstanden sind und sich weigern, sich zu ändern. Andere vergessen es einfach, ohne dass ein böser Wille im Spiel ist. Solange es nur wenige sind, sind diese Geisterfahrer nicht so gefährlich wie die im echten Straßenverkehr. Mit der Zeit ist diese Art des Fahrens natürlich nicht mehr akzeptabel und solche Fahrer müssen auf die richtige Seite gebracht werden oder ihr Führerschein wird eingezogen. Aber es ist unvermeidlich, dass es eine Übergangszeit geben wird, in der die Dinge chaotisch aussehen werden. Viele werden irritiert sein, weil es täglich alte und neue Verhaltensweisen gibt. Aber denken Sie daran: Wenn es kein Durcheinander und keine Verwirrung gibt, erleben wir keinen wirklichen Wandel, sondern nur ein bisschen Gesang und Tanz zu der neuesten Musik in den Charts.

Wie bereits erwähnt, werden Organisationen, die sich auf eine Beyond Budgeting-Reise begeben, auf ihrem Weg oft mutiger werden. Was am Anfang beängstigend erscheint, verliert fast immer seinen Schrecken und wird manchmal sogar ganz offensichtlich, wenn der Weg weitergeht. Das steigert nicht nur den Appetit auf mehr, sondern auch die notwendige Kreativität und Innovation. Das Ergebnis ist typischerweise eine Entwicklung durch eine Reihe von Mini-Revolutionen in Managementprozessen im Laufe der Zeit. Jede davon muss erst einmal mehr oder weniger schnell in der Organisation verdaut werden, bevor sie die gewünschte Veränderung von Führung und Verhalten bewirkt.

Das sollte uns nicht davon abhalten, jeden Tag wie Revolutionäre zu denken. Zugleich müssen wir uns vor der Konterrevolution in Acht nehmen. Die »dunklen Mächte« haben in den meisten Organisationen ein langes Leben. Manchmal holen sie sich Hilfe von außen. All diese großartigen neuen, einfacheren und besseren Prozesse, die über viele Jahre hinweg entwickelt wurden, können von einem neuen CFO oder CEO beendet werden, der in der Regel von außen rekrutiert wird. Anders als die schrittweise Revolution kann die Konterrevolution leicht ein Big Bang sein, eine weitreichende Entscheidung im Rahmen dieser gefährlichen »100 ersten Tage«-Programme. Der Weg zurück zu den alten Prozessen braucht keine Experimente, kein Testen und kein Lernen. Er ist nur allzu vertraut. Viele werden sich daran erinnern, die meisten mit Schrecken. Der entsprechende Wandel in Führung und Verhaltensweisen zurück zur traurigen alten Art wird jedoch langsamer verlaufen, selbst wenn die Konterrevolution all die tollen Sachen über Nacht verbannt.

Glücklicherweise haben wir bisher nur sehr wenige Konterrevolutionen erlebt – im Gegenteil. Fast alle Organisationen, die begonnen haben, scheinen weiterzumachen. Einige allerdings sehr vorsichtig, aber die Diskussionen drehen sich immer noch eher darum, wie man sich verbessern und vorwärtsbewegen kann, und nicht darum, zurückzugehen. Vielleicht weil das Zurückgehen nichts anderes ist als eine Sackgasse.

7 Schlussbemerkung

Als wir 1995 mit Borealis anfingen, lange bevor Beyond Budgeting ein Begriff war, war ich davon überzeugt, dass das, was wir entdeckt hatten, so brillant war, dass es nur eine Frage der Zeit sein konnte, bis dies *die* neue Art des Managements von Organisationen werden würde.

So weit ist es nicht gekommen, noch nicht. Aus den bereits erörterten Gründen hat sich die Einführung langsamer vollzogen als bei vielen anderen Konzepten. Ich habe jedoch das Gefühl, dass wir uns einem Wendepunkt nähern, wenn man das enorme Interesse nicht nur von Organisationen in der ganzen Welt, sondern auch von der Wissenschaft und der Beratungsbranche betrachtet. Es kann nur eine Frage des Wann, nicht des Ob sein. Die Ungewissheit und das Tempo der Veränderungen in unserem Geschäftsumfeld nehmen nicht ab. Die Erwartungen der Menschen an ihre Arbeitgeber und Führungskräfte nehmen weiter zu. Beyond Budgeting ist vielleicht die wichtigste neue Idee, die sich mit der Gesamtheit dieser radikalen Veränderungen befasst, weil sie so breit angelegt ist und einen kohärenten Ansatz verfolgt. Auch eine Reihe anderer innovativer Managementkonzepte und -bewegungen gehen das traditionelle Management an. Je mehr wir unsere Kräfte bündeln, desto stärker werden wir sein. Es ist mir egal, wie wir es am Ende nennen, solange es Organisationen hilft, agiler und menschlicher zu werden. Eines Tages werden wir alle darüber schmunzeln, wie wir früher über Führung und Management dachten. So wie wir heute über die Zeit vor dem Internet lächeln.

Ein Indiz für das große Interesse sind die vielen eingehenden Anfragen für Vorträge und Workshops. Zu meinen persönlichen Höhepunkten gehörte der Vortrag vor den 600 Topmanagerinnen und -managern von GE auf deren legendärem Treffen in Boca Raton, eine Rede in Harvard und eine Keynote auf der weltweit größten »Agile«-Konferenz. Ein *Management Innovation Award* der *Harvard Business Review/McKinsey* war ebenfalls eine außergewöhnliche Erfahrung.

Im Laufe der Jahre habe ich einer Reihe von Unternehmen geholfen, ihren eigenen Weg zu gehen. Es gibt nichts Besseres, als Teil von so etwas zu sein. Mein Arbeitgeber, Statoil, hat vor Kurzem eine Stelle für ausgewählte Beratungstätigkeiten geschaffen, um den großen Bedarf zu decken. Da der Ruhestand in diesem bemerkenswerten Unternehmen langsam näher rückt, glaube ich zu wissen, was ich als Nächstes tun möchte, abgesehen vom Schreiben und Reden.

Auf den ersten Seiten dieses Buches habe ich davor gewarnt, dass ich ein wenig übertreiben und die Dinge so schwarz-weiß darstellen würde, wie es nötig ist, um meine Argumente zu vermitteln. Ich entschuldige mich, wenn ich manchmal zu laut, zu leidenschaftlich und zu emotional wurde. Das ist bei so großen und wichtigen Themen schwer zu vermeiden. Wenn es geschah, hoffe ich, dass Sie durch den Lärm hindurch hören konnten und etwas gefunden haben, was Ihnen den Einstieg erleichtert oder Ihnen helfen kann, wenn Sie bereits auf dem Weg sind. Vielen Dank fürs Zuhören und alles Gute auf Ihrer eigenen Reise, woher Sie auch kommen und wohin Sie auch gehen.

Und denken Sie daran: Wenn Sie weit reisen wollen, dann reisen Sie gemeinsam.

Index

Z